機能性ポリウレタンの進化と展望
Evolution and Prospect of Polyurethane

監修：古川睦久，和田浩志
Supervisor : Mutsuhisa Furukawa, Hiroshi Wada

シーエムシー出版

刊行にあたって

　ポリウレタンは世界中で最も汎用されている極性高分子材料の一つであり，その多くはイソシアネート，ポリオール，多価アルコールあるいはジアミン等の活性水素をもつ硬化剤から合成されている。これは原料の化学構造と配合を変えることにより物性を自由に設計することができることによる。また，ポリウレタンが Otto Bayer 博士により 1937 年に発明されてから 80 年を過ぎた現在，ポリウレタンに要求される性能も多岐に亘り，他の樹脂との性能差別化のための新しい機能付与と，そのための機能発現メカニズムの解明が急務となっている。最近のポリウレタンの基礎化学においては，量子化学を基礎とした計算機化学により反応機構がより詳細に明らかにされる一方，ポリウレタンの物性の多様性は "ミクロ相分離"，"相混合" で説明されてきたが，原子間力顕微鏡，シンクロトロン放射光の出現でより明確な説明がなされるようになってきている。また，環境問題や更なる高機能化等を考慮して，イソシアネートを用いないウレタンの合成，動的結合を活用したポリウレタン等の合成法の開発が盛んに進められている。近年の中国，東南アジアをはじめとする新しい市場の急成長により，従来からの用途である自動車部品，建築用途，日用製品，寝具用フォーム等の機能化がより加速されるともに，3D プリンター用樹脂としてのポリウレタン，耐震粘着ゲル，自己修復性塗料等の新しい応用分野も広がっている。

　ポリウレタンの合成，構造，物性の基礎から応用展開までの最新の考え方と研究開発動向が専門家方々の執筆によりなされている本書を，研究者・技術者の皆様の側に置いて頂き，今後のポリウレタンの進化に貢献できれば幸いである。

　最後に，本書の出版にあたり多大のご支援を頂いた㈱シーエムシー出版と編集部の深澤郁恵さんに心から感謝の意を表したい。

2018 年 8 月

長崎大学名誉教授・ながさきポリウレタン技術研究所代表

古川睦久

AGC ㈱

和田浩志

執筆者一覧 （執筆順）

古	川	睦	久	ながさきポリウレタン技術研究所　代表；長崎大学　名誉教授
和	田	浩	志	AGC㈱　化学品カンパニー基礎化学品事業本部　ウレタン事業部　プロフェッショナル
染	川	賢	一	鹿児島大学　名誉教授（元　鹿児島大学　工学部　応用化学工学科）
落	合	文	吾	山形大学　大学院理工学研究科　物質化学工学専攻　教授
遠	藤		剛	近畿大学　分子工学研究所　所長
村	上	裕	人	長崎大学　大学院工学研究科　物質科学部門　准教授
宇	山		浩	大阪大学　大学院工学研究科　応用化学専攻　教授
三	俣		哲	新潟大学　研究推進機構　研究教授；工学部　材料科学プログラム　准教授
梅	原	康	宏	（公財）鉄道総合技術研究所　車両構造技術研究部　走り装置　主任研究員
城	野	孝	喜	東ソー㈱　ウレタン研究所　コーティンググループ　主席研究員　グループリーダー
鈴	木	千登志		AGC㈱　化学品カンパニー　基礎化学品事業本部　ウレタン事業部　商品設計開発室　新機能ウレタン樹脂グループ　グループリーダー
岩	崎	和	男	岩崎技術士事務所　所長
瀬	底	祐	介	東ソー㈱　有機材料研究所　アミン誘導体グループ　副主任研究員
髙	橋	亮	平	東ソー㈱　有機材料研究所　アミン誘導体グループ　副主任研究員
藤	原	裕	志	東ソー㈱　有機材料研究所　アミン誘導体グループ　主任研究員
徳	本	勝	美	東ソー㈱　有機材料研究所　アミン誘導体グループ　主任研究員

稲 垣 裕 之	東レ・ダウコーニング㈱　研究開発部門　応用技術4部　主任研究員
植 木 健 博	大八化学工業㈱　技術開発部門　商品開発部　難燃剤グループ グループリーダー
八 児 真 一	第一化成㈱　顧問
外 山 寿	Cannon S.p.A
佐 藤 正 史	㈱イノアックコーポレーション　常務執行役員　イノアック技術研究所 所長
佐 渡 信一郎	住化コベストロウレタン㈱　ポリウレタン事業本部　材料開発本部 自動車材料開発部　主任研究員
桐 原 修	松尾産業㈱　マテリアル ディビジョン　技術顧問
六 田 充 輝	ダイセル・エボニック㈱　テクニカルセンター　所長
大 川 栄 二	ウレタンフォーム工業会
小 玉 誠 志	プロセブン㈱　代表取締役
佐々木 孝 之	AGC㈱　化学品カンパニー　基礎化学品事業本部　ウレタン事業部 商品設計開発室　室長
林 伸 治	ディーアイシーコベストロポリマー㈱　開発営業本部 技術開発グループ　グループマネージャー
前 田 修 二	日清紡テキスタイル㈱　開発素材事業部　モビロン生産課　課長
勝 野 晴 孝	日清紡テキスタイル㈱　商品開発部　部長
萩 原 恒 夫	横浜国立大学　成長戦略研究センター　連携研究員
シーエムシー出版	

目　　次

【ポリウレタンの化学　編】

第1章　ポリウレタンの合成　　和田浩志

1　はじめに …………………………… 1
2　イソシアネートと活性水素化合物の反応
　…………………………………………… 1
　2.1　イソシアネートの合成 …………… 1
　2.2　イソシアネートの反応機構……… 2
　2.3　イソシアネートを用いたポリウレタ
　　　ンの合成法………………………… 4
　2.4　合成に用いるポリオール，イソシア

ネート，鎖延長剤 ………………… 5
3　イソシアネートを用いないウレタン合成
　…………………………………………… 5
　3.1　ビスクロロ炭酸エステル並びにビスク
　　　ロロギ酸エステルを用いる合成 …… 5
　3.2　環状カーボナートを用いる方法…… 8
4　おわりに……………………………… 10

第2章　イソシアネートのウレタン化反応機構　　染川賢一

1　はじめに …………………………… 12
2　イソシアネート X-N=C=O とアルコール
　R-OH の構造と性質，その作用について
　…………………………………………… 14
　2.1　MOPAC2016 PM7 等での評価…… 14
　2.2　フェニルイソシアネートとアルコー
　　　ルとのウレタン化反応へのフェニル
　　　置換基の効果…………………… 15
3　イソシアネート X-N=C=O とアルコール
　R-OH とのウレタン化反応の反応機構
　…………………………………………… 16
　3.1　イソシネートとアルコールとの反応
　　　の速度論的解析と理論計算による多
　　　分子機構の検証 ………………… 16
　3.2　イソシアネート X-NCO とアルコー
　　　ル R-OH 等とのウレタン化反応の

PM6 シミュレーション ………… 17
4　イソシアネートのウレタン化反応への触
　媒の作用機構について ………………… 19
　4.1　イソシアネートのウレタン化反応へ
　　　の第3級アミンの触媒作用 ……… 19
　4.2　イソシアネートのウレタン化反応へ
　　　の有機強酸等による触媒作用…… 21
5　生成物のカルバミン酸の不安定・脱炭酸
　性およびカルバミン酸エステルの安定さ
　について……………………………… 26
　5.1　フェニルカルバミン酸の水との反応
　　　…………………………………… 26
　5.2　フェニルカルバミン酸メチルと水と
　　　の挙動 …………………………… 27
6　まとめ……………………………… 28

I

第3章　ポリウレタンの物性への化学構造と凝集構造の影響　　古川睦久

1　はじめに …………………………… 30

2　ポリウレタンの構成要素鎖 ………… 30

3　化学構造因子の物性への影響 ……… 31

　3.1　ポリウレタンの製造法の影響 …… 32

　3.2　ポリマーグリコールの分子量分布の
　　　影響 ………………………………… 34

　3.3　ハードセグメントの分子量分布 … 36

　3.4　鎖延長剤の混合比の影響 ………… 38

4　硬化温度の影響 ……………………… 38

5　ポリウレタンの物性と凝集構造の可視化
　　…………………………………………… 40

　5.1　ミクロ凝集構造とゴム弾性 ……… 40

　5.2　ポリウレタンのミクロ凝集構造の可
　　　視化 ………………………………… 42

6　将来展望 ……………………………… 45

第4章　新しいポリウレタン

1　ポリヒドロキシウレタンの合成と応用
　　……………… 落合文吾, 遠藤　剛…47

　1.1　背景 ……………………………… 47

　1.2　環状カーボナートの合成 ……… 48

　1.3　ポリヒドロキシウレタンの合成と反
　　　応 ………………………………… 49

　1.4　ポリヒドロキシウレタンの応用 … 50

　1.5　まとめ …………………………… 53

2　トポロジカルな構造をもつポリウレタン
　　………………………… 村上裕人…56

　2.1　はじめに ………………………… 56

　2.2　ロタキサン構造をもつポリウレタン
　　　………………………………………… 56

　2.3　主鎖に環状化合物を導入したネット
　　　ワークポリウレタン ……………… 60

　2.4　ポリロタキサンで架橋したポリウレ
　　　タン ……………………………… 62

　2.5　まとめ …………………………… 65

3　環境対応ポリウレタン　バイオベースポ
　　リオールを基材とするPU
　　……………………………… 宇山　浩…68

　3.1　はじめに ………………………… 68

　3.2　植物油脂を用いる高分子材料 …… 69

　3.3　植物油脂を用いるバイオポリウレタ
　　　ン ………………………………… 70

　3.4　分岐状ポリ乳酸ポリオール ……… 72

　3.5　ダイマー酸をベースとするポリウレ
　　　タン ……………………………… 74

　3.6　おわりに ………………………… 75

4　磁場応答性ソフトマテリアル
　　………………… 三俣　哲, 梅原康宏…77

　4.1　はじめに ………………………… 77

　4.2　磁性エラストマーの可変粘弾性 … 78

　4.3　磁性エラストマーの応用 ……… 83

　4.4　おわりに ………………………… 87

【素材と加工　編】

第5章　イソシアネート　　城野孝喜

1　はじめに ································ 89
2　イソシアネートモノマー ········· 90
　2.1　イソシアネートの合成方法 ······· 90
　2.2　代表的なイソシアネートモノマーの
種類と反応性 ······················ 91
　2.3　特殊イソシアネート化合物を含む各
種イソシアネートモノマー ········ 93
　2.4　変性ポリイソシアネート ········· 99

第6章　ポリオール　　鈴木千登志

1　はじめに ·······························107
2　ポリエーテルポリオール ···········108
　2.1　PPG ·····························108
　2.2　変性PPG ·························113
　2.3　ポリオキシテトラメチレングリコー
ル ································115
3　ポリエステルポリオール ···········116
　3.1　重縮合系ポリエステルポリオール
································116
　3.2　ポリカプロラクトンポリオール ··117
4　ポリカーボネートジオール ·········117
5　ポリオレフィン系ポリオール ·······118
　5.1　ポリブタジエンポリオール ······118
6　各種ポリオールの性状とそのポリウレタ
ンの特徴 ·····························119
7　非化石炭素資源由来ポリオール ·····119
　7.1　植物油系ポリオール ············119
8　おわりに ·····························122

第7章　第三成分（鎖延長剤・硬化剤・架橋剤）　　岩崎和男

1　第三成分の概要 ···················124
　1.1　第三成分とは ·················124
　1.2　第三成分の内容（中身） ········124
　1.3　第三成分の種類 ···············125
　1.4　第三成分の重要性 ·············125
　1.5　第三成分の使用状況 ···········126
2　ジオール系第三成分 ···············126
　2.1　ジオール系第三成分の種類 ······126
　2.2　ジオール系第三成分の製造方法 ··127
　2.3　ジオール系第三成分の特徴 ······127
　2.4　ジオール系第三成分の用途分野 ··127
3　ジアミン系第三成分 ···············128
　3.1　ジアミン系第三成分の種類 ·······128
　3.2　ジアミン系第三成分の製法 ·······128
　3.3　ジアミン系第三成分の特徴 ·······128
　3.4　ジアミン系第三成分の用途分野 ··129
4　その他の第三成分など ·············129
　4.1　多価アルコール系の第三成分 ····129
　4.2　その他の第三成分 ·············130
5　総括（まとめ） ···················130

第8章　触媒　　　瀬底祐介，髙橋亮平，藤原裕志，徳本勝美

1　はじめに……………………………132
2　ポリウレタンフォーム用触媒の活性機構
　………………………………………132
　2.1　無触媒系における反応機構………133
　2.2　触媒存在下における反応機構……135
3　ポリウレタンフォーム用触媒の種類
　………………………………………137
　3.1　樹脂化反応活性と泡化反応活性‥137
　3.2　温度依存性………………………138

　3.3　架橋反応活性………………………138
4　開発動向……………………………138
　4.1　軟質フォーム用反応遅延型触媒
　　　（TOYOCAT-CX20）………138
　4.2　軟質フォーム用エミッション低減触
　　　媒（RZETA）………………142
　4.3　硬質フォーム用HFO発泡剤対応触
　　　媒（TOYOCAT-SX60）………147
5　おわりに……………………………152

第9章　界面活性剤　　　稲垣裕之

1　はじめに……………………………154
2　ポリウレタン発泡系におけるシリコーン
　整泡剤の位置づけ…………………154
3　シリコーン整泡剤の構造……………155
4　シリコーン整泡剤の機能と役割……156
　4.1　原料の均一混合・分散（乳化作用）
　　　…………………………………158
　4.2　気泡核の生成（巻き込みガスの分散）
　　　…………………………………158
　4.3　気泡の安定化（合一の防止）……159

　4.4　セルの安定化（膜の安定化）……159
　4.5　まとめ………………………………161
5　シリコーン整泡剤の選択……………162
　5.1　軟質スラブおよびホットモールド
　　　フォーム用整泡剤………………162
　5.2　高弾性モールドフォーム………162
　5.3　硬質フォーム………………………163
　5.4　その他のフォーム…………………163
　5.5　整泡剤の選択基準…………………164
6　今後の動向…………………………164

第10章　難燃剤と難燃化技術　　　植木健博

1　はじめに……………………………166
2　ウレタンフォームの燃焼と難燃化機構
　………………………………………166
　2.1　吸熱反応による難燃化…………167
　2.2　炭化促進による難燃化…………168
　2.3　希釈効果……………………………168
　2.4　ラジカルトラップによる難燃化‥168
3　難燃剤の種類と特徴…………………168

　3.1　ハロゲン系難燃剤…………………169
　3.2　リン系難燃剤………………………170
　3.3　水酸化金属系難燃剤………………171
4　ウレタンフォームの難燃規格と評価方法
　………………………………………171
　4.1　自動車………………………………171
　4.2　家具…………………………………173
　4.3　電子材料……………………………174

4.4 建材 ……………………175	5 難燃剤の選択 ………………176
4.5 その他 …………………175	6 おわりに ……………………177

第11章 添加剤　　八児真一

1 はじめに ……………………178	5.1 変色原因 …………………185
2 高分子の劣化 ………………178	5.2 変色メカニズム …………186
3 高分子の安定化 ……………181	5.3 何故片ヒンダードフェノール系AO
4 ポリウレタン用添加剤 ……182	が変色しにくいか？ …………187
4.1 スパンデックスの特許例 ………182	6 ポリウレタンに用いられている添加剤の
4.2 スパンデックス用添加剤の特徴 ‥183	例 ……………………………189
5 高分子の変色問題 …………185	7 まとめ ………………………189

第12章 成形加工プロセス〜ポリウレタン　コンポジット成形について〜　　外山　寿

1 はじめに ……………………190	4 ポリウレタンRTM（Resin transfer
2 RRIM（Reinforced Reaction Injection	Molding）……………………196
Molding）……………………190	5 ウレタンRTM成形装置 …………198
3 成形装置 ……………………193	5.1 ガラス繊維プレカットおよびプリ
3.1 フィラープレミックス装置 ……193	フォーム …………………198
3.2 エアローデイング ………193	5.2 高圧RTM注入機 …………198
3.3 RRIM注入機 ……………195	5.3 成形金型 …………………199
3.4 金型 ………………………195	5.4 成形プレス ………………199
3.5 成形プレス ………………196	

【ポリウレタンの応用製品　編】

第13章 ポリウレタンフォームの最新技術動向　　佐藤正史

1 はじめに ……………………200	2.4 フィルター用途 …………202
2 軟質スラブウレタンフォーム ……201	3 軟質モールドウレタンフォーム ……202
2.1 自動車用途 ………………202	4 硬質ウレタンフォーム・硬質イソシアヌ
2.2 衣類用途 …………………202	レートフォーム …………………205
2.3 寝具，家具用途 …………202	5 気体混入法 …………………209

6 まとめ……………………………210

第14章 自動車用内装材料　　佐渡信一郎

1 はじめに………………………212
2 ポリウレタンの特徴…………213
3 シート・ヘッドレスト………214
4 インストルメントパネル……215
5 内装天井………………………217
6 ステアリングホイール………217
7 ロードフロア…………………218
8 衝撃吸収材……………………219
9 ドアトリムパネル……………220
10 おわりに………………………221

第15章 ポリウレタンを使った環境対応型塗料・自己修復塗料に至る道 〜機能性付与の観点から〜　　桐原　修

1 はじめに………………………223
2 PUR塗料の歴史とその機能性付与…223
3 環境対応型塗料とPUR系塗料………224
4 機能性塗料とPUR材料・塗料………224
5 自己治癒・自己修復…………225
6 PUR塗料と自己修復性………226
　6.1 自動車用塗料・上塗り塗料………227
　6.2 プラスチック用塗料・ソフトフィール塗料………231
7 PUR系自己修復塗料の採用事例……233
8 今後の技術課題とその開発の方向性………234
　8.1 水性UVポリウレタンアクリレート………234
　8.2 水性ブロックイソシアネート（水性BL）………236
　8.3 ハイブリッド化……………236
9 おわりに………………………236

第16章 異種材料とポリウレタンの接着　　六田充輝

1 はじめに………………………238
2 TPUとPEBAのインサート成形による接着・複合化の従来技術とその問題点………239
　2.1 TPUをインサートしPEBAをオーバーモールドする際の問題点………239
　2.2 PEBAをインサートしTPUをオーバーモールドする際の問題点………241
3 界面反応を利用したTPUとPEBAの直接接着（ダイアミド®K2シリーズ）………242
　3.1 Type III型PEBAにおける，TPUをインサートしPEBAをオーバーモールドするプロセス………244
　3.2 Type III型PEBAにおける，PEBAをインサートしTPUをオーバーモールドするプロセス………247
4 界面反応によるTPU-PEBA複合化による効果………251
　4.1 PEBAインサートによる金型および工程の簡略化………251

4.2 TPU と金属の接合における接着層と
　　　しての硬質ナイロン ……………252
4.3 Muell による TPU の発泡と Type III

型 PEBA シートの複合化 ………254
5 まとめ …………………………………254

第 17 章　断熱材（硬質ウレタンフォーム）　　大川栄二

1 はじめに …………………………………256
2 硬質ウレタンフォーム断熱材とは ……256
　2.1 硬質ウレタンフォームの特長 ……256
　2.2 硬質ウレタンフォーム製品の種類
　　　 ………………………………………257
3 硬質ウレタンフォームの用途 …………257
4 製品仕様と断熱性能 ……………………257
5 発泡剤の変遷 ……………………………259
6 吹付け硬質ウレタンフォームの行政・業

界動向 …………………………………260
　6.1 フロン排出抑制法 …………………261
　6.2 JIS A 9526 の改正 ………………261
　6.3 優良断熱材認証制度 ………………261
7 準建材トップランナー制度（案）につい
　て ………………………………………262
8 省エネ基準適合義務化について ………263
9 まとめ …………………………………263

第 18 章　耐震粘着マット　　小玉誠志

1 はじめに …………………………………265
2 ポリウレタン粘着ゲルの設計 …………265
3 ポリウレタン耐震粘着マットの特性
　 …………………………………………269

4 基材の異なる耐震ゲルの比較 …………273
5 耐震粘着ゲルの性能向上化 ……………273
6 おわりに …………………………………274

第 19 章　体圧分散フォーム　　佐々木孝之

1 はじめに …………………………………276
2 体圧分散フォーム ………………………276
3 マットレスとしてのウレタンフォームの
　特性 ……………………………………277
　3.1 体圧分散性能 ………………………277
　3.2 圧縮時の通気性 ……………………278
　3.3 温度依存性 …………………………278
　3.4 寝返りのしやすさ …………………278

　3.5 底づきの定量化 ……………………280
4 人体から見た性能評価 …………………280
　4.1 体圧分散性 …………………………281
　4.2 体圧分散性の測定（1）…………281
　4.3 体圧分散性の測定（2）…………283
　4.4 寝返りのしやすさ …………………284
　4.5 官能評価 ……………………………287
5 まとめ …………………………………287

第 20 章　熱可塑性ポリウレタンエラストマー　　林　伸治

1　はじめに ………………………………289
2　TPU の基本特性 ………………………290
　2.1　製法と構造 ………………………290
　2.2　TPU の原料と特性 ………………291
　2.3　ウレタン基濃度 …………………292
3　成形方法と TPU の用途 ……………293
4　TPU の高機能化 ………………………294

　4.1　低硬度 TPU …………………………294
　4.2　高耐熱性 TPU ………………………294
　4.3　高透湿性 TPU ………………………295
　4.4　耐光変色性 TPU ……………………296
　4.5　ノンハロゲン難燃性 TPU …………296
　4.6　非石油由来 TPU ……………………296
5　今後の展開 ……………………………297

第 21 章　ポリウレタン系弾性繊維　　前田修二，勝野晴孝

1　はじめに ………………………………299
2　基礎技術 ………………………………300
　2.1　材料 …………………………………300
　2.2　製造方法 ……………………………301
　2.3　物性 …………………………………302
　2.4　用途 …………………………………303

3　最近の技術動向 ………………………303
4　各社のスパンデックス ………………305
　4.1　ライクラ® …………………………305
　4.2　ロイカ® ……………………………306
　4.3　モビロン® …………………………307
5　今後の展開 ……………………………308

第 22 章　ポリウレタンと 3D プリンティング　　萩原恒夫

1　はじめに ………………………………310
2　3D プリンティング …………………310
3　熱可塑性ポリウレタン樹脂と熱硬化性ポ
　リウレタン樹脂の 3D プリンティングへ
　の利用 …………………………………313
　3.1　熱可塑性ポリウレタン（TPU）の粉
　　　末床溶融結合法（PBF）による 3D

　　　プリンティング ……………………314
　3.2　熱硬化性ポリウレタンの 3D プリン
　　　ティングへの展開 …………………316
4　TPU を用いた材料押し出し法による 3D
　プリンティング ………………………318
5　まとめ …………………………………318

【ポリウレタンの市場　編】

第 23 章　日本市場　　シーエムシー出版

1　概要 ……………………………………320
2　原料 ……………………………………321

2.1　ポリイソシアネート ………………321
2.2　ポリオール …………………………324

3　ポリウレタン樹脂の製法および用途 ………………………………327

4　ポリウレタンの需給 ……………………328

第 24 章　海外市場　シーエムシー出版

1　概要 ……………………332

1.1　ウレタンフォーム ………………332

1.2　非ウレタンフォーム ……………335

1.3　中国市場 ……………………335

【ポリウレタンの化学　編】

第1章　ポリウレタンの合成

和田浩志[*]

1　はじめに

　最初のウレタン化合物は，1849年にWurtzにより，ジエチル硫酸とシアン酸カリの反応から得られたエチルイソシアネートとエチルアルコールを反応させて合成された[1]。

$$(C_2H_5)_2SO_4 \ + \ 2KCNO \ \rightarrow \ 2C_2H_5NCO \ + \ K_2SO_4$$

$$C_2H_5NCO \ + \ HOC_2H_5 \ \rightarrow \ C_2H_5NHCOOC_2H_5$$

　ポリウレタンは，高分子鎖中にウレタン結合を有する高分子の総称で，工業的にはイソシアネートとポリオールの重付加反応により製造されるのが一般的である。ポリウレタンは，I.G.Faraben（後のBayer社）のOtto Bayer博士を中心に研究が進められ，ヘキサメチレソジイソシアネート（HMDI）と1,4・ブタソジオールから線状構造のポリマーが得られたことに始まる。1937年に出願され，1942年に特許化されている[2]。主な用途は，断熱材や寝具，車両用シートに用いられるフォーム材料や，熱硬化・熱可塑性エラストマー，塗料，弾性繊維，接着剤分野と多岐にわたっており，2016年の日本国内全需要は533,700 t[3]と報告されている。

2　イソシアネートと活性水素化合物の反応

2. 1　イソシアネートの合成

2. 1. 1　ホスゲン化法

　イソシアネートは，工業的には以下の第一アミンとホスゲンの反応により製造されている。

$$R-NH_2 \ + \ COCl_2 \ \rightarrow \ R-NCO \ + \ 2HCl$$

　代表的な芳香族イソシアネートであるトルエンジイソシアネート（TDI）は，トルエンを混酸でジニトロ化した後，ラネーニッケル触媒等を使用した液相接触還元法によりジアミンに変換された後に，ホスゲンを反応させることで合成されている。同様に，芳香族イソシアネートとして，4,4'-ジフェニルメタンジイソシアネート（MDI）や，ポリメチレンポリフェニルポリイソシアネート（ポリメリックMDI）の合成法に関しても，詳細な報告がなされている[4,5]。

2. 1. 2　非ホスゲンによるイソシアネートの合成

　イソシアネートは，カルボニル化剤として極めて高い反応性を有するホスゲンを，アミン化合

---

　*　Hiroshi Wada　AGC㈱　化学品カンパニー基礎化学品事業本部　ウレタン事業部
　　　プロフェッショナル

機能性ポリウレタンの進化と展望

表1 非ホスゲン法イソシアネートの製造プロセス

イソシアネート合成法			反応
直接カルボニル化			$R-NO_2 + 3CO \rightarrow RNCO + 2CO_2$
カルバマート熱分解法	カルバマート合成	CO法	$R-NO_2 + 3CO + R'OH \rightarrow RNHCOOR' + 2CO_2$ $R-NH_2 + CO + 1/2O_2 + R'OH \rightarrow RNHCOOR' + H_2O$
		炭酸エステル法	$R-NH_2 + R'O-CO-OR' \rightarrow RNHCOOR' + R'OH$
		尿素法	$R-NH_2 + H_2N-CO-NH_2 + R'OH \rightarrow RNHCOOR' + 2NH_3$
		イソシアン酸法	$R-Cl + HNCO + R'OH \rightarrow RNHCOOR' + HCl$
	カルバマート熱分解	液相法 気相法	$RNHCOOR' \rightarrow R-NCO + R'OH$
尿素熱分解法	置換尿素合成	イソシアン酸法	$R-NH_2 + HNCO \rightarrow RNHCONH_2$
		尿素法	$R-NH_2 + H_2N-CO-NH_2 \rightarrow RNHCONH_2 + NH_3$
			$RNHCONH_2 + HNR'_2 \rightarrow RNHCONR'_2 + NH_3$
	熱分解		$RNHCONR'_2 \rightarrow RNCO + HNR'_2$
CO$_2$法			$R-NH_2 + CO_2 + Base \rightarrow RNHCOOH \cdot Base$ $RNHCOOH \cdot Base + 脱水剤 \rightarrow RNCO + Base$

物，もしくはその炭酸塩などと反応させることで製造されているが，ホスゲンの持つ有毒性，副生する塩酸による装置の腐食等の問題により，使用する際には法的規制を含めた制約がある。近年では，「環境にやさしいものづくりの化学」と定義されるグリーンケミストリーの一環として，ホスゲンやハロゲン系有機溶剤を使用しない反応プロセスへの転換が試みられている。代替合成法としては，①一酸化炭素を原料として1段階で合成する直接カルボニル法②一酸化炭素，尿素，有機炭酸エステル等を原料として，カルバマート化合物を合成し，引き続き脱アルコール反応を行うカルバマート熱分解法③尿素等を原料として合成した三置換尿素を分解する尿素分解法④二酸化炭素を原料とするカルバミン酸塩からの脱水法に大別される。代替製造法を表1にまとめた[6]。

2. 2 イソシアネートの反応機構

　イソシアネート基は，電子構造的に以下のような共鳴構造をとっており，電子密度が小さい炭素原子に求核試薬が攻撃することによって起こる。

$\overset{-}{R-N}-\overset{+}{C}={}^-O \longleftrightarrow R-N=C=O \longleftrightarrow R-N=\overset{+}{C}-\overset{-}{O}$

$R-N-C=O \ + \ H-A \longrightarrow R-NH-CO-A$

（HA：活性水素化合物）

イソシアネート基と活性水素化合物の主要な反応を図1に示す。

　イソシアネートは，図1に示したアルコール，アミン，水やウレタン結合，尿素結合の他にカルボン酸，アミドとも付加反応を行うが，反応速度には相当に差がある。アミンは，水の200倍の反応速度でイソシアネートと反応することが知られており，0℃でも反応するが，水，アル

第1章　ポリウレタンの合成

```
【重合反応】
ウレタン結合        イソシアネートとアルコールの反応で生成する
                  R-NCO  +  R'-OH → R-NH-CO-O-R'

尿素（ウレア)結合    イソシアネートとアミンの反応で生成する
                  2R-NCO + R'-NH₂ →  R-NH-CO-NH-R'
【発泡反応】
水と反応して尿素結合と共にCO₂を発生する
                  2R-NCO  +  H₂O → R-NH-CO-NH-R  +  CO₂↑
【架橋反応】
アロファネート結合    イソシアネートが，ウレタン結合と反応する
                  R-NH-CO-O-R' + R-NCO → R-N(CO-NHR)-COOR'

ビゥレット結合      イソシアネートが，尿素結合と反応する
                  R-NH-CO-NH-R' + R-NCO → R-N(CO-NHR)-CO-NHR'
```

図1　イソシアネートと活性水素化合物の反応

コール類は 25〜50℃，カルボン酸，尿素，アミドとの反応は 100℃ 以上が必要である[7]。

　イソシアネート基と活性水素化合物の反応性は，各々の分子構造，置換基の影響が大きい。Britain らは，3種類のジイソシアネートとアルコールの相対的反応速度の比較を行っている[8]。

　表2の結果から，第1のイソシアネート基の付加反応速度は，第2のイソシアネート基のそれよりも大きい。また，芳香族イソシアネートは，脂肪族イソシアネートと比較して，反応速度がはるかに大きく，m-キシリレンジイソシアネートは，ベンゼン環が電子吸引的に作用するためにヘキサメチレンジイソシアネートより反応性が高いことわかる。

　置換フェニルイソシアネートと，2-エチルヘキサノール-1 をアルコールとして用いた Kaplan らの実験結果から，2-エチルヘキサノール-1 との反応は，イソシアネートに対して擬一時であ

表2　3種類の異なるジイソシアネートの相対的反応速度

$$OCN{-}R{-}NCO + R'OH \xrightarrow{k_1} OCN{-}R{-}NH{-}COOR'$$

$$OCN{-}R{-}NH{-}COOR' + R'OH \xrightarrow{k_2} R'OOC{-}NH{-}R{-}NH{-}COOR'$$

-R-	k_1	k_2
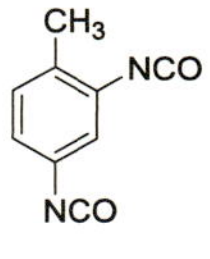 （CH₃, NCO, NCO を持つベンゼン環）	400	33
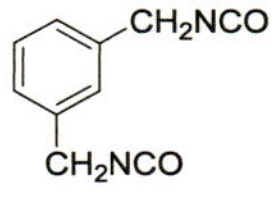 （CH₂NCO, CH₂NCO を持つベンゼン環）	27	10
$-(CH_2)_6-$	1	0.5

り，ハメットの置換基定数 σ と反応速度定数 k の間には，直線関係が成立している。この結果から，イソシアネートに付加した NO_2，Cl，NCO，ウレタン基などは，電子吸引基の役割をしており，ウレタン反応を促進することが明らかにされている[9]。イソシアネートと活性水素化合物の反応速度に関しては，古くはウレタンの発明のころから多くの研究が行われ，成書にまとめられている[10]。

2.3 イソシアネートを用いたポリウレタンの合成法

イソシアネートによるポリウレタンの合成法は，大きく分けて塊状重合法と溶液重合法に分類される。塊状重合法はさらに，触媒等の添加剤も含めた原料全てを一段階で混合，反応させてポリウレタンを得るワンショット法と，反応初期にポリオールと過剰のイソシアネートを反応させてプレポリマーを合成し，次に鎖延長剤や硬化剤と呼ばれる低分子量のグリコール，ジアミンなどを反応させてポリウレタンを得るプレポリマー法，プレポリマー段階で水酸基末端プレポリマーを合成し，その後にイソシアネートと鎖延長剤，硬化剤を反応させるセミポリマー法に分類される。概要を図2に示す。

第三級アミンと有機錫化合物の触媒併用によりワンショット法は大きく進歩し，ポリエーテルポリオールを使用したポリウレタンフォームの大量製造などに大きく貢献している。また，セミポリマー法は，ハードセグメント長や鎖長分布の規制が容易で，長鎖のハードセグメントが生成すると考えられている。全ての反応を同時に行うワンショット法とは，生成されたポリウレタン中のセグメント鎖の長さや分布が異なり，凝集構造も多様で，得られる物性も異なる[11]。

溶液重合法を用いる製品としては，ポリウレタン弾性繊維である「スパンデックス」が広く知られている。スパンデックスとは，高分子長鎖ジオールとジイソシアネートからなるソフトセグメントとジイソシアネートと鎖延長剤とよばれる低分子二官能性活性水素化合物を反応させた

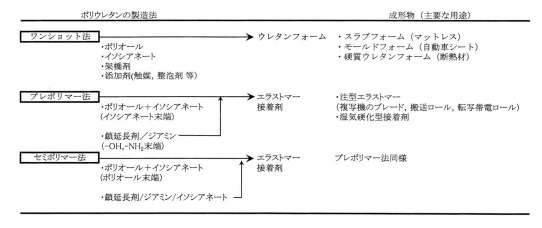

図2　ポリウレタンの合成法

ハードセグメントが，交互に結合したブロック共重合体構造を有したセグメント化ポリウレタンである。プレポリマー化反応と鎖延長反応を二段で行うのが一般的であり，プレポリマー化反応は，N,N-ジメチルホルムアミド（DMAc）等の溶媒中で行われる。溶媒を使用することにより，反応時間の短縮が図れる。低分子ジアミンを鎖延長剤として使用する場合は，プレポリマー中のイソシアネート基とジアミンの反応が非常に速いため，均一なポリマーを得るために，プレポリマーを DMAc に溶解し，冷却しながら強制攪拌化で反応が行われる。また鎖延長では，得られるポリマー溶液の粘度上昇やゲル生成防止のために，鎖延長停止剤としてジエチルアミンなどのモノアミンを添加してポリマー分子量が調整されている[12]。

2. 4　合成に用いるポリオール，イソシアネート，**鎖延長剤**

　ポリウレタンの合成には，イソシアネートとポリオールが主原料として用いられる。イソシアネートとしては，寝具用マットレスや自動車クッションのような軟質フォーム用途には，トルエンジイソシアネート（TDI）が主に用いられる。また，伸びや引張強度のような力学物性が重要視される弾性繊維，人工皮革等のエラストマー分野では，4,4'-ジフェニルメタンジイソシアネート（MDI）が，硬質，半硬質ポリウレタンフォーム用途には，ポリメチレンポリフェニルポリイソシアネート（ポリメリック MDI）が用いられている。一方で，塗料のように変色（黄変）が問題視される分野では，イソホロンジイソシアネート（IPDI）やヘキサメチレンジイソシアネート（HDI）が用いられており，同様にポリオールも使用する用途によって分類されている。またポリウレタンの合成には，副原料として，エラストマー分野では鎖延長の目的でジアミンや短鎖のジオールが併用され，フォーム用途では，架橋剤としてジエタノールアミンや短鎖のグリコールが使用される。ポリウレタンに使用される原料を表3に示す。

3　イソシアネートを用いないウレタン合成

3. 1　ビスクロロ炭酸エステル並びにビスクロロギ酸エステルを用いる合成

　第二次世界大戦中に，ドイツ I.G. 社は，ヘキサメチレンジイソシアネートとテトラメチレングリコールの重付加反応研究により，Perlon U，Igamid U を作り出してきたが，同時にテトラメチレングリコールのビスクロロ炭酸エステルを，ヘキサメチレンジアミンのアルカリ水溶液と反応させる界面重縮合で，ポリウレタンを合成している。

$$ClCOO(CH_2)_4OCOCl + H_2N(CH_2)_6NH_2 + 2NaOH$$

$$（水媒体）\rightarrow -[-GOO(CH_2)_4-COO-NH(CH_2)_6NH-]- + 2NaCl$$

　得られるポリウレタンは高融点を有するポリマーで，表4に示すように，ビスクロロ炭酸エステルとジアミンの構造を変化させることで，得られるポリマーの融点を調整できる。

　エチレングリコールとジイソシアネートの反応からは，直鎖状のポリウレタンが合成できなかったこと，エチレンジアミンからエチレンジイソシアネートが合成しにくいこと，ピペラジン

5

機能性ポリウレタンの進化と展望

表3 ポリウレタンに使用される原料の分類と特徴

	名　称	構　造
ポリオール	ポリエーテルポリオール	PO／EO 開環重合物
	ポリテトラメチレンエーテルグリコール（PTMG）	THF 開環重合物
	ポリエステルポリオール	縮合系ポリエステルポリオール（アジピン酸／1,4-BD 縮合物）
		ポリカプロラクトンポリオール（ε カプロラクトンの開環重合物）
		ポリカーボネートジオール 1,6-HD／DMC（ジメチルカーボネート）の開環重合物
	その他 ポリブタジエン系ポリオール アクリルポリオール	（ポリブタジエンの末端 OH 化物）（OH 基含有アクリルモノマー重合物）
イソシアネート	トルエンジイソシアネート（TDI）	
	4,4'-ジフェニルメタンジイソシアネート（MDI）	OCN-〔〕-CH₂-〔〕-NCO
	ヘキサメチレンジイソシアネート（HDI）	$OCN-(CH_2)_5-NCO$
	イソホロンジイソシアネート（IPDI）	
鎖延長剤・架橋剤	エチレングリコール（EG）	$HO-CH_2-CH_2-OH$
	1,4-ブタンジオール（1,4-BD）	$HO-CH_2-CH_2-CH_2-CH_2-OH$
	3,3' ジクロロ－ 44'-ジアミノジフェニルメタン（MOCA）	
	ジエチルトルエンジアミン（DETDA）	

表4 非イソシアネート法によって合成されるポリウレタンの特徴

ビスクロロ炭酸エステル	ジアミン	融点（℃）
-R- -(CH₂)₂-	$H_2N(CH_2)_2NH_2$	225
-(CH₂)₂-	$H_2N(CH_2)_6NH_2$	180
〔〕	HN(CH₂CH₂)...NH ... CH₃	＞375
〔〕	HN...NH CH₃CHCH₂...CH₃	＞375
-C(CH₃)₂-	HN(CH₂CH₂)...NH	＞246

第1章 ポリウレタンの合成

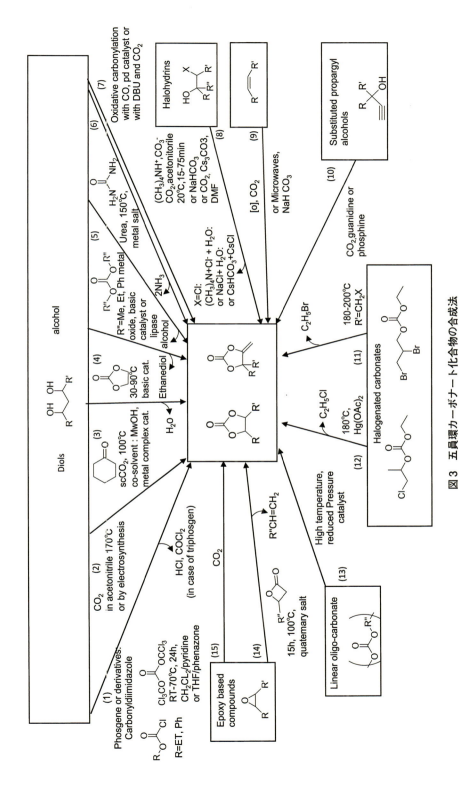

図3 五員環カーボネート化合物の合成法

18) L. Maisonneuve, O.Lamarzelle, E.Rix, E.Grau, and H.Cramail, Chem.Rev.,115, pp.,12407-12439,（2015）

のような第二ジアミンからはジイソシアネートが合成できないことなどから，界面重合反応は重要と考えられている[13]。これらの合成法で得られるポリウレタンは，一般に分子量分布が広くなるため，西出らは反応温度，縮合剤として添加する水酸化ナトリウム，併用する溶剤量を最適化することで，分子量分布の調整を行っている[14~16]。

同様に，WittbeckerとKatzも，ジアミンとビスクロロギ酸エステルを穏やかな条件下（20℃～50℃）で懸濁重合することで，ポリウレタンを得ることに成功している。本合成法では，通常の重縮合反応に使用される脂肪族，脂環式アミンを用いて，ジイソシアネートとポリオールの重付加反応では合成できないポリウレタンが調製されている[17]。

3．2　環状カーボナートを用いる方法

近年，環境低負荷低減を目的としたポリウレタン合成法として，ホスゲン，イソシアネートを使用しない，環状カーボナートとアミンから，ウレタン結合を形成する反応研究が進められている。環状カーボナートとしては，五員環と六員環のカーボナート化合物が注目されており，それらの合成法は，Maisonneuveらによって詳細にまとめられている[18]。五員環環状カーボナート化合物の合成法を図3に，六員環環状カーボナート化合物の合成法を図4にそれぞれ示す。

これらの環状カーボナートの合成にはCO_2を使用することができる。ヘテロクムレン類であ

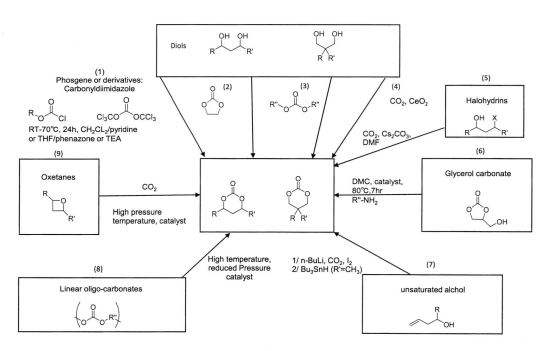

図4　六員環カーボナート化合物の合成法

18) L. Maisonneuve, O.Lamarzelle, E.Rix, E.Grau, and H.Cramail, Chem.Rev.,115, pp.,12407-12439,（2015）

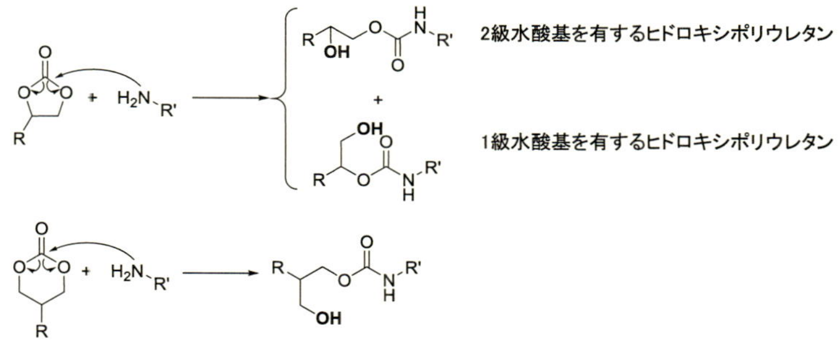

第1章　ポリウレタンの合成

図5　五員環環状カーボナートおよび六員環環状カーボナートのアミン化合物との反応

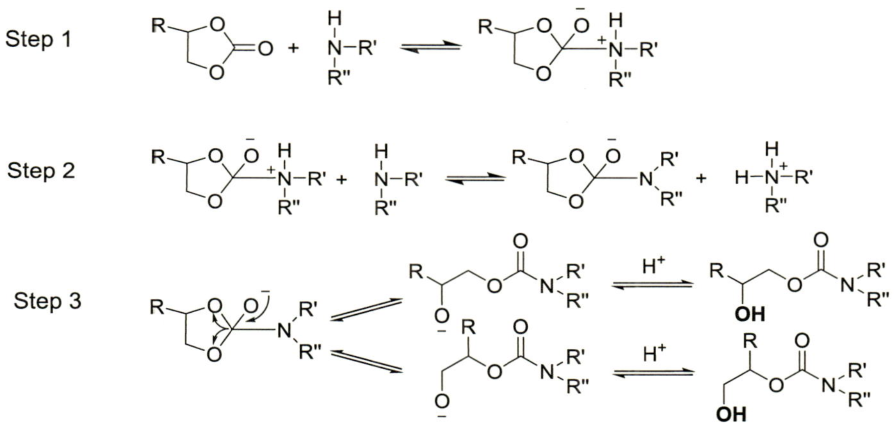

図6　五員環環状カーボナートのアミン化合物との反応機構

る CO_2 は，求電子性を有しており，エポキシ化合物との反応で五員環環状カーボナートを，オキセタンとの反応で六員環環状カーボナートを得ることができる。図5に示すように，これらの環状カーボナート化合物をアミン化合物と反応させることにより，分子内に水酸基を有するウレタン化合物が合成できる。図6に五員環環状カーボナートとアミン化合物の反応機構の詳細を示す[18]。

　このような反応を利用すれば，二官能性五員環環状カーボナートをモノマーとし，ジアミンと反応させることで，側鎖に水酸基を有するポリウレタンが合成できる。また，五員環環状カーボナートと第一アミンの反応に比べて，第二アミンの反応は極めて遅いことから，二官能性五員環カーボナートとジエチレントリアミンの重付加を行うことで，主鎖に第二アミンを有するポリウレタンが合成可能である[19]。このようなポリウレタンは，ジイソシアネートとジオールの重付加反応では合成不可能であり，親水性等の新たな機能を付与したポリウレタンを設計する上ではたいへん重要であり，遠藤ら[20]によって詳細な検討が行われている。

9

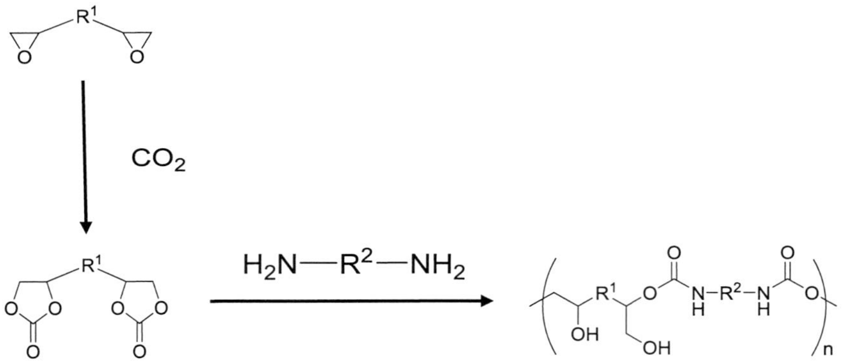

図7　2官能性環状カーボネートとジアミンの重付加反応によるポリウレタンの合成

4　おわりに

　ポリウレタンは，構成されるモノマーの化学組成を変えることで，市場からの多種多様な要求性能に答えることができる素材である。工業的には，ポリオール，ジアミンに代表される活性水素化合物とイソシアネートを反応させることで，多くのポリウレタンが生産されているが，今後は，環境低負荷低減も意識したポリウレタンによる生産拡大が期待されている。

文　　　　献

1)　A. Wurtz, *Ann*, **71**, 326（1849）
2)　Farben, I.G.: DE-PS 728, 981（1942）
3)　フォームタイムス，2058 号（2017.7.15）
4)　平井　寛，高分子，**19**, 219, pp.536-539（1970）
5)　尾崎庄一郎，日本ゴム協会誌，**45**, 5, pp.435-443（1972）
6)　麻生眞次，馬場俊秀，有機合成化学協会誌，**61**, 5, pp.121-127（2003）
7)　J.H.Saunders, K.C.Frish, "Polyurethane, Chemistry and Technology, Part1. Chemistry", pp.205, Interscience Publishers. New York（1963）
8)　J. W. Britian and P.G.Gemeinhardt, *J.Appl. Plym.Sci.*, **4**, pp.207（1960）
9)　M. Kaplan, *J.Chem.Eng.Data*, **6**, 272（1961）
10)　J.H.Saunders, K.C.Frish, "Polyurethane, Chemistry and Technology, Part1. Chemistry", Interscience Publishers. New York（1963）
11)　古川睦久，日本ゴム協会誌，pp.56-61, **84**, 2（2011）

12）小島潤一，山本太郎，pp.292-301, 機能性ポリウレタンの最新技術，CMC 出版（2015）
13）林　勝美，有機合成化学協会誌，**18**, 3, pp.206-214（1960）
14）西出元彦，小野寺典雄，世良光孝，工業化学雑誌，**63**, 8, pp.1464-1467（1960）
15）西出元彦，世良光孝，工業化学雑誌，**63**, 8, pp.1467-1469（1960）
16）西出元彦，世良光孝，工業化学雑誌，**64**, 6, pp.1145-1148（1961）
17）E.Wittbecker, M. Katz, *J.Poiym.Sci.*, **40**, 137, pp.367-375（1959）
18）L. Maisonneuve, O.Lamarzelle, E.Rix, E.Grau, and H.Cramail, *Chem.Rev.*,**115**, pp.12407-12439（2015）
19）B.Ochiai, J.Nakamura, M. Mashiko, Y. Kaneko, T. Nagasawa, and T. Endo, *J.Polym. Sci., Part A : Polym. Chem.*, **43**, 5899（2005）
20）遠藤　剛，須藤　篤，ネットワークポリマー，**32**, 2, pp.101-109（2011）

第 2 章　イソシアネートのウレタン化反応機構

染川賢一*

1　はじめに

ウレタン樹脂の物性活用は益々その需要が拡大している。しかし基本的情報であるイソシアネートのウレタン化反応性と触媒作用，生成するカルバミン酸とそのエステルの脱炭酸と安定性および副生物の挙動などについて，まだ十分理解されていないとの指摘がある。一方で基本的な実験結果を見聞しながら，1998 年以降の数報の量子化学手段を用いた，反応過程のエネルギーと立体変化の分子シミュレーションによる定量的解析に接し，またそれらを MOPACPM6 法等で解析し，その理解はかなり進展していると思い，本稿 5 節で紹介する。以下各節の定量的理解の要約をこの 1 節で述べる。

1930 年代に式（1）で示されるイソシアネートとアルコール類とのウレタン化反応が開発され，多官能な両者の反応に利用してポリウレタン化され，またアミンとのウレア体等も多様な機能性を持つことから，式（2）のポリマーの多くの研究開発と実用化がなされている。

$$X\text{-}N\text{=}C\text{=}O + ROH \quad \rightarrow \quad X\text{-}NH\text{-}C(\text{=}O)\text{-}OR \tag{1}$$

$$OCN\text{-}X`\text{-}NCO + HY\text{-}R`\text{-}YH \rightarrow (YR`YOCNH\text{-}X`NHCO)\ n \tag{2}$$

今や反応体としてイソシアネートを用いる工業は高分子産業の主力の一つとなり，自動車部品，生体・環境デバイス材料等多方面に展開されている[1]。

ポリウレタンを与える反応は試薬，溶媒，また水分等で大きく変化する。また脱炭酸・発泡によるクッション性制御にも利用される。そのような関係の多くの定量的実験データを K. C. Frisch らは 1962 年に纏め[2]，それは今もバイブル的に活用されている。

そこで先ず第 2 節で反応両基質の性質と反応性について整理する。上記著書では，今日多用されているトルエン 2,4-ジイソシアネート（TDI）など置換基を持つフェニルイソイアネートのアルコールとの反応速度定数（k）の対数値（$\log k$）は，Hammett の置換基定数（σ）ときれいな一次の相関があり，傾きの反応定数（ρ）は 1.98 である。即ち求電子性置換基の促進作用が判明している。その現象の，置換フェニルイソシアネートのウレタン化反応性は，フロンティア軌道 HOMO と LUMO のエネルギーを利用する置換基分子の Mulliken の電気陰性度値（$(IP + EA)/2$），と大きい相関係数（$R = 0.97$）で表され，フロンティア電子論で理解されることを知る[3]。この節ではイソシアネートとアルコールの原子電荷や分子軌道データまた分子間相互作用情報で，ウレタン化反応の基本的性質を理解する。

---

*　Kenichi Somekawa　鹿児島大学　名誉教授　（元　鹿児島大学　工学部　応用化学工学科）

第2章　イソシアネートのウレタン化反応機構

3節では活性化エネルギー（Ea）情報を調べ，理解を深める。ウレタン化反応は，ほとんど発熱反応で，Ea は置換基Xが電子求引性のとき，またRが供与性の時小さく，その範囲は5〜15 kcal mol^{-1} と小さいので，反応制御に工夫が必要である。横山らはTDIとエチレングリコールとの反応解析で Ea は 9 kcal mol^{-1} 程度であり，反応機構ではアルコールが複数関与の錯体を推定し，2007年成書では，1：2モル比6員環中間体を提案している[4]。しかしその反応での分子間作用関係の立体的，定量的解明も必要であり，そこでは十分な理解に至っていない[5]。

そこで1998年 *JOC* の Nguyen らの，（H-N=C=O + n（CH$_3$OH），n＝1〜3）のメタノールクラスターの実験データを得，それを *ab initio* 計算で検証した論文[6]を紹介する。彼らによりn＝2の遷移状態構造の6員環モデルで初めて，Ea で 15 kcal mol^{-1} 以下が得られ，実験値がほぼ再現された。4員環モデルでは，Ea は 20 kcal mol^{-1} 以上の計算値となっており，説明出来ない[7]。この節では著者らのPhN=C=O での1：2モル比での，大きな発熱過程と低い遷移状態の Ea ＝ 7〜16 kcal mol^{-1} 等の計算と，置換基XとRの簡単な系で反応性の違いの事実を，MOPAC2016 計算レベルで検証する。反応の違いや全体像は図1を用いて，反応物錯体（RC）と遷移状態（TS）の情報で説明される[8]。縦軸は *ab initio* 法では自由エネルギー差（ΔG）（例表2，図10），MOPAC PM6 法（MOPAC Home Page）等では生成熱（HOF）の差（例 図4，図6）の反応開始をゼロにして表す場合が多い。

4節ではウレタン化反応触媒機構を述べる。高い効果の第3級アミン触媒探索で，Ea で 1〜11 kcal mol^{-1} の報告がある[9]。村山らはB3LYP/6-31＋G（d, p）レベルで解析したが[10]，ここでは，Hedwick らの2013年 *JACS* 論文[11]：環境対策を挙げる超強酸触媒作用，1：1：1モル比での8員環TS経由のDFT解析紹介と，著者らのアミン触媒1：2：1モル比TS反応[3]と，*JACS*2013内容のPM7再現[11]等を示す。触媒では簡単には，図1でRCの深化，Ea の低下，生成系錯体（PC）または生成物の安定化，の全部またはいずれかを利用して，より有効なサイクル反応を成立させることであろう。

5節では発泡現象とウレタン樹脂の安定性と副生物に関係する，カルバミン酸エステルとカルバミン酸の加水分解挙動解明の計算実験を示す。前者の反応は Ea ＝ 21，後者は Ea ＝ 11（kcal mol^{-1}）である[3]。後者はアミンと CO$_2$ に分解し易いという事実を検証し，その差が発泡制御法を示唆する。

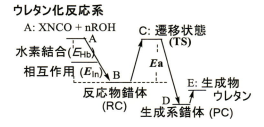

図1　イソシアネートとアルコールとのウレタン化反応のプロファイル

6節は，イソシアネートのウレタン化反応の高い反応性の原因解明のまとめである。N=C=O 基の C は電気陰性原子 2 個により大きな陽電荷をもち，またその陰電荷分離の N との 2 点が，活性水素分子の 2 量体（強酸とは異種［1：1］体）とさらに大きな発熱を伴う 6（または 8）員環錯体（RC）を経させる。またその性質は遷移状態構造（TS）とそのエネルギーの低下にも影響する。全体像説明に上記反応プロファイルが利用できる。

2　イソシアネート X-N=C=O とアルコール R-OH の構造と性質，その作用について

2.1　MOPAC2016 PM7 等での評価

有機分子の構造や化学反応性の理解向上に量子化学活用は不可欠となった。福井教授らのフロンティア電子論（化学反応過程の分子軌道（MO）法の有用性評価：1981 年ノーベル化学賞）の活用アップが期待される。計算化学ソフトの活用でその化学理解は深まる。計算化学手法は計算精度向上と汎用化で進化し[12]，後者の半経験的方法の 1 つ，MOPAC 法では有機分子への活用で 2012 年 PM6 法，2016 年 PM7 等と計算精度の向上の努力がなされ，簡便に利用可能である[13]。その使用マニュアルと水素結合や活性化エネルギーの算出例等は成書にある[14]。

簡単に述べると SCIGRESS MO Compact 1.0（富士通）のマニュアルで対象分子（系）をパソコン画面に描画し，urethanA.dat（PM 7 では .mop）と DAT ファイルにし，EF PM6

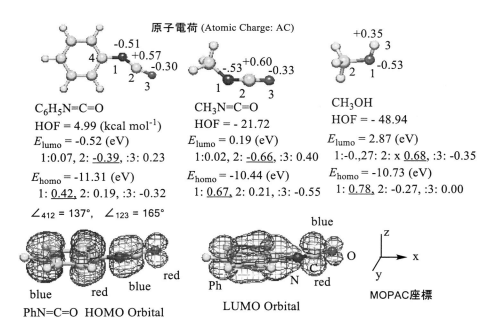

図2　2種のイソシアネートとメタノールの PM7 法による原子電荷や分子軌道関係情報

第2章　イソシアネートのウレタン化反応機構

PRECISE のキーワードで入力，計算を開始すると，数秒以内で構造最適化された構造図や反応図，出力ファイル urethanA.wmp（.out）と分子構造と生成熱（HOF），分子軌道，原子電荷（AC）等が得られる。"化学反応を見ながら"理解出来る。

　図2にイソシアネート2種とメチルアルコールの，PM7法による上記の分子軌道関係情報を示した。分子表示に3種あり，これは球棒表示で原子は色別され，軌道は網掛け，位相は赤青で区別される。原子電荷から分子中の電荷の偏りの程度が分かり，分子間作用位置等が予測される。HOF は Heat Of Formation（生成熱）（298°K）であり，その相対値が安定化エネルギーや活性化エネルギー算出等に使われる。2つのフロンティア軌道については官能基 N=C=O と OH 部について示し，最大軌道係数部にアンダーラインを入れた。後述する反応箇所や相互作用部を教える。負電荷の偏りでは N 位が O より大きく，共鳴理論では不可能な定量的判断に利用され，ウレタン化で例示する。即ちメタノールの正電荷，負電荷の大きな存在は，2分子間の分子錯体生成を可能にし，メタノールの2量体（文献15）：$E_{Hb} \fallingdotseq 5$ kcal mol^{-1}）との1:2モル比錯体（RC）生成があり，本稿反応機構解明に有効である。

　フロンティア軌道エネルギー：E_{HOMO}，E_{LUMO} は次の Mulliken の電気陰性度の算出で利用される。PhNCO の官能基部は計算で曲がっていることを示し，実験事実を検証する。2種分子間で予想される分子錯体については3節で記す。

2. 2　フェニルイソシアネートとアルコールとのウレタン化反応へのフェニル置換基の効果

　1節で記したが，Frisch らの著書[2]中 Part Ⅳの Table Ⅶと Fig.2 に，表題の反応の Hammett のフェニル基置換基定数 σ と反応速度定数 k の対数値，$\log k$ との間に，相関係数 $R = 0.97$ のきれいな直線関係が示されている。

表1　置換フェニルイソシアネートのフロンティア軌道定数とウレタン化反応速度との関係[3]

No	Substit.	Frontier orbital data by PM6			Alcoholysis reaction rate[2]	
		$IP = -E_{HOMO}$ (eV)	$EA = -E_{LUMO}$ (eV)	$(IP + EA)/2^{3)}$ (eV) : x	$k \times 10^4$: (sec^{-1})	$\log k$: y
1	p-NO$_2$	10.21	1.78	6	45.5	-2.34
2	m-NO$_2$	10.03	1.74	5.89	36.3	-2.44
3	m-CF$_3$	9.82	1.1	5.46	10.8	-2.97
4	m-Cl	9.57	0.79	5.18	7.65	-3.12
5	m-Br	9.63	0.82	5.23	7.63	-3.12
6	m-NCO	9.53	0.89	5.21	5.14	-3.29
7	p-NCO	9.17	1.02	5.1	3.89	-3.41
8	p-Cl	9.35	0.81	5.08	3.66	-3.46
9	H	9.35	0.45	4.9	1.09	-3.96
10	p-Me	9.05	0.32	4.69	0.66	-4.18
11	m-NCO, p-Me：TDI	9.25	0.78	5.02	2	-3.7

著者は 14）の 8 章に，Hammett の置換基定数 σ と PM 6 法によるフロンティア軌道エネルギー情報が，高い相関係数を与える例などを示した。そこで上記 Table Ⅶ の典型的な分子 11 個につき，PM 6 法による計算結果を本稿表 1 の左側 3 列に載せる。右側 2 列にはウレタン化反応速度定数 k と $\log k$ を載せた。表 1 中の $(IP + EA)/2$ の値，Mulliken の電気陰性度[14]で，式（3）式で示される。IP，EA は PM 6 法の軌道エネルギー E_{HOMO}，E_{LUMO} から得る。

　　Mulliken の電気陰性度：$(IP + EA)/2 = \mid(E_{HOMO} + E_{LUMO})\mid/2$　　　　　　　　　（3）

　これらの数値を用いた相関テストで，式（3）の Mulliken の電気陰性度と $\log k$ が大きく相関すること（$R = 0.97$）が判明した[3]。分子全体の性質である IP と EA 両者の寄与である。イソシアナネートの求電子付加反応性が PM6 法で定量的に予測可能なことを示す。

3　イソシアネート X-N=C=O とアルコール R-OH とのウレタン化反応の反応機構

3.1　イソシネートとアルコールとの反応の速度論的解析と理論計算による多分子機構の検証[6]

　Neuyen 等は標題のウレタン化反応機構解明の目的で，まず PhNCO と 2-プロパノールまたはシクロヘキサノールとの反応速度（速度定数：k_{obs}）解析をした。そこでアルコール濃度［alcohol］対 $k_{obs}/$（［alcohol］^{n} 値の XY プロットにおいて，n = 2 以上で直線に近くなるデータを得た。

　一方で（H-N=C=O + n（MeOH），n＝1〜3）等のクラスター反応系の MP2/6-31G（d, p）レベルの計算を行った。計算は N=C 部と C=O 部につき，それぞれ 4 員環，6 員環そして 8 員環初期構造配置から距離を小さくして，まず準安定な stationary point（以後 *JACS*2013 稿[10]に合わせ，Reactant Complex（RC）と言う）そして遷移状態（TS）を得ている。

　ここでは表 2 に，n = 2 の N=C 付加と C=O 付加 2 種の反応過程，各 3 個の相対エネルギーと，2 個の Ea（Activation Energy：14.1 と 18.9（kcal mol^{-1}））値を示す。IRC（極限反応座標）解析後の生成物を含む計 6 個の解析データである。TS8 など記号と値は原報[6]のままである。図 3 に C=N 付加の RC の 7，TS8，生成系 9 の構造を載せる。実験データに近似で今後も

表 2　（HN=C=O + 2MeOH）系の 2 種の付加反応過程の相対エネルギー（kcal mol^{-1}）[6]

Run	（HN=C=O + 2CH$_3$OH）Alcoholysis N=C or C=O	MP2 6-31G** （Ea）
1	HN=C=O + 2CH$_3$OH	0
2	HN=C=O・2CH$_3$OH（N=C）（7：RC）	− 12.2
3	TS N=C（TS8）	1.9（Ea =14.1）
4	NH$_2$COOCH$_3$・CH$_3$OH（9）	− 30.6
5	HN=C=O・2CH$_3$OH（C=O）（10：RC）	− 10.1
6	TS C=O（TS11）	8.8（Ea =18.9）
7	HN=COHOCH$_3$・CH$_3$OH（12）	− 12.4

第 2 章　イソシアネートのウレタン化反応機構

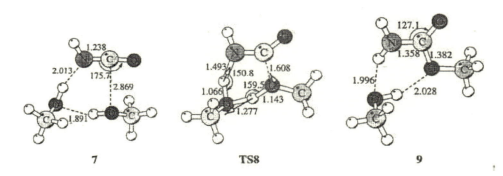

図 3　(H-N=C=O ＋ 2 MeOH) 反応の C=N 部付加での反応物錯体 (RC) 7，遷移状態 TS8，生成系カルバミン酸メチル・MeOH 9 (生成物錯体 (PC)) の最適構造[6]

比較に用いる。

$n = 1$，3 とも C = N 付加の Ea 値が小さく，29.2，12.7 (kcal mol^{-1}) が得られている。これらの反応過程はいずれも 1 節の図 1 で表される。

3.2　イソシアネート X-NCO とアルコール R-OH 等とのウレタン化反応の PM6 シミュレーション[3]

3.2.1　PhNCO と MeOH の反応

Ea 等の実験データ ($Ea.\ \mathrm{exp} = 10.1\ \mathrm{kcal\ mol}^{-1}$) のメタノールの反応 (Ph-N=C=O ＋ nMeOH) を検証するための $n = 1$ と $n = 2$ の計算結果を示す。

(1) $n = 1$ の反応：PhNCO と MeOH の接近で，4.25 kcal mol^{-1} (相互作用エネルギー：E_In) 4 員環錯体 (RC) を経由：$Ea = 23.62$ kcal mol^{-1}，虚数振動数：1272.6 i cm^{-1}。

(2) $n = 2$ の反応：$n = 2$ での解析手順 (A → D) と解析結果を図 4 に示す。開始 A は 3 分子の HOF 和 (縦軸は相対エネルギー = 0.0 kcal mol^{-1})。B はメタノール二量体 (水素結合安定化：4.76 kcal mol^{-1} (実験値 4.6〜5.9 kcal mol^{-1} [15])) と PhNCO との接近でさらに 4.90 kcal mol^{-1} (相互作用エネルギー：E_In) 安定化した 6 員環錯体 B (RC) である。B は MeOH-NCO 間の配位性結合と 2 か所の水素結合を有する。B から遷移状態 C (TS)，生成系 D (PC) が同様の操作で得られる。

図 5 は B，C，D の構造変化と TS での IRC (極限反応座標) 図である。

　　$Ea = 7.23$ kcal mol^{-1}　虚数振動数：108i cm^{-1}，振動部：NCO-HOMe

2016 年 PM 7 ハミルトニアンでは $Ea = 16.09$ kcal mol^{-1} となった[8]。これらの Ea 値は少し±するが，実験値に近い。PM 7 は遠距離相互作用に相当する 2 つの安定化エネルギーを ($E_\mathrm{Hb} = 6.39$，$E_\mathrm{In} = 9.44$ (kcal mol^{-1})) と大きく評価する望ましい傾向があり[11]，Ea の大きい原因の一つと考える。RC と TS における水素結合距離等は著者らの MP2 データのそれと近く，近似精度が向上している[11]。

以上のように n = 2 の，6員環錯体 RC と遷移状態 TS 経由の本反応機構が，JOC 論文[6]同様に推定される。

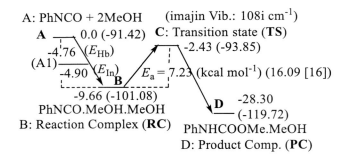

図4 （PhNCO + 2 MeOH）のウレタン化反応の PM 6 シミュレーション
反応物錯体（RC），遷移状態（TS），生成物錯体（PC）を経る。縦軸は相対生成熱（HOF）。

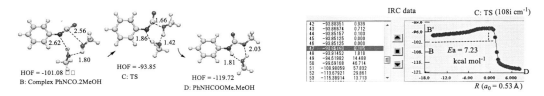

図5 （PhNCO + MeOH）反応の IRC と反応物錯体（RC），遷移状態（TS），及び生成物錯体の構造

3.2.2 イソシアネートと水，アルコール，アミンなど（活性水素基を持つ分子：R-Y-H）の付加反応性

PhN=C=O との反応は式（4）で示される。その R-Y-H の反応性差は文献値[2]から，式（5）のようである。

Ph-N=C=O + R-Y-H → Ph-NHC=O（YR）　　　　　　　　　　　　　　（4）

反応性：H_2O < EtOH（Ea = 11.1 kcal mol^{-1}）< MeOH（10.1 kcal mol^{-1}）<< MeNH$_2$　　（5）

前項のデータを含む求核試薬 R-Y-H 3種との計算結果を表3にまとめた。右端に式（5）の反応性順番を示す。

反応性は，IP（および原子 Y（N または O）の原子電荷（Atomic Charge：AC））との相関が

表3　PhNCO と H_2O，MeOH，MeNH$_2$ との反応性と IP, Ea 等の計算値

Entry No	R-Y-H		Reaction int. (kcal mol^{-1})		Transition state (kcal mol^{-1})		Exp. data	
	Dimer	IP (eV)	E_{Hb}	E_{In}	Ea	Imagin. Vib. (cm^{-1})	Ea	Rel. rate
1	2H$_2$O	11.9	4.91	5.35	9.12	414i		3
2	2MeOH	10.5	4.76	4.91	7.2(16.1[8])	108i	10.1[2]	2
3	2MeNH$_2$	9.4	2.84	9.28	4.12	216i		1[1]

第2章 イソシアネートのウレタン化反応機構

みられ，RYH は求核付加をしていることが確認される。MeNH₂ の活性は，小さい E_{Hb} と E_{In}（錯形成能小）と小さい Ea：反応速度大によると示唆される。そのような反応性は次のように考えられる。RNH₂ は弱塩基で，その H は本来プロトン化し難いので，E_{Hb} は特に小さい。一方でその塩基性 N は N=C=O 基の陽性 C に結合し易く，Ea が小さく速度が大きい。

3. 2. 3 X-N=C=O における X の影響

イソシアネート X-NCO で X が電子求引性基であると，ウレタン化反応速度は式（6）式のように速くなる[7]。しかし X は他の因子も考えられ，理解はまだ系統的でない。

$$\text{n-Alkyl} < \text{MePh} < \text{Ph} < \text{NO}_2\text{Ph} \quad \text{また} \quad \text{SiH}_3\text{CH}_2 < \text{Me} < \text{FCH}_2 \quad\quad (6)$$

一方実用的な TDI の，多くのアルコールとのウレタン化の Ea 値は 9.1～11.5 kcal mol^{-1} と報告されている[2]。TDI の反応性は，Table 1 から PhNCO のそれとほぼ同じである。そこで X の基礎的 4 種の H，CH₃，FCH₂，Ph の X-NCO につき，メタノールとの反応のシミュレーションで，PhNCO のデータと比較した表 4 を示す。Entry 1 の（PhNCO + MeOH）のデータは 3.2 1）項と表 3 に示し，説明した。この表により PM6 法による Ea 値の大小は，式（6）など実験の定性的データと，また表中の ab initio 計算による計算結果ともほぼ一致していると判断される。

反応性は主に Ea に依ると判断される。従って Ea 計算で相対的反応性の検証と評価が可能であろう。但し PM6 は少し小さい Ea 値を与える傾向にあるので PM7 での解析を追加するとよい。表 4 右側には Entry 4 の反応の，PM7 の遷移状態 TS 構造を示した（（ ）内は文献[6]のデータ）。PM7 の TS 図では水素結合距離 b，d，f 部で改善がみられる[8]。

表 4 X-N=C=O と MeOH とのウレタン化の PM6 シミュレーション結果と No.4 の反応の TS 図[8]

Entry No	Reagent X-NCO	Reaction E_{In}	Transition state (kcal mol^{-1}) Ea	Imagin. Vib. (cm^{-1})	Exp. data Ea
1	PhNCO	4.9	7.23	108i	9.1-11.5[2]
2	MeNCO	5.6	9.95	275i	
3	FCH₂NCO	5.35	8.1	137i	Me>CH₂F[2]
4	HNCO	7.61	12.79	293i	16.5[6]

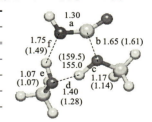

4 イソシアネートのウレタン化反応への触媒の作用機構について

4. 1 イソシアネートのウレタン化反応への第 3 級アミンの触媒作用[3]

3 節で記したが，フェニルイソシアネートと同等の反応性の，実用されている TDI とジオールとの反応の触媒として多くの第 3 級アミンがテストされ，Ea 値が 1～11 kcal mol^{-1} に減少し，実用されている[9]。

そこで本節ではその基本的な，3.2.1 項で解析した PhNCO とメタノールとの反応への，基本

的なトリエチルアミン Et₃N の触媒作用の式（7）の，4分子反応系のシミュレーションを示す。前節の Ea が 7.23 kcal mol^{-1}（PM7 で Ea = 16.09 kcal mol^{-1}）から，Et₃N 関与でどれだけ減少するか，また遷移状態での触媒の立体的関わりを述べる。

$$\text{PhN=C=O} + 2\text{MeOH} \xrightarrow{\text{Et}_3\text{N}} \text{PhNHCOOMe} \cdot \text{MeOH} \tag{7}$$

触媒反応プロセスは，図4の無触媒反応に Et₃N の作用を追加して，4分子反応系の図6で示される。縦軸は HOF 和（開始点 A0：0.0 kcal mol⁻とすると良い）である。Complex 1 等の説明は図中に示した。

先ず PhNCO と 2MeOH との安定化（3.2項 図4：4.90 kcal mol^{-1}）より，PhNCO と Et₃N の安定化が 8.66 kcal mol^{-1} と大きい情報を得，図7の A1 に示す。安定化は主に水素結合（E_{Hb}）と CT 性および CH/π 作用によるものと示唆され，点線で示した。次に図5のBの MeOH に Et₃N が作用した最安定配座が，Bcom 即ち反応物錯体（RC）になり，その構造を図7のBに示す。Bでは次に挙げる原子間距離（Å）で Et₃N の触媒作用の第一歩が見られる。点線が主な作用を示す。即ち Et₃N が MeOH の H⁺ を一旦捕捉しており，次の MeO⁻ と NCO の 8C との反応性を高める。

8C-10O：1.54, 10O-26H：1.63, 26H-13N：1.12（Å）

そこで次に MeO の 10O と NCO の 8C，MeOH の 27H と NCO の 7N の，更なる接近操作を行い，その過程で遷移状態 TS：C（HOF = -126.73 kcal mol^{-1}，虚数振動数 = 268.0i cm^{-1}）が得られる。図8にその TS 構造（と虚数振動位置）と IRC 図を示す。その Ea は Bcom と C（TS）の差から次のようであり，その振動構造は TS を支持する。

Ea = 3.92 kcal mol^{-1}　TS 振動：268.0i cm^{-1}，位置；NCO-OMe
主な原子間距離：8C-10O = 1.80, 13N-26H = 1.38, 10O-26H = 1.25（Å）

TS 後それ以下の HOF で 26H が 7N へ移動し，生成系のフェニルカルバミン酸メチル錯体 D

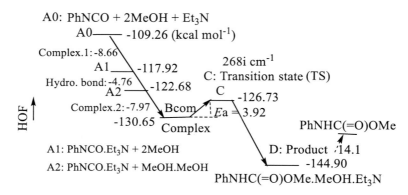

図6 （PhNCO ＋ 2MeOH）ウレタン化反応への Et₃N 触媒作用のエネルギープロファイル（kcal mol^{-1}）

第2章　イソシアネートのウレタン化反応機構

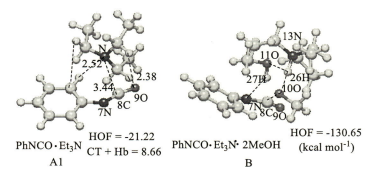

図7　PhNCO と Et$_3$N との作用（A1）と、2MeOH とのウレタン化の反応物錯体 B（RC）（HOF (kcal mol^{-1})）

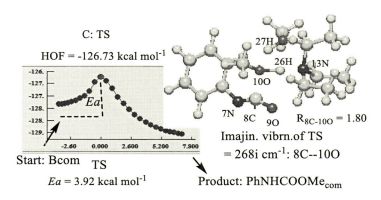

図8　（PhNCO ＋ 2MeOH）/Et$_3$N 触媒反応の IRC と TS 構造

が導かれる。カルバミン酸メチルは残りの MeOH と Et$_3$N で 14.1 kcal mol^{-1} 安定化している。

TS での Et$_3$N の触媒作用は，3.2 項との差から式（8）で表され，TS が 3.31 kcal mol^{-1} 低減され，検証された。

$$\Delta Ea = 7.23 - 3.92 = 3.31 \text{ (kcal mol}^{-1}\text{)} \tag{8}$$

この反応系では図6から，Et$_3$N でかなりの発熱が予想される。また反応の Ea は 3.92 kcal mol^{-1} とかなり小さいので，これらは実験条件や安全管理の指針となる。

4.2　イソシアネートのウレタン化反応への有機強酸等による触媒作用

4.2.1　Hedrick らによるウレタン化反応への超強酸 CF$_3$SO$_3$H 等の触媒作用の実験と理論解析[10]

J. L. Hedrick らは環境対策もあり，新しいウレタン化触媒探索を，触媒実験と量子化学での反応機構解明を幅広く行った。実験では，ヘキサメチレンジイソシアネート（HDI）とポリ（エチレングリコール）（PEG$_{1500}$）とのウレタン（PUs）化反応を，図式1に示す有機超強酸の

機能性ポリウレタンの進化と展望

CF$_3$SO$_3$H から酢酸（pKa 値表示），有機塩基の DBU，有機スズ化合物のジブチルスズジラウレート（DBTDL）など9種の触媒を用いて，その反応性，生成ポリマーの分子量やその分布を解析している。またそのモデル触媒反応である（MeN=C=O + MeOH）/CF$_3$SO$_3$H 系等の M11DFT 解析を行い，超強酸の大きな効果から，1：1：1モル比の反応物錯体（RC），TS 経由の触媒反応（式（9））を提案した。

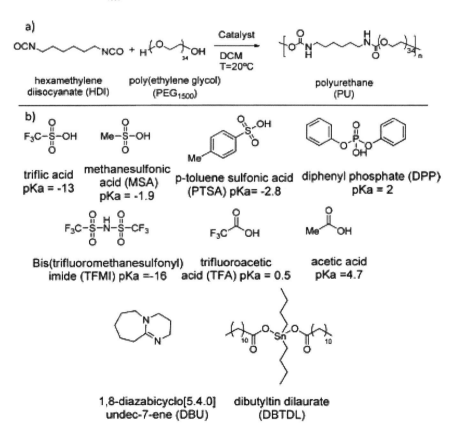

図式1　a) HDI と PEG$_{1500}$ からの有機酸等触媒下のポリウレタン合成反応と，b) 使用触媒9種[10]

第2章 イソシアネートのウレタン化反応機構

① (HDI + PEG) / 触媒の実験

まずHDI：PEG$_{1500}$：触媒9種の（1：1：0.05）モル比（0.1 M の DCM 溶液）反応実験を図式1のa）とb）に示す。反応の進行（Conversion：p（％））測定にはH^1-NMR で，HDI と生成物ウレタンの官能基α位メチレン水素の違いを利用している。結果（反応率，ポリマーの分子量と分布，98％達成までの時間等を表5に示す。

また反応速度解析からの，ポリマー化の時間（分）と1/（1 − p）値とのXY プロットを図9に示す。

表5　種々の触媒下の反応率と分子量分布[10]

acid	conv (%) 6h^b	M$_W$ kDa	PDI	time to ＞98% conv (h)	M$_W$ kDa	PDI
none	＜2	1.9	1.1	N/A	2.0	1.1
DBU	86	9.2	1.7	24	22.0	1.4
DBTDL	82	7.4	1.7	24	24.0	1.4
TFMI	≧98	24.8	1.4	6	29.8	1.5
triflic acid	≧98	23.5	1.3	6	28.2	1.5
PTSA	97	18.5	1.9	8	23.6	1.7
MSA	88	10.1	1.7	24	18.3	1.3
TFA	3	2.0	1.1	N/A	2.0	1.2
DPP	50	4.3	1.4	48	23.7	1.7
acetic acid	2	2.0	1.1	N/A	2.0	1.1

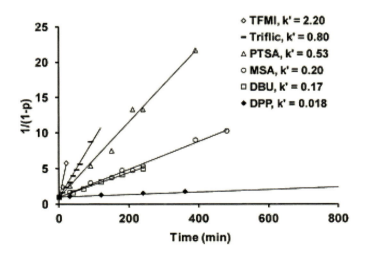

図9　酸触媒ポリマー化の，時間（分）と1/（1 − p）の直線関係[10]
Conversion to polymer：p(％). Reaction kinetics：$-d[M]/dt = k[触媒][M]^2$, [M] = [dicyanate] = [diol]. $k' = k$ [触媒] (M^{-1} sec^{-1})

図9の傾きから得られる速度定数 k' の大きさと表6の p 値を考慮すると，式（10）の触媒効果順位が示される。超強酸の TFMI，CF_3SO_3H が優位である。但しその pka 値だけの効果ではない。有機塩基 DBU，有機スズ化合物 DBTDL などには式（9）の環状中間体は考え難い[6]。

TFMI＞CF_3SO_3H＞PTSA＞MSA＞DBU（＞DBTDL）＞DPP＞TFA＞Acetic acid　　（10）

② （MeN=C=O ＋ MeOH）／触媒のモデル系の M11DFT 法でのシミュレーション解析

まずこの3成分の間で，2分子間の結合自由エネルギーでの安定化の値が算出され，MeNCO-CF_3SO_3H（9.7 kcal mol^{-1}）で，また DBU（N）——MeOH 間（8.3 kcal mol^{-1}）等で大きい水素結合が算出され注目される。図10に，式（9）で CF_3SO_3H の場合で例示した（MeNCO ＋ MeOH）／触媒反応の，N- 部関与の遷移状態を経るエネルギープロファイルを示す。活性化自由エネルギーは5種触媒で表6の右列のようであり，実験例の触媒効果順位とほぼ同じである。O-Activation ではないことも分かる。

表6の下部に，得られた TS 図を示す。左が CF_3SO_3H，右が DMP（MeO）2PO2H のものである。酸参加の［1：1：1］モル比で形成される TS の8員環で，Dual-Activation 機構とされる。

但しこの論文では3.1節で示した論文6)等の触媒無しの，［1：2］モル比 TS 反応機構との関係の記述はない。また触媒実験データでは Ea が 10 kcal mol^{-1} 以下の反応[9]もある。小さい効果評価の塩基 DBU と4.1節の高い評価の Et_3N とは同類であるので，DBTDL とも次の検討事

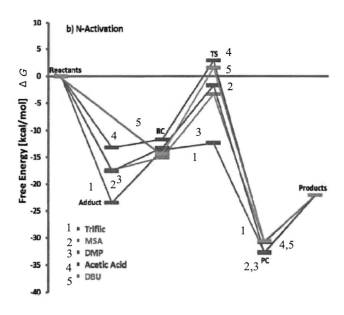

図10　（MeN=C=O ＋ MeOH）／触媒反応の N-Activated ウレタン化反応機構でのエネルギープロファイル[10]
　　　触媒：1：CF_3SO_3H，2：CH_3SO_3H，3：$(MeO)_2PO_2H$，4：CH_3COOH，5：DBU

第 2 章　イソシアネートのウレタン化反応機構

表 6　O- 活性化または N- 活性化の酸/塩基触媒ウレタン化反応の活性化自由エネルギー，ΔG 値（kcal mol^{-1}）[11]

acid/base catalyst	free enargy of activation ΔG^* [kcal/mol]	
	O-activated	N-activated
triflic acid	29.5	11.1
MSA	25.4	14.0
DMP	22.0	14.8
acetic acid	22.8	16.1
DBU	15.9	

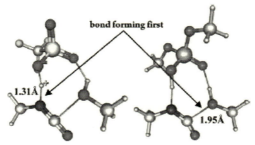

(a) N-activated TS with triflic acid　(b) N-activated TS with

項であろう。

4. 2. 2 （MeNCO + MeOH）/CF$_3$SO$_3$H 系の PM7 法での解析[11]

Hedrick らの表記触媒反応系を PM7 法で追試した結果を，図 11 の反応プロファイル，TS データ等で示す[11]。

Ea 値 12.45 kcal mol^{-1}（PM6：11.0）に対し，表 6 に示した Hedrick らの *JACS*2013 稿の ΔG 値は 11.1 kcal mol^{-1} で[10]，また TS 構造の水素結合部等 3 か所もほぼ近似し，再現している。

また置換基の違う（PhNCO + MeOH/CF$_3$SO$_3$H 系シミュレーションでは，Ea 値 10.38 kcal mol^{-1}，と算出され，3.2.3 項の置換基効果からも肯定される。この系の触媒無しの，3.1.1 項では Ea 値は 1：2 錯体で 16.09 kcal mol^{-1} であったので，上記との差 5.71 kcal mol^{-1} は触媒作用と判断される。

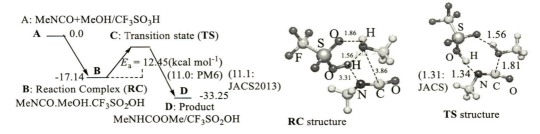

図 11　（MeN=C=O + MeOH）/CF$_3$SO$_3$H 触媒反応のエネルギープロファイルと RC と TS 構造

25

なお DBU 触媒反応の TS 構造は，Hedrick らの論文[10]では Supportig Information（74 pages）の Figure S29（e）にある。1：1：1 錯体ではあるが，Dual-Active ではない。（MeNCO + 1MeOH）系の DBU 触媒作用であり，1：2 モル比への作用の再考を要する。

5　生成物のカルバミン酸の不安定・脱炭酸性およびカルバミン酸エステルの安定さについて

ポリウレタン工業ではカルバミン酸の脱炭酸による発泡性をクッション機能制御などに活用している。しかしカルバミン酸はなぜか単離が難しいなど[1]，その本体エステルとの性質の違いは材料物性などでも問題となる。本節ではその違いの原因を解析するため，3.2 節の生成物のフェニルカルバミン酸とフェニルカルバミン酸メチルについて，加水分解反応をシミュレーションで検証している。

5.1　フェニルカルバミン酸の水との反応[3]

3.2 項と同様に水 2 量体との接近で，図 12 のアニリンと CO_2 の生成を伴う計算結果が得られ，実験事実が検証される。式（11）の Ea = 11.4 kcal mol^{-1} の反応である。

$$PhNHCOOH + 2H_2O \rightarrow PhNH_2 + CO_2 + 2H_2O \tag{11}$$

初期配置での水はベンゼン環近くであったが，水の H をカルバミン酸の N へ接近する操作で，追随する水分子はカルボン酸部に移動した。遷移状態では H_3O^+ イオンの生成が認められる。生成系 D ではアニリンと CO_2 が生成し，分解の実験結果を再現している。またこの反応の活性化エネルギー，Ea = 11.41 kcal mol^{-1} は，3.2 項で得た PhNCO と水とのカルバミン酸化反応の，Ea = 9.12 kcal mol^{-1} とあまり変わらず，小さい。

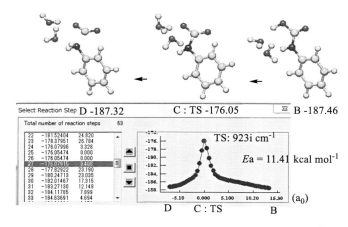

図 12　PhNHCOOH と $2H_2O$ との反応，IRC と TS 等構造[3]

第2章　イソシアネートのウレタン化反応機構

カルバミン酸単離の難しさが解り，炭酸ガス発泡のクッション利用では反応条件の重要さが示唆される。また 3.2 項メチルアミンの PhNCO との高い反応性情報はウレア体副生のし易さを推定させる。

5.2　フェニルカルバミン酸メチルと水との挙動[3]

初期配置では 5.1 項と同様で，両者接近での IRC 結果を図 13 に示す。N への H_2O の接近は，TS 構造では水分子のベンゼン面の上下への対称な移動をもたらす。その変化は NH の水素が水 2 分子と均等に交換するもので，エステル自体では何の変化もない。式（12）の平衡と判断される。

$$\text{PhN}\underline{\text{H}}\text{COOMe} + 2H_2O \rightleftharpoons \text{PhNHCOOMe} + 2\underline{\text{H}}_2\text{O} \tag{12}$$

またこの平衡の活性化エネルギーは，次の値である。

$Ea = 21.38 \text{ kcal mol}^{-1}$

5.1 項と比べ，かなり大きい。エステルでは水素結合を起こし難いため，水 2 分子は水素交換の有利な対称位置に移動した。エステルが水にかなり安定な事実を説明するので，ウレタン結合等の安定性評価に有効である。

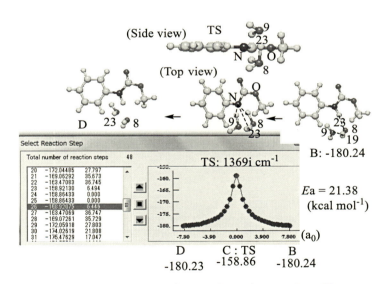

図 13　PhNHCOOMe と $2H_2O$ との反応の IRC と TS 図

6 まとめ

多用されているイソシアネート X-N=C=O の主にアルコール R-OH（R-YH）とのウレタン化（ウレア化等）反応のエネルギーと空間プロファイルについて，量子化学的手法での理解の現状を紹介した。

まず X-N=C=O 基の求電子的電荷の偏りと，活性水素を持ち求核性の R-OH 基の 2 量化性を図 2 に示した。両者のウレタン化反応は，図 5 に例示したが，1：2 モル比で 6 員環で安定化（$E_{Hb} + E_{ln}$）した反応物錯体（RC）を経由して，低い活性化エネルギー E_a 値の遷移状態（TS）を経て安定なウレタンを与える発熱の特徴がある。置換基 X，R および Y の反応性差は主に E_a 値で評価できる。

ウレタン化反応への触媒の作用機構について，第 3 級アミンの場合，上記 RC と 1：2：1 モル比で関与し，活性水素の受け渡し役で低エネルギーの RC を経て，より低い E_a で反応を起こすと評価された。多様な種類の触媒作用が試された論文では，より効果のあった CF_3SO_3H 等の酸触媒作用は，そのモデル系の M11DFT シミュレーションで，図 10 に示した 1：1：1 モル比の 8 員環の RC と TS 形成での進行と評価された。CF_3SO_2OH の Dual な N-Activation 機構であり，それは PM7 法で追認された。反応の全体像は図 1 で説明される。PM7 法等の縦軸スケールはエンタルピー（H）で，図 1 中の B,C,D 点は各々束縛された系であるのでエントロピー（S）は負であり，$G > H$ となる。従って図 1 の G での形状は，H でより相対的に B,C,D 点は高いと示唆される。

ウレタン工業で発泡クッション性付与に使われるカルバミン酸の不安定さと，本体カルバミン酸エステルの安定さが，両者の加水分解反応シミュレーションで評価された。前者の E_a は 11 kcal mol^{-1} と低く，アミンと CO_2 に分解し，後者は 21 kcal mol^{-1} で単なる水素交換で分解では無いと判断された。

謝辞

　数年来鹿児島大学大学院理工学研究科化学生命工学専攻 准教授上田岳彦先生には不定期ながら本報に関る量子化学計算法や化学熱力学の分野でリード頂いており，感謝し上げる。

文　　　　献

1）古川，和田監修，機能性ポリウレタンの最新技術，シーエムシー出版（2015）
2）J. H. Saunders, K. C. Frisch, *Polyuretanes, Chemistry and Technology, Part 1 Chemistry*, Interscience Publishers（1962）

第 2 章　イソシアネートのウレタン化反応機構

3)　染川，満塩，上田，*J. Comput. Chem. Jpn.*, **15**, 32（2016）

4)　横山，平岡，ポリウレタン化学の基礎，p.77，昭和堂（2007）

5)　村山，東ソー研・技術報告，**59**, 19（2015）

6)　G. Raspoet, M. T. Nguyen, *J. Org. Chem.*, **63**, 6878（1998）

7)　a）J. Nagy, E. Pusztai, O. Wagner, *Eur. Chem. Bull.*, **2**, 985（2013）. b）M. Hatanaka, *Bull. Chem. Soc. Jpn.*, **84** , 933（2011）

8)　染川，上田，*J. Comput. Chem. Jpn.*, **17**, 85（2018）

9)　a）荒井，玉野，雲井，堤，東洋曹達研究報告，**28**, 23（1984）. b）徳本（古川，和田監修），機能性ポリウレタンの最新技術，p.117，シーエムシー出版（2015）

10)　H. Sardon, A. C. Engler, J. M. W. Chan, J. M. Garcia, D. J. Coady, A. Pascual, D. Mecerreyes, C. O. Jones, J. E. Rice, H. W. Horn, J. L. Hedrick, *J. Am. Chem. Soc.*, **135**, 16235（2013）

11)　染川，上田，日本コンピュータ化学会 2018 春季年会，講演予稿集 1P19（2018.6）

12)　堀監修：㈳新化学発展協会編，量子化学計算マニュアル，１章，４章，丸善（2009）

13)　MOPAC2016 Home Page.（http://openmopac.net）

14)　染川，有機分子の分子軌道計算と活用，６章，11章，付記，九州大学出版会（2013）

15)　都築，有機分子の分子間力，５章，東京大学出版会（2015）

第3章　ポリウレタンの物性への化学構造と凝集構造の影響

古川睦久*

1　はじめに

　ポリウレタンはフォーム，エラストマー，弾性繊維，人工皮革，塗料，粘接着剤，シーリング剤，土木建築用材，レザー・微孔性ゴム等として工業材料，医用材料，農業水産用材料から家庭生活材料として幅広く使用される我々の生活に不可欠な極性高分子材料である。ポリウレタン（PU）はイソシアネート，ポリオールと低分子アルコールやジアミン等の活性水素をもつ硬化剤から合成されるマルチブロック共重合体であり，原料の化学構造・配合・反応の多様性のために，ポリウレタンの物性は自由に設計することができる。しかしながら，得られたポリウレタンの化学構造と高次構造すなわち凝集構造は複雑であり，物性と凝集構造の関係は"ミクロ相分離"あるいは"相混合"の便利な言葉で説明されるのみである。この章では，ポリウレタン材料の設計に必要な化学構造（一次構造）と高次構造（凝集構造）との制御と凝集構造の可視化について述べる。

2　ポリウレタンの構成要素鎖

工業的に合成されるポリウレタンの構成要素鎖は次の4つに分類される。
① **規則性ポリウレタン**
　低分子グリコールとジイソシアネートの反応により得られる繰り返し単位が明確なポリウレタン。

　　OCN-R-NCO + HO-R'-OH ⟶ -[CONH-R-NHCOO-R'-O]$_n$-
② **ウレタン延長されたポリマー**
　ポリマーグリコールとジイソシアネートの反応により得られるウレタン結合で単に鎖延長したポリウレタン。

　　OCN-R-NCO + HO～～～OH ⟶ ～～～URU～～～URU～～～
　　　　～～～：ポリオール残基（ソフトセグメント）　　U：ウレタン基（-NHCOO-）
③ **セグメントティドポリウレタン（SPU）**
　規則性ウレタンセグメント（ハードセグメト）とウレタン延長されたポリマーセグメント

---

　*　Mutsuhisa Furukawa　ながさきポリウレタン技術研究所　代表；長崎大学　名誉教授

第3章　ポリウレタンの物性への化学構造と凝集構造の影響

（ソフトセグメント）からなるポリウレタン。

$$OCN\text{-}R\text{-}NCO + HO\text{\textasciitilde}\text{\textasciitilde}\text{\textasciitilde}OH + HO\text{-}R'\text{-}OH \longrightarrow$$

$$\text{\textasciitilde}\text{\textasciitilde}URU\text{\textasciitilde}\text{\textasciitilde}URUR'URUR'URU\text{\textasciitilde}\text{\textasciitilde}\text{\textasciitilde}URU\text{\textasciitilde}\text{\textasciitilde}\text{\textasciitilde}$$

④　セグメントティドポリウレタンウレア（SPUU）

　鎖延長剤に低分子ジアミンを用い，分子鎖がウレア連鎖（ハードセグメント）とソフトセグメントからなるポリウレタン。

$$OCN\text{-}R\text{-}NCO + HO\text{\textasciitilde}\text{\textasciitilde}\text{\textasciitilde}OH + H_2N\text{-}R'\text{-}NH_2 \longrightarrow$$

$$\text{\textasciitilde}\text{\textasciitilde}URU\text{\textasciitilde}\text{\textasciitilde}URU'R'U'RU'R'U'RU\text{\textasciitilde}\text{\textasciitilde}\text{\textasciitilde}URU\text{\textasciitilde}\text{\textasciitilde}\text{\textasciitilde} \qquad U':\text{尿素基（-NHCONH-）}$$

　線状ポリマーのほかに3官能性以上の多官能性のアルコール，アミン，イソシアネート，ポリオールとの反応，アロファネート，ビウレット，イソシアヌレートにより化学架橋を生成しポリウレタン網目が生成する。

　規則性ポリウレタンは，ポリウレタン開発の初期には繊維として開発されたが，現在はこのタイプのウレタンの生産はほとんどない。ウレタン延長されたポリマーは，架橋剤や過剰のイソシアネートを用いることにより粘着ゲル，接着剤等に用いられている。現在生産されているポリウレタンの多くは，線状のセグメントティドポリウレタン，セグメントティドポリウレタンウレアとしてハードセグメントの凝集による物理架橋をもつ熱可塑性ポリウレタンとして，また化学架橋を持つ熱硬化性ポリウレタンとして広い分野で用いられている。

3　化学構造因子の物性への影響

　ポリウレタンの化学構造の物性への影響を表1に示す。化学架橋点の導入は弾性率，弾性，

表1　力学物性への構造因子の影響

構　造　因　子	低温域 柔軟性	室温域		高温域		
		弾性率	引裂強度	弾性	弾性率	クリープ
架　橋						
強い（トリオール，イソシアヌレート）	↓	↑	↓	↑	↑	↑
弱い（ビウレット，アロファネート）	↓	↑	↓	↑	↑	↑
分子間力						
ウレア	↓	↑	↑	↓	↑	―
ウレタン	↓	↑	↑	↓	↑	―
エステル	↓	↑	↑	↓	↑	―
カーボネート	↓	↑	↑	↓	↑	―
芳香環	↓	↑	↑	↓	↑	―
セグメントの剛直さ						
剛直鎖（芳香環）	↓	↑	↑	↓	↑	―
可撓性（エーテル，アルキル）	↑	↓	↓	↑	↓	―

高温でのクリープ特性の増加をもたらすが，低温特性や引裂強度を低下させる。特にアロファネートやビウレット架橋点は熱解離温度が120℃と低いため高温ではその役目を果たさない。凝集エネルギーが大きく，かつ剛直なウレタン基，ウレア基，エステル基，カーボネート基，芳香環の導入は分子鎖が剛直になり低温特性を低下させるが，室温での物性を向上させる。しかし，高温では極性基間の水素結合の解離により弾性は低下する。一方，結合の回転性が高く柔軟を持つエーテル基やアルキル基は低温特性を増すが，高温での弾性を低下させる。単純に化学構造の物性への影響を見れば表1に示すようになるが，これに加えて分子鎖が作る凝集構造すなわち高次構造の影響を考えなければならない。

3.1 ポリウレタンの製造法の影響

ポリウレタンは，プレポリマー法，あるいはワンショット法で製造される。プレポリマー法では第一にジイソシアネート過剰でポリマーグリコールと反応を行い，NCO両末端ポリーオール（プレポリマー）を得る。このプレポリマーに含まれるイソシアネート基と等モルか，少ない官能基量の硬化剤を添加・反応させてポリウレタンを得る。ワンショット法ではジイソシアネートとポリマーグリコールおよび硬化剤との官能基比 K＝[NCO]/[OH]で等モルか，多い量で反応させてポリウレタンを得る。これに加えて，水酸基末端プレポリマーを合成した後，イソシアネートの必要残量と硬化剤を加える方法（セミポリマー法と呼ぶ）でポリウレタンを得る方法もある。

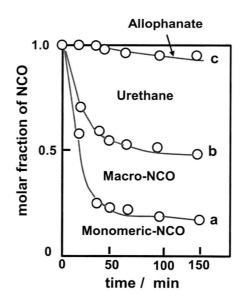

図1　プレポリマーの組成分布の反応時間依存性
PPG（Mn = 1000）-2,4-TDI；配合比 r =［OH］/［NCO］= 2、反応温度80℃；各組成のモル分率はイソシアネート基の初濃度に対する比で表示

第3章 ポリウレタンの物性への化学構造と凝集構造の影響

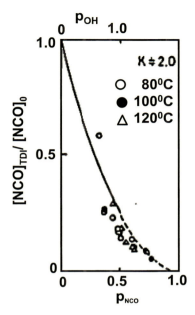

図2 プレポリマー合成反応における反応率とTDIモノマー残存率の関係

ジイソシアネートとポリマーグリコールあるいは低分子グリコールやジアミンの重付加反応においては、官能基が等反応性と仮定されたFloryの重縮合理論[1]に基づいて組成分布を求めることができる。

図1にPPG（Mn=1000）と2,4-TDIを配合比K=[NCO]/[OH]=2.0、反応温度80℃で合成したプレポリマーの組成分布を示す[2]。プレポリマーの組成分布はイソシアネート基の初濃度に対する比で示す。曲線aは残留TDI単量体、曲線aとbの間はマクロイソシアネート基、曲線bとcの間は生成ウレタン基、曲線C-分率1の線の間はウレタン基とイソシアネート基の反応により生成するアロファネート基（アロファネートの実量はこの数値の1/2）である。図2にイソシアネートおよび水酸基の反応率 P_{NCO}、P_{OH} と残存イソシアネートモノマー残存率の関係を示す[2]。副反応によるアロファネート結合の生成のため、ポリオールの水酸基の反応率が1を超えてもTDIモノマーが残存している。このことは配合を[NCO]＞[OH]$_{polyol}$ で合成する限り、エラストマーを得るために鎖延長剤（低分子ジオール）を加えるとこれとジイソシアネートからなるウレタンセグメントすなわち高い融点を持つハードセグメントが生成することを示している。

合成したプレポリマーを用いて得られたアロファネート架橋ポリウレタン（PPG-1000-2,4-TDI-BD）の応力-ひずみ関係を図3に示す。図3にはプレポリマー法に加えて、ワンショット法、セミプレポリマー法で合成したデータも示す。セミポリマー法ではまず[OH]＞[NCO]で水酸基末端プレポリマーを合成した後、BDと余剰のNCOを添加・反応させてゲルを得た。図

機能性ポリウレタンの進化と展望

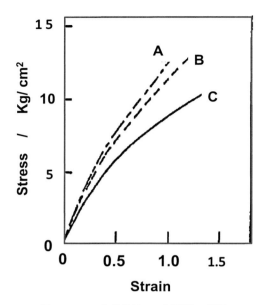

図3　PUの力学物性への製造法の影響
A：プレポリマー法，B：セミポリマー法，C：ワンショット法

3に示すように，セミポリマー法ではほぼ同等の応力と伸びを示すが，ワンショット法ではより弱い応力と大きい伸びを示している。ウレタン基が生成するときワンショット法では未反応イソシアネート基が多く存在しているので隣接のウレタン基と反応して網目鎖を生成するが，弾性に有効でない網目鎖を生じるためと考えられる。プレポリマー法とセミポリマー法ではウレタン連鎖が生成し，水素結合による凝集の効果が寄与しているためである[3]。

3.2　ポリマーグリコールの分子量分布の影響

単一分散ピークの系：同一構造，ほぼ同一の数平均分子量を持つポリマーグリコールであっても分子量分布はメーカーにより用いる触媒あるいは合成条件により異なる。たとえば，五つのメーカーの数平均分子量2000のPTMGは図4に示すように分子量分布Mw/Mnは1.6から2.6と広がっており，これを用いて合成したPTMG-MDI-BD系セグメントポリウレタンの破断応力，破断伸びはほぼ同じであるが200％弾性率から800％弾性率の変化は，Mw/Mn＝1.6では7.5 MPaから28.0 MPaであるが，Mw/Mn＝2.6では7.8 MPaから40.6 MPaと異常に大きくなる。このことはゴム弾性を発現するソフトセグメントの網目鎖の分布が重要であることを示している[4]。

多分散ピークの系：力学物性への網目鎖の鎖長分布の影響を明らかにするため，6種類の分子量の異なるPPG（Mn＝195, 403, 1006, 1901, 2893, 4158）を用いて2種あるいは3種をブレンドすることによりMn＝1000として網目鎖の鎖長分布の異なるPPGを調製した。

第 3 章　ポリウレタンの物性への化学構造と凝集構造の影響

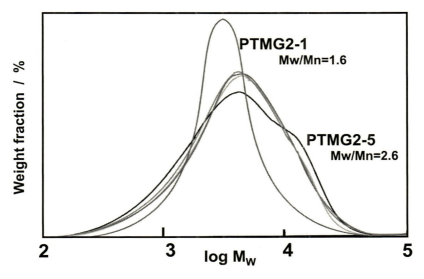

図 4　市販 PTMG2000 の分子量分布

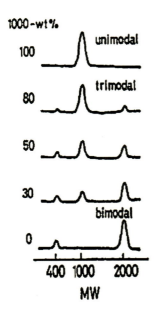

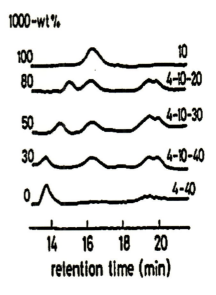

図 5a　異なる分子量の PPG を用いた Mn=1000 PPG の分子量分布
1000-wt% は調製に用いた PPG1000 の wt% を意味する。

図 5b　分子量分布の異なる Mn=1000 の PPG の GPC 曲線
4-10-30 は Mn400-1000-3000 のブレンドを意味する。

PPG-TDI-BD 系網目ポリウレタンを配合比 K = [NCO]/[OH]$_{PPG}$ = 2.0，NCO Index = 1.6 で合成した。図 5a に調合した Mn = 1000 の PPG の分子量分布，図 5b に Mn = 1000 の鎖長分布の異なる PPG の GPC 曲線を示す。図 5b の 4-10-30 は Mn = 400 と 3000 の PPG を混合して Mn = 1000 を調製し，その後 Mn = 1000 の PPG を 50 wt% ブレンドしたことを示す。得られたポリウレタンの室温での性状はユニモーダルの 10 は無色透明のゴム状である。バイモーダルの 4-40 は白濁ゴム状であるが，これに PPG-1000 を添加した系は無色透明のゴム状となる。200-3000，4000，400-4000 系は白濁しているがゴム状を示す。しかしながら，いずれ系も広角 X 線分析では無定形である。これらのエラストマーではポリオールの分子量分布が広がると，平衡膨潤度の増大，ガラス転移温度の降下と転移幅の増大，応力軟化とヒステリシスの増加，永久ひずみの増大が見られる[5]。

3.3 ハードセグメントの分子量分布

Flory の理論では各反応基の反応性を等反応性と仮定しているが，実際は 2,4-TDI では p-位の NCO の反応性は o-位のそれの 6.25 倍である。4,4'-ジフェニルメタンジイソシアネート（MDI）の二つの NCO 基は等反応性であるが，どちらか一方がウレタン化されると他の NCO 基の反応性は 33% に減少する。これらのことを考慮して Peebles[6, 7] は NCO 基の反応度 k' と 2 番目の NCO 基の反応速度 k'' の比をパラメーターとして考察し次の結果を得ている。

1）反応速度比が 1 であれば，プレポリマー法とワンショット法は同じハードセグメンツ分布を与える。

2）反応速度比 > 1 のとき，プレポリマー法はワンショット法より狭い分布を与える。

3）反応速度比が無限大で配合比 r = [OH]/[NCO] = 0.5 のとき，ハードセグメントの分布は単分散となるが，それ以外の場合は全て分布をもつ。

4）ジイソシアネートの初濃度が小さいと分布は狭くなる。

5）ジイソシアネートと鎖延長剤の量を増やすと，ハードセグメントの含有量と鎖長を長くできるが，平均ハードセグメント長は長くなり，その分布はより広くなる。

ハードセグメント含量を増し，平均鎖長を大きくしつつ分布を狭くすることは通常の合成法ではできないので，長さの異なる単分散オリゴマーを別途合成しプレポリマーに反応させる組み込み法でなされる。

別途合成した BD-TDI-BD，BD-(TDI-BD)$_6$ のハードセグメントオリゴマーを配合比 K = [NCO]/[OH]，NCO INDEX = 1.05 で組み込んだ PPG-1000-2,4-TDI-BD 系ポリウレタンは，図 6 に示すようにハードセグメントの分子鎖長が増加するほどソフトセグメントのガラス転移温度は降下，ハードセグメントの融点は上昇，ヤング率，破断強度，密度は増加し，破断伸びは減少する。通常法で配合比 = [NCO]/[OH]polyol，NCO INDEX = 1.05 で合成したポリウレタンの物性はハードセグメントオリゴマーの 3 量体を組み込んだポリウレタンの物性とほぼ同等である。BD(MDI-BD)n のハードセグメントを組み込こんでも同様の傾向が見られ，分子

第3章 ポリウレタンの物性への化学構造と凝集構造の影響

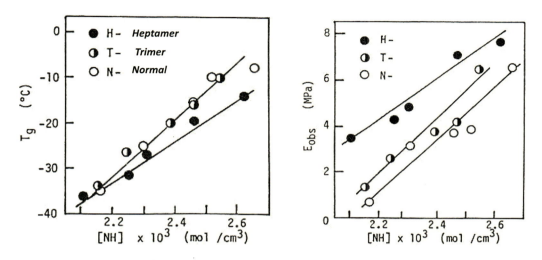

図6 ポリウレタンの物性へのハードセグメントオリゴマー長さ（BD-(TDI-BD)n, n=1, 2）の影響

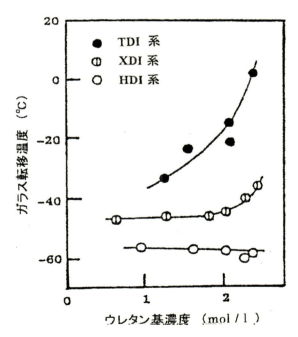

図7 アロファネート架橋網目ポリウレタンのTgへのハードセグメント構造の影響

鎖長の長いハードセグメントを組み込むとハードセグメントは凝集しやすくなり，ソフトセグメントとハードセグメントのミクロ相分離が生じ，通常法で合成したポリウレタンとは異なる物性を示す[8]。

アロファネート架橋密度をほぼ一定とした網目ポリウレタンにおいてもハードセグメントの結晶性の有無により凝集が生じる。ウレタン基濃度の増加とともにアロファネート架橋したPPG-2,4TDI-BD系ではウレタン基濃度の増加とともにTgは図7に示すように急激に上昇するが，-m-XDI系ではTgはゆるやかに上昇する。一方，-HDI系ではTgは-58℃で一定かわずかに低下する。これらの結果は貯蔵弾性率'EはTDI系ではガラス転移域で同じ傾きで高温側へシフトするが，HDI系では転移域は一定であり，ゴム状弾性域は増加する傾向を示す。また，WAXSでHDI系ではハードセグメントの回折ピークが，TDI系，m-XDI系では無定形ピークのみが観察される。これらのことより，直線性の良好なイソシアネートをハードセグメントに組む込むことは物性向上に有効であることを示している[9]。

3. 4 鎖延長剤の混合比の影響

熱可塑性すなわち線状ポリウレタンには二官能性の鎖延長剤が，熱硬化性すなわち網目ポリウレタンには三ないし四官能性架橋剤が用いられる。注型エラストマーでは用いられることが多い，エーテル系・エステル系ポリオール2000-MDIプレポリマーに鎖延長剤に1,4-ブタンジオール（BD）とトリメチロールプロパン（TMP）の重量比60/40，75/25，97/3の鎖延長剤を用いて合成したポリウレタンで二官能性と三官能性鎖延長剤の比率の物性への影響を調べた。BDの混合比率の増加にともない外観は透明状態から半透明，白濁し，球晶の成長が観察され，ガラス転移温度はPTMG系で11℃，エステル系で17℃降下する。また，硬度，ヤング率，引裂き強度はいずれも大きくなる。耐摩耗性は混合比率が高い試料において，応力による可逆的な伸張配向結晶化が進行し，大きな補強充填効果を発現して良好となる。これらの結果はBDの混合比率の増加にともない生成するハードセグメントの相混合状態からミクロ相分離状態になる凝集効果による[10]。

4 硬化温度の影響

硬化温度はハードセグメントの凝集構造に著しい効果を及ぼす。ポリオール-MDI-1,4-BD/TMP系ポリウレタンのヤング率を例として示す。70℃で合成した粘稠なプレポリマーに鎖延長剤を加え撹拌混合した後，ただちに所定の硬化温度で1.5時間硬化したのち脱型し，110℃で24時間の後硬化した。硬化温度は100℃，130℃，150℃とした。得られたポリウレタンのヤング率の硬化温度依存性を一例として図8に示す。いずれのポリウレタンでも硬化温度の上昇にともないヤング率は減少している。この理由は何であろうか。エステル系ポリウレタンのエステル基の加水分解により得たハードセグメントのGPC曲線を図9に示す。諸物性は著しく異なる

第3章　ポリウレタンの物性への化学構造と凝集構造の影響

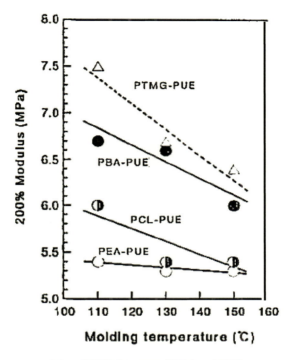

図8　硬化温度の200％弾性率への影響

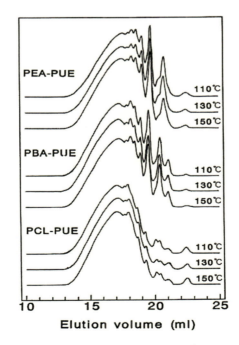

図9　硬化温度の異なるポリウレタンのハードセグメントのGPC曲線

が，選択分解により分取したハードセグメントの分子量・分子量分布は硬化温度による相違は無い[11]。このことは，ポリウレタン諸物性の硬化温度による相違は一次構造によるものでなく，高次構造，すなわち，凝集構造に依存していることを示唆している。

この手法を活かして，縦型のアルミ金型において片面を30℃とし，他面を150℃として2 mm 厚の幅で70℃の硬化剤を添加したプレポリマーを流したのち130℃で1.5時間硬化させた後，脱型して空気中で110℃で24時間，後架橋することによりシートを得た。通常法で合成したPTMG-MDI-BD系シートのA硬度は75であるが，得られたPTMG-MDI-BDシートのA硬度は低温側で62，高温側で82であり直線性を示す傾斜材料であった[12]。

5　ポリウレタンの物性と凝集構造の可視化

ポリウレタンの化学構造と高次構造すなわち凝集構造は複雑となり，物性と凝集構造の関係は"ミクロ相分離"あるい"相混合"の便利な言葉で説明されるのみである。これまで多くの研究者により，SPUの力学物性とミクロ凝集構造との関係が示差走査熱量法（DSC），小角X線散乱回折（SAXS），広角X線散乱回折（WAXD），フーリエ変換赤外分光（FT-IR），引張り試験，動的粘弾性等の測定より調べられてきた。その結果，ソフトセグメントの分子量・分子量分布・化学構造，ハードセグメント含量で整理され，これらの結果は通常，「ウレタン基の水素結合」と「ミクロ相分離あるいはミクロ相混合」で説明されてきた。しかしながら水素結合とミクロ凝集構造が力学物性へどのように寄与するかを定量的に研究した報告は少ない。そこでポリウレタンエラストマーとくにセグメントティドポリウレタン（SPU）の力学物性と可視化された凝集構相について考える。

5. 1　ミクロ凝集構造とゴム弾性

SPUのゴム弾性において化学架橋と物理架橋に基づくゴム弾性に有効な網目鎖濃度（ν_e）の定量によりミクロ凝集構造の寄与を見てみる。網目鎖濃度の分離定量は Weisfeld[13]，Rutkowska[14, 15] によって力学物性の測定温度では化学架橋点の切断は生じないが，物理架橋点はアレニゥスタイプの温度依存性で切断すると仮定し，化学架橋と物理架橋に基づく網目鎖濃度に分離している。Mark[16] ら，Allen[17] や Smith[18] らはポリマーグリコールとトリイシアネートから合成した鎖末端架橋網目において絡み合いの寄与を考える必要があることを指摘している。Dusek[19] はPPG-MDI系の網目において，高分子量ポリオールを用いると実測される弾性率Gobsが理想ゴム弾性論からの値の2倍であり，比較的低分子量を用いるとGobsは理想ゴム弾性論の値より低く，分子鎖間相互作用が永久的な絡み合いとして弾性率に寄与していることを示唆している。いずれにしても化学架橋点を実測して論じてはいない。

架橋点であるアロファネート基の化学定量法[20]を確立し，アロファネート架橋PUをモデル網目として用いることによりゴム弾性への化学架橋および物理架橋の寄与が明らかになった。応力

第3章 ポリウレタンの物性への化学構造と凝集構造の影響

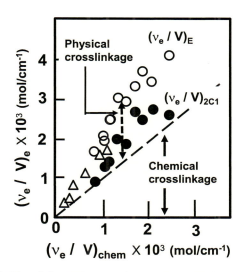

図10　弾性測定と化学的測定により決定した有効網目鎖濃度（ν_e）の関係

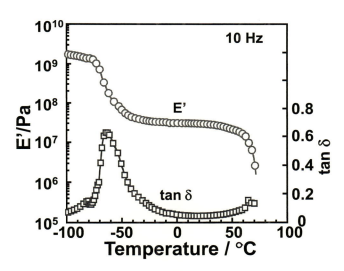

図11　オリゴハードセグメント両末端 PPG2000 の動的粘弾性の温度依存性
BD-HDI-BD-HDI-PPG2000-HDI-BD-HDI-BD

－ひずみ関係を Flory のゴム弾性論と Mooney-Rivlin 式で解析し，定量した架橋点（アロファネート基）濃度との比較により，ゴム弾性への化学架橋および物理架橋の寄与が明らかになる。弾性測定により決定した有効網目鎖濃度（ν_e）phy と化学分析から求めた（ν_e）chem の関係を，非晶性のミクロ相混合したエラストマーである PPG-TDI-BD 系 SPU について図10 に示す。図10 に見られるように PU のゴム弾性には水素結合による物理架橋の寄与が大きいことがわかる。Mooney-Rivlin 式の $2C_1$ 項から求めた有効網目鎖濃度は，化学架橋のそれよりも大きく鎖

の永久的な絡み合いの寄与をも含み，理想ゴムの弾性式から求めた有効網目鎖濃度は水素結合によるミクロ凝集による物理架橋と緩和時間の長い粘性に基づく寄与をも含むことを示唆している[21]。

　水素結合による鎖の凝集がゴム弾性の発現に大きく寄与することはハードセグメント部を両端にもつポリマーグリコールオリゴマーを合成し，水素結合による分子鎖の凝集のみで弾性を発現することからわかる。すなわち，ヘキサメチレンジイソシシネートとブタンジオールから水酸基末端3量体を別途合成し，これをイソシアネート末端ポリオールと反応させて得たPUシートは貯蔵弾性率の温度依存性において図11に示すようにゴム状高原域を示すことより，末端ハードセグメントの水素結合による凝集が擬架橋を作り弾性が発現していることを示唆している[22]。

5.2　ポリウレタンのミクロ凝集構造の可視化

　前節で，水素結合によるハードセグメントのミクロ凝集構凝集がSPUの力学物性発現に大きな役割を果たしていることを明らかにした。しかし，ミクロ凝集構造がどのような高次構造を取っているかには可視化が必要である。

　前節3.3の図8で示した硬化温度が異なる試料の偏光顕微鏡写真を図12に示す[11]。先に述べたようにこれらのエステル系SPUのハードセグメントの分子量分布は，それぞれの系では硬化温度によらず一定であるが，偏光顕微鏡写真から分かるように硬化温度で形態は変化し，硬化温度が低くなるほど小さな明瞭な球晶構造が観察される。また，ハードセグメントを作る鎖延長剤

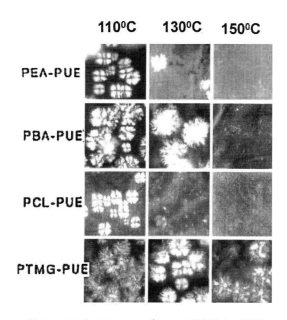

図12　PUのモルフォロジーへの硬化温度の影響
偏光顕微鏡写真

第3章 ポリウレタンの物性への化学構造と凝集構造の影響

と架橋剤の割合（[BD]/[TMP]）の力学物性への影響は前節で述べたが，それぞれのSPUの偏光顕微鏡の写真からも[BD]/[TMP]比の増加，すなわちハードセグメントの含量が多いほど，生成する球晶が大きく密になりミクロ凝集構造の寄与が大きいことを示唆している。

　光学顕微鏡により球晶構造を持つ大きな超分子構造が観察されるが，PUEの球晶は次のように生成してくると考えられる。ウレタンドメインは180℃付近で，ソフトセグメントは45℃以下で融解することから重合の間に連続的な相分離が生じ，そこでMDI-BDに富む相がまず分離し結晶核を生成し，この核は等方的に成長し球状となり，さらに融液から重付加された高分子鎖は成長している球表面につき，無定形等方相，すなわち，SS鎖を含む球晶組織を生じる。例を挙げるとポリカプロラクトン（PCL）-MDI系PUEは結晶性で直径50〜30 μmの特徴的な球晶を示すが，PCL-MDI-BD系PUEはHSC 13%で球晶を示さず，HSCが増加すると球晶が再び現れ，その大きさに増加し，MDI-BD系PUのみの50 μmまで増加する。HSC 20 wt%のPTMG2000-MDI-BD系のアズキャストフィルムでは球晶は観察されないが，これを200℃でアニーリングすると数μmの球晶が観察される。しかし，Mn = 600, 1000では観察されない。

　原子間力顕微鏡はミクロ凝集構造の可視化を可能とした。PTMG-MDI-BD, -BD/TMP, -TMP系PUEの凝集構造を例に取り説明しよう。全ての系でNH基の伸縮振動の吸収は3330 cm^{-1}に見られることより，全てウレタン基は水素結合していることが分かる。一方，水素結合しているカルボニル基の吸収ピーク強度は図13に示すようにBD系＞BD/TMP系＞TMP

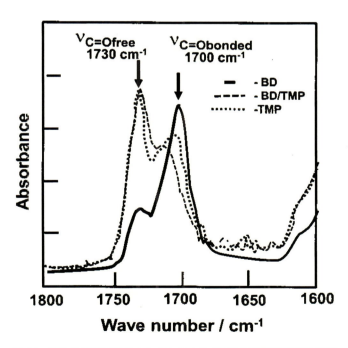

図13　異なる鎖延長剤のウレタンのカルボニル伸縮振動吸収の比較
PTMG2000-MDI-BD, BD/TMP, TMP-PUEs

系の順序で減少し，水素結合していない吸収ピーク強度はこの逆であることより，BD系＞BD/TMP系＞TMP系の順にミクロ相分離からミクロ相混合へ変化することが分かる。この結果は小角X線散乱から裏付けられ，BD系のミクロ相分離サイズは20〜30 nmである。図14に示すPUEsのAFMの位相像からわかるようにいずれのPUEsのAFM像にはコントラストが観察される[23]。ハードセグメント含量35 wt%のBD系で明確なコントラストが見えるが球晶は存在せずミクロ相分離サイズは20〜30 nmであった。この値は小角X線散乱から求めた値とよく一致した。ミクロ相混合系であるTMP系はコントラストが薄くなり均一なミクロ相構造であった。BD/TMP系はBD系に比較し暗部が減少しミクロ相分離構造が不明確となりBD系とBD/TMP系との中間であることがわかる。さらにハードセグメント含有量45 wt%と多い球晶が観

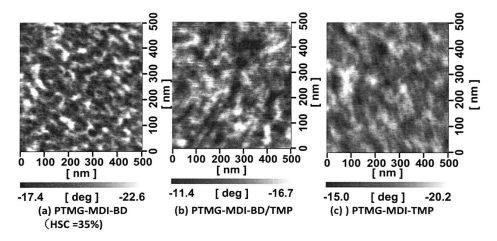

図14　PTMG2000-MDI, -BD（HSC 35%），-BD/TMP（BD 70 wt%），-TMPのAFM位相差像

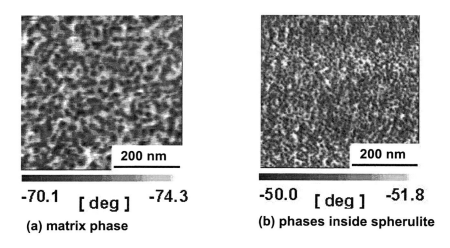

図15　PTMG2000-MDI-BD（HSC 35%）のマトリクス相と球晶内部相のAFM位相差像

第3章　ポリウレタンの物性への化学構造と凝集構造の影響

察される PTMG-MDI-BD 系 PUE で球晶内部とマトリックスの像を比較すると，図 15 に示すように球晶内部で緻密なコントラストが観察される。マトリックス相はミクロ相分離構造が明確でミクロ相分離サイズは 20 nm であり，HSC = 35％の BD 系と同一であった。しかし，球晶内部では緻密なコントラストをとりミクロ相分離サイズは 10～20 nm であり，ミクロ相分離構造が明確になった。

　AFM による観察から，ポリウレタンは水素結合をドライビングフォースとするハードセグメントとソフトセグメントが作るナノ構造による自己補強ナノコンポジットと考えると，ポリウレタンの優れた強度，耐摩耗性等の力学物性発現の源に近づくのではないかと考える。

6　将来展望

　ポリオールの化学構造と分子量分布の制御，イソシアネート新規開発に加えて既存品の併用による PU の高性能化がある。原料，配合が決定されれば，化学構造は化学両論的に決まるように錯覚しがちであるが，PU では反応温度により種々の異なる反応が生じる。この分野の研究は少なく，これを計算機科学で予測することが重要となる。すなわち，PU の凝集構造は温度，時間，圧力に依存して変化するので，PU の合成時のハードセグメント長と分布の制御に加えて，成形条件の設定が要となろう。しかしその道は半ばであり簡単ではない。さらに個々の知見を積み上げてポリウレタンの結晶性をも含めたミクロ相構造と物性の関係を明らかにしていくことが，ポリウレタンの高性能化，高機能化を果たすことになるであろう。PU の原料であるポリオール，イソシアネートの展開，ポリウレタンの優れたゴム弾性への化学架橋と水素結合による物理架橋の寄与について，さらにゴム弾性発現の起源を原子間力顕微鏡観察に基づくミクロ凝集構造のナノ構造の可視化からの考察が期待される。

文　　　献

1)　P. J. Flory, "Principles of Polymer Chemistry", Cornell University Press（1953）; Chap., 8, 9, 11.
2)　T. Yokoyama, M.Furukawa, *International Progress in Urethanes*, **2**, 125（1980）
3)　古川睦久，横山哲夫，第 32 回高分子討論会，**36**, 328（1987）
4)　泉 直考，古川睦久，高分子討論会予稿集，**50**（9），1907（2001）
5)　T. Yokoyama, M. Fuurkawa, J.Appl. Polym. Sci; Appl. Poly,. Sympo., **50** ,199（1992）
6)　L. H. Peebles J., Macromolecules, **7**, 893（1974）
7)　L. H. Peebles J., Macromolecules, **9**, 58（1976）
8)　古川睦久，矢竹正弘，横山哲夫，日本ゴム協会誌，**60**, 46（1987）

9) 古川睦久，江頭　満，宮木直哉，横山哲夫，高分子論文集，**41**, 83（1984）

10) 岡崎貴彦，横山哲夫，古川睦久，日本ゴム協会誌，**68**, 417（1995）

11) 岡崎貴彦，古川睦久，横山哲夫，高分子論文集，**53**, 184（1996）

12) T. Okazaki, M. Furukawa, T. Yokoyama, *Polymer Journal*, **29**, 617（1997）

13) L.B. Weisfeld, J. R. Little, W.E. Wolstenholme, *J. Polym. Sci.*, **56**, 455（1962）

14) M. Rutkowska, A. Kwiakowski, *J. Polym. Sci., Symp.*, No.5, 141（1980）

15) M. Rutkowska, M. Balas, *J. Appl. Polym. Sci.*, **25**, 2531（1980）

16) J.E. Mark, H,E. Sung, *Eur. Polym. J.*, **16**, 1223（1980）

17) G. Allen, P. Egerton, J.D. Walsh, *Polymer*, **17**, 65（1976）

18) T. Smith, Polym., *Preprints*, **22**（22）, 169（1983）

19) M. Ilavsky, K. Dusek., *Polymer*, **24**, 981（1983）

20) M. Furukawa, T. Yokoyama, *J. Polym. Sci.*, **A1**, **17**, 175（1979）

21) M. Furukawa, M. Komiya, T. Yokoyama, *Angewande Makromol. Chemie*, **40**, 205（1996）

22) K. Shiroshita, S. Motokuchyo, K. Kojio, M.Furukawa, Polymer Preprints, Japan, 2007. 55.

23) M. Furukawa, K. Kojio, S. Kugumiya, Y. Uchiba, Y. Mitsui, *Macromol. Symp.*, **267**, 9（2008）

24) K. Kojio, S. Kugumiya, Y. Uchida, Y. Nishino, M. Furukawa, *Polym J.*, **41**, 118（2009）

第4章　新しいポリウレタン

1　ポリヒドロキシウレタンの合成と応用

落合文吾[*1]，遠藤　剛[*2]

1.1　背景

　一般的なポリウレタンはイソシアナートとアルコールの反応を元にして得られるが，イソシアナートおよびその原料であるホスゲン類の毒性ならびに不安定性は大きな問題である。この問題を解消したポリウレタン類の合成法として，五員環カーボナートとアミンとの反応を利用した側鎖に水酸基をもつポリウレタンであるポリヒドロキシウレタンの合成がある（図1）[1~20]。この方法は1960年代に開発され，今も活発に研究されている。なお，Web of Scienceで2000年以降のpolyhydroxyurethaneをキーワードとした論文を検索すると，2015年までコンスタントに年数報が報告されていることが分かるが，この数は2016年に15報，2017年には24報と大幅に増えており，むしろ近年研究が活発化していると言えよう。

　五員環カーボナートはエポキシドと二酸化炭素の反応により合成できることから[21~29]，ホスゲン類の代替カルボニル源として二酸化炭素を用いていることとなる。すなわち本反応は，単にイソシアナートおよびホスゲン類の問題を解消するだけでなく，豊富な炭素資源である二酸化炭素の有効利用法という観点からも優れたウレタン合成反応である。ポリヒドロキシウレタンの原料である五員環カーボナートを得るにあたっては，エポキシ樹脂プレポリマーなどとして多様な種類があるジエポキシドを，二酸化炭素を用いてカーボナート化するのが一般的である。多官能のエポキシないしはアミンを用いれば架橋ポリマーも得られる。多官能エポキシには，単純な三ないしは四官能エポキシの他，ポリブタジエン系ゴムを酸化して得られるエポキシ化ゴムや不飽和脂肪酸エステルを酸化して得られるエポキシ化脂肪酸エステルなどの天然由来のエポキシも用いられている。グリシジルエーテルなどから得た一置換五員環カーボナートへのアミンの開環付加には2つの開環パスがあるが，どちらか一方のみを進行させるのは多くの場合困難で，例えば一級水酸基と二級水酸基の比が3：7程度など二級水酸基をより多く含む混合物が生じる。従って，ポリヒドロキシウレタンにも両構造がこれに近い比で含まれる。図1および以降に示した一級及び二級水酸基をもつ構造はランダムに存在しているが，単純化するために一ユニットに両構造が入っているように記述している。

　ポリヒドロキシウレタンは上述のようにポリウレタンの合成上の欠点を解決し得るものの，大

---

*1　Bungo Ochiai　山形大学　大学院理工学研究科　物質化学工学専攻　教授
*2　Takeshi Endo　近畿大学　分子工学研究所　所長

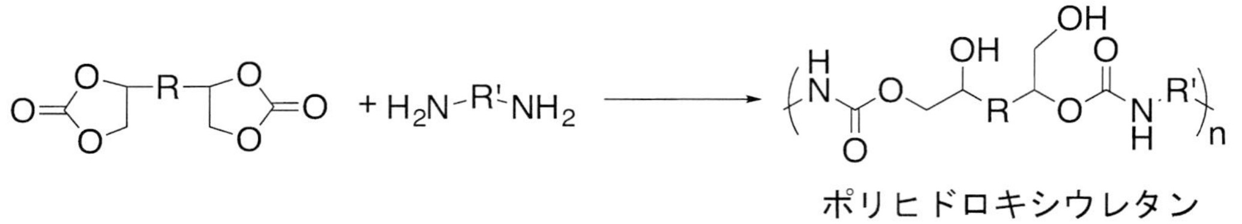

機能性ポリウレタンの進化と展望

図1　二官能性五員環カーボナートおよびそのジアミンとの重付加によるポリヒドロキシウレタンの合成

きな工業的な成功は収めておらず，ポリウレタンに取って代わるには至っていない。この理由の一つは，一級と二級がランダムに配置された水酸基が側鎖に存在するために，ポリヒドロキシウレタンは一般的なポリウレタンとは性質が異なることである。まず極性基である水酸基が存在するために，ポリヒドロキシウレタンは親水性が高い。また，開環方向が異なるユニットがランダムに存在するために，一般に結晶性であることが多いポリウレタンとは異なりアモルファスで，ガラス転移温度も比較的低い。一方，水酸基を利用した官能基変換の自由度と，素反応の選択性が高いことを利用した重合可能なモノマーの広さは，反応性が高いイソシアナートを用いざるを得ないポリウレタンにはない利点である。これらの詳細については後で述べる。

1.2　環状カーボナートの合成

　ポリヒドロキシウレタンの合成に先立って，原料である環状カーボナートの合成方法について五員環カーボナートを中心にして簡単に述べる（図2）。二酸化炭素を用いる五員環カーボナー

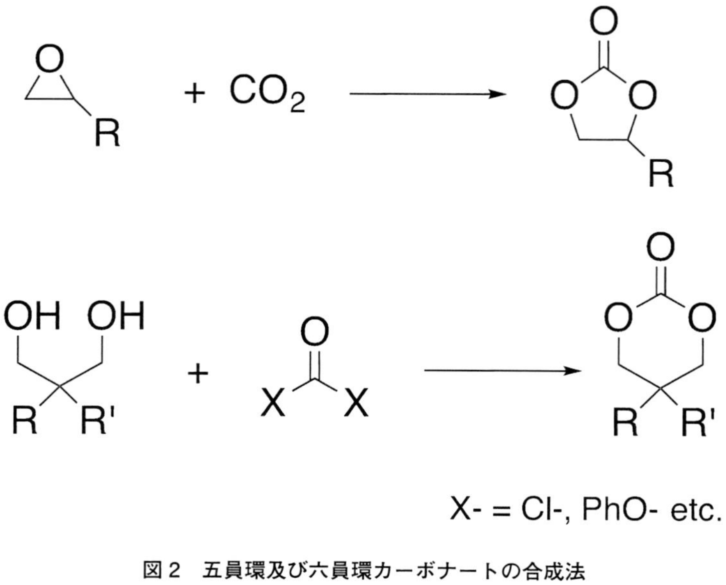

図2　五員環及び六員環カーボナートの合成法

ト合成としては，エチレンカーボナートおよびプロピレンカーボナートの合成が工業化されている。しかし，いずれも高温・高圧の条件を要するエネルギー多消費型の反応である（例：20気圧で120℃など）。二酸化炭素の利用という観点からは，省エネルギー，すなわち省二酸化炭素排出であればより望ましい。エポキシ樹脂用途などで多様な種類があるグリシジルエーテル類はより穏やかな条件でカーボナート化できる。例えば，1気圧の二酸化炭素雰囲気下，臭化リチウムを触媒とした60〜100℃での反応は数時間で完結する。ハロゲン化アンモニウム塩やホスホニウム塩も良好な触媒であるが，最近になって種々のエポキシドと二酸化炭素の反応において，1,8-ジアザビシクロ[5,4,0]-7-ウンデセン（DBU）のような環状アミジンのオニウム塩を触媒とすると，常温常圧で五員環カーボナートが生成することを見出している[27]。触媒の対アニオンは反応性に大きく影響し，ヨウ化水素塩（DBU・HI）は五員環カーボナートを高収率で与える。また，2級アルコール溶媒中でヨウ化ホスホニウムを触媒として用いても，常温常圧で種々のエポキシドから五員環カーボナートが高収率で得られる[28]。

六員環カーボナートもポリヒドロキシウレタンの合成に用いることができ，五員環カーボナートと比べて高反応性であるという利点がある[10, 18, 20]。従来はホスゲン誘導体と1,3-ジオールの環化縮合によって合成されていたために利用は限定的であったが，近年開発されたホスゲン類を用いずに得られるジフェニルカーボナートを用いた合成法により，その利用が広がりつつある[18, 20]。

1. 3　ポリヒドロキシウレタンの合成と反応

二官能性五員環カーボナートとジアミンの重付加は室温程度でもゆるやかに進行するが，一般には60℃から100℃程度の加熱下で行われ，この場合反応は数時間で完結する。溶液重合はもちろんのこと，モノマー混合物が液状であれば，バルク重合も可能である。溶液重合に際しては，極性ポリマーであるポリヒドロキシウレタンを十分に溶解させるために*N*-メチルピロリドン（NMP）などの高極性溶媒を用いることが多いが，低極性のモノマーを用いた場合には，エステル系溶媒なども用いることができる。素反応である環状カーボナートとアミンの反応は官能基選択性が高く，多様なモノマーを利用できる。カルボキシレートをもつジアミンであるリシン塩[8]や二級アミンをもつジエチレントリアミン[12]なども一級ジアミンとして利用でき，対応するポリヒドロキシウレタンが得られる。さらに素反応が求核付加であるにもかかわらず，モノマーの組み合わせによっては界面活性剤や有機溶媒を含まない水中での重合が加水分解に優先して進行し，高収率でポリマーが得られる[11]。この重合では，ポリマーが沈殿してくるために，簡単な洗浄のみで単離できる。また，イオン液体中での重合では，イオン液体を取り込んでゲル状となった柔軟な複合体が得られる[14]。この複合体は，高分子支持電解質としての応用が期待される。

このように本重合は既存のポリウレタンの合成法と比較して優位な点があるため，実用化に向けた合成プロセスの改善や高分子反応によるポリマー構造の多様化など（図3）が検討されている。まず，プロセスの改善としては，モノマーである二官能性五員環カーボナートは比較的精製

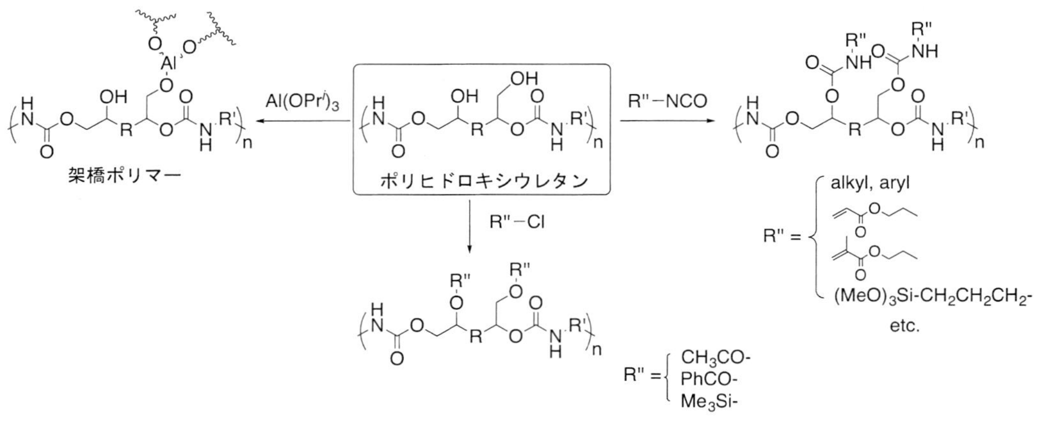

機能性ポリウレタンの進化と展望

図3　ポリヒドロキシウレタンの高分子反応

に手間取ることが多いため，ジエポキシドと二酸化炭素から二官能性五員環カーボナートを合成し，これを精製せずにそのままジアミンを加えるワンポット反応が開発されている。この手法でも従来法と同様なポリヒドロキシウレタンが得られる[13]。このポリヒドロキシウレタンを単離せずに，そのまま水酸基をエステルやシリルエーテルなどに変換し，耐水性を向上させたポリマーを簡便に得ることもできる。この際，水素結合性の水酸基が消失するため，得られたポリマーのガラス転位温度は一般に低下する。また，イソシアナート類で水酸基を修飾すると，主鎖と側鎖にウレタン構造をもつポリマーも合成でき，この場合にはガラス転移温度は向上する。ポリヒドロキシウレタンとこれらの修飾したポリウレタンのガラス転移温度を表1にまとめた。メタクリラート構造をもつイソシアナートを用いれば，側鎖の水酸基を定量的にメタクリラート構造に変換でき，ポリウレタン構造をベースとするラジカル重合の架橋剤，もしくは加熱により自己架橋するポリウレタンを合成することも出来る[15, 16]。アルコキシシリル基もこの手法で導入でき，シリカとの複合化に用いることができる。トリイソプロポキシアルミニウムとの反応では，ポリヒドロキシウレタン側鎖の水酸基とイソプロポキシ基の交換が起き，架橋する[7]。

　耐水性の向上には，非常に疎水性が高いシリコーン構造を持つジアミンの利用も有効である[17]。例えば，ビスフェノールA型の二官能性五員環カーボナートとジアミンから得られるポリヒドロキシウレタンの場合，ドデカンジアミンから得たポリマーの吸水率が17％と比較的高いのに対し，ジメチルシロキサン構造を平均12ユニットもつジアミンから得たポリマーの吸水率は2％程度にまで低下する。

1.4　ポリヒドロキシウレタンの応用

　ポリヒドロキシウレタンもフォームとして成形可能である[29〜31]。ただし，イソシアナートで起きるような脱炭酸は起きないために，発泡硬化に際しては，フルオロカーボン，ポリヒドロシ

第4章　新しいポリウレタン

表1　様々なポリヒドロキシウレタンおよびポリヒドロキシウレタン誘導体のガラス転移温度

R	R'	M_n	置換基	T_g (℃)
$-(CH_2)_4-$	$-(CH_2)_6-$	10000	OH	-26
$-(CH_2)_4-$	$-(CH_2)_2NH(CH_2)_2-$	5400	OH	-27
$-C_6H_4CMe_2C_6H_4-$	$-(CH_2)_6-$	20800	OH	63
	$-(CH_2)_2NH(CH_2)_2-$	8500	OH	49
	$-(CH_2)_3(SiMe_2O)_{11}SiMe_2(CH_2)_3-$	12000	OH	1
	$-(CH_2)_{12}-$	26200	OH	46
		25700	PhNHCOO-	74
		21900	EtNHCOO-	53
		7200	PhCOO-	17
		9200	MeCOO-	26

ロキサン，超臨界二酸化炭素などの発泡剤を用いる必要が有る。また，アルコールとイソシアナートの反応のようには迅速に進行しないので，適切な発泡に向けては，組成を精密に調整しなければいけない。これらについては参考文献を示すにとどめさせて頂き，ここでは著者らの研究例を二つ紹介させて頂く。

　第一がエラストマーとしての応用である。他の研究者もいくつかのポリヒドロキシウレタンのエラストマーとしての応用を検討しているが，我々は上述のシリコーン構造をもつポリヒドロキシウレタンは柔軟かつ耐水性に優れていることから，この熱硬化性樹脂の柔軟性架橋剤としての応用を検討した。熱硬化性樹脂としては，フェノール樹脂とビスフェノールAジグリシジルエーテルの硬化系を用いた。ポリヒドロキシウレタンは，ビスフェノールA型もしくはヘキサメチレン型の二官能性五員環カーボナートに対して平均ジメチルシロキサンユニット数が12のシリコーンジアミンを1.2当量用いた重付加により合成し，両末端アミン型として得た（Si12PHU）。本硬化系は，エポキシがフェノール及びポリヒドロキシウレタン末端のアミンと反応して硬化が進行する（図4）。

　フェノール樹脂としては旭有機材工業からご提供頂いたクレゾールノボラックを用い，これに対して30 wt%のSi12PHUおよび9ないしは56 wt%のビスフェノールAジグリシジルエーテルを用いて硬化物を得た。フェノール樹脂，もしくは上記の三成分の混合物を50℃で15分間混練後，150℃で3分間脱気しながらプレス成型し，100℃にて12時間後硬化したところ，いずれの場合も透明なサンプルが得られた。ただし，フェノール樹脂のみの場合，フェノール樹脂とビスフェノールAジグリシジルエーテルのみの場合，およびビスフェノールAジグリシジルエーテルが9 wt%と少ない場合は，生成物がもろすぎて成型不可能であった。一方，ビスフェノールA型もしくはヘキサメチレン型のいずれのSi12PHUを用いた場合でも，56 wt%のビスフェノールAジグリシジルエーテルを用いると，硬くてしなる透明な成型品が得られた。この透明性は，本来混和性が低いシリコーン構造を持つSi12PHUが共有結合の形成により複合化しやす

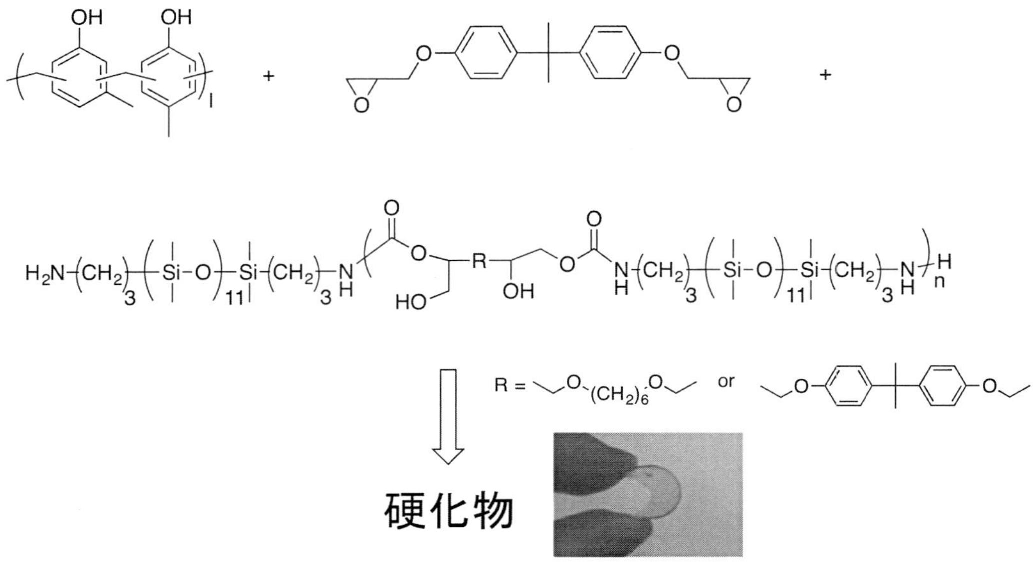

機能性ポリウレタンの進化と展望

図4　シリコーン構造をもつポリヒドロキシウレタン，フェノール樹脂，エポキシの複合硬化物の合成

くなったことに由来していると考えられる。ビスフェノールＡジグリシジルエーテルが少ないともろくなったのは，エポキシドのフェノール基およびポリヒドロキシウレタン末端のアミノ基との反応に基づく架橋構造が少ないためであると考えられる。

　得られた成型品は耐溶剤性に優れており，DMF や DMSO などの高極性溶媒に浸漬しても全く膨潤しなかった。また，シリコーン部位と芳香環を高密度に持つために比較的燃焼しにくく，ライター等で 10 秒程度あぶっても着火しない。ビスフェノールＡ型の Si12PHU を用いて得られた硬化物の DMA からは，室温での E' が 2.0 GPa，E'' が 0.071 GPa と一般的な熱可塑性ポリエステルやエポキシ樹脂などに近い特性をもつと示唆された。また，116℃にガラス転移に由来すると考えられる α 緩和が観測された。ソルダーレジストの添加剤としても有効であることも分かってきており[32]，さらなる構造の最適化により新しいポリウレタンとして応用できると期待している。

　もう一つの例は，可逆的な架橋と解架橋が可能なポリヒドロキシウレタンである（図5）[20]。アセタールをリンカーとする三，四，および六官能性六員環カーボナートとジアミンとの DMF 中での重付加により，架橋ポリヒドロキシウレタンが得られ，透明かつフレキシブルなフィルムとして成形可能である。官能基数と共に架橋密度が上昇するために，引っ張り強度は上昇し，破断伸びは低下する。

　これらのフィルムは DMF に膨潤するが，架橋体であるために溶解はしない。一方，p-トルエンスルホン酸を含む DMF には完全に溶解する。これはアセタールが酸触媒存在下で部分的に加

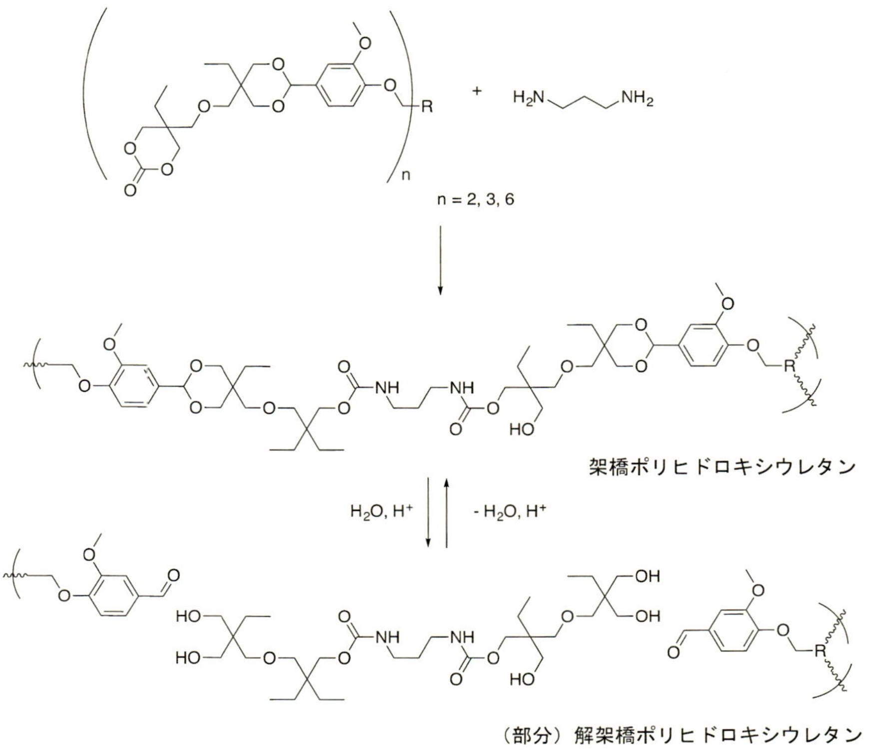

第4章　新しいポリウレタン

図5　アセタール構造を可逆的に結合–解離するリンカーとした再成形可能な架橋ポリヒドロキシウレタン

水分解されたためである。この溶液から溶媒を除くと再度フィルムが得られるが，これは脱水をともなう再アセタール化によって架橋構造が再生したことを示している。この際，六官能モノマーを用いた場合にしか自立フィルムとしては再生しなかったことから，その架橋密度は元のフィルムよりやや低いものと考えられる。また，破断点引っ張り強さは低下するものの，その低下は小さく，力学強度はほぼ保たれているため，再成形可能な架橋ポリウレタンとしての応用が期待される。

1．5　まとめ

　ポリヒドロキシウレタンは，環状カーボナートへのアミンの付加反応を元にして得られる水酸基をもつポリウレタンであり，汎用ポリウレタンが用いられるフォーム，エラストマー，構造材料などとして利用可能である。ホスゲンおよびその誘導体とイソシアナートを用いないという合成上の利点に加え，一般的なポリウレタンには導入が難しい官能基を導入できるという機能面での利点もある。今後，新たな低環境負荷型ポリウレタンとしての発展が期待される。

機能性ポリウレタンの進化と展望

文　　　献

1) J. M. Whelan Jr., M. Hill, R. J. Cotter, US Patent 3072613 （1963）
2) V. V. Mikheev, N. V. Svetlakov, V. A. Sysoev, N. V. Brus'ko, *Deposited Doc*, SPSTL 41 Khp-D82, 8 （1982）. *Chem. Abstr.*, **98**, 127745a （1983）
3) G. Rokicki, M. Lewandowski, *Angew. Makromol. Chem.*, **148**, 53 （1987）
4) G. Rokicki, R. Lazinski, *Angew. Makromol. Chem.*, **170**, 211 （1989）
5) G. Rokicki, J. Czajkowska, *Polimery*, **34**, 140（1989）. *Chem. Abstr.*, **114**, 186119（1991）
6) G. Rokicki, C. Wojciechowski, *J. Appl. Polym. Sci.*, **41**, 647 （1990）
7) N. Kihara, T. Endo, *J. Polym. Sci., Part A: Polym. Chem.*, **31**, 2765 （1993）
8) N. Kihara, Y. Kushida T. Endo, *J. Polym. Sci., Part A: Polym. Chem.*, **34**, 2173 （1996）
9) A. Steblyanko, W. M. Choi, F. Sanda, T. Endo, *J. Polym. Sci., Part A: Polym. Chem.*, **38**, 2375 （2000）
10) H. Tomita, F. Sanda, T. Endo, *J. Polym. Sci., Part A: Polym. Chem.*, **39**, 860 （2001）
11) B. Ochiai, Y. Satoh, T. Endo, *Green Chem.*, **7**, 765 （2005）
12) B. Ochiai, J. Nakayama, M. Mashiko, Y. Kaneko, T. Nagasawa, T. Endo, *J. Polym. Sci., Part A: Polym. Chem.*, **43**, 5899 （2005）
13) B. Ochiai, S. Inoue, T. Endo, *J. Polym. Sci., Part A: Polym. Chem.*, **43**, 6613 （2005）
14) B. Ochiai, Y. Satoh, T. Endo, *J. Polym. Sci., Part A: Polym. Chem.*, **47**, 4629 （2009）
15) B. Ochiai, S. Sato, T. Endo, *J. Polym. Sci., Part A: Polym. Chem.*, **45**, 3400 （2007）
16) 青木啓，斉藤康久，尾本博明，山本登司男，原川浩美，高野橋義則，遠藤剛，落合文吾，特開 2006-9001
17) B. Ochiai, H. Kojima, T. Endo, *J. Polym. Sci., Part A: Polym. Chem.*, **52**, 1113 （2014）
18) H. Matsukizono, T. Endo, *RSC Adv.* **5**, 71360-71369 （2015）
19) N. Aoyagi, Y. Furusho, T. Endo, *J. Polym. Sci., Part A: Polym. Chem.*, **56**, 986-993 （2018）
20) H. Matsukizono, T. Endo, *J. Am. Chem. Soc.* **140**, 884-887 （2018）
21) 三宅信寿，未来材料 **10**, 46 （2010）
22) 坂倉俊康，安田弘之，崔準哲，有機合成化学協会誌 **62**, 717 （2004）
23) D. J. Darensbourg, M. W. Holtcamp, *Coord. Chem. Rev.*, **153**, 155 （1996）
24) N. Kihara, N. Hara, T. Endo, *J. Org. Chem.*, **58**, 6198 （1993）
25) K. M. K. Yu, I. Curcic, J. Gabriel, S. C. E. Tsang, *ChemSusChem*, **1**, 893-899 （2008）
26) T. Sakakura, K. Kohno, *Chem. Commun.* 1312-1330 （2009）
27) N. Aoyagi, Y. Furusho, T. Endo, *Chem. Lett.*, **41**, 240 （2012）
28) N. Aoyagi, Y. Furusho, T. Endo, *Tetrahedron Lett.*, **54**, 7031 （2013）
29) A. Cornillea, C. Guilleta, S. Benyahyab, C. Negrella, B. Boutevina, S. Caillola, *Eur. Polym. J.* **84**, 873-888 （2016）
30) H. Blattmann, M. Lauth, R. Mulhaupt, *Macromol. Mater. Eng.* **301**, 944-952 （2016）
31) B. Grignard, J. M. Thomassin, S. Gennen, L. Poussard, L. Bonnaud, J. M. Raquez, P. Dubois, M. P. Tran, C. B. Park, C. Jerome, C. Detrembleur, *Green Chem.* **18**, 2206-2215

第 4 章　新しいポリウレタン

（2016）

32）吉野利純，佐藤邦明，小島靖，落合文吾，遠藤剛，特開 2008-225244

2　トポロジカルな構造をもつポリウレタン

村上裕人[*]

2.1　はじめに

　最近，超分子のユニークな構造に基づく特異な性質を付与した材料に大きな注目が集まっている[1,2]。この中でもロタキサンは，環状分子が両端に嵩高いキャップ基が導入された軸となるダンベル型線状分子に閉じ込められた（インターロックされた）構造をもつ。環状分子と軸分子の間には弱い相互作用（水素結合や疎水性相互作用など）しか存在しないため，環状分子が軸分子上を自由に並進・回転できる[3]。このインターロック構造に由来する興味深い性質を様々な材料に付与することは非常に興味深い。

　環状分子が複数個インターロックされた構造をもつポリロタキサンは原田らによって最初の報告がされた[4]。以来，多くの研究例や応用例が報告されているが，この中でも特筆すべきは伊藤らが開発したポリロタキサンゲルである[5]。彼らは分子量数万のポリエチレングリコールとα-シクロデキストリン（CyD）からなるポリロタキサンを合成し，その CyD の水酸基を架橋することで，非常に膨潤度の高いヒドロゲルを作製している。化学架橋のヒドロゲルではその膨潤は架橋点間距離が短い個所に依存してしまうが，ポリロタキサンゲルでは環状分子がポリエチレングリコール鎖上をスライドする[6]ことで応力の集中を緩和し，高い膨潤性を発現している。

　ポリウレタンは最も重要な高分子の一つであり，その応用は工業的にも市場的にも広範囲に広がっている。ポリウレタンの幅広い用途への応用は，出発原料や合成条件などに由来するポリウレタンの特異な性質に基づく[7~9]。したがって，ロタキサン構造をポリウレタンに導入することで，ユニークな性質を持つ新規ポリウレタンエラストマーの開発が可能となる。

　本節では，ポリロタキサン構造をもつポリウレタンやポリロタキサンで架橋されたポリウレタンについて解説する。ポリロタキサン構造やロタキサン架橋をもつ他の機能性ポリマーについては多くの総説[10~14]にまとめられているので，そちらを参照して頂きたい。

2.2　ロタキサン構造をもつポリウレタン

　ポリロタキサン構造をもつポリエステルやポリウレタンの合成は Gibson らによって精力的に研究が行われている[15]。ここでは彼らの研究の中でポリロタキサン構造を持つポリウレタンについて解説する。

　Gibson らは，溶融した大環状クラウンエーテル（aCb，a は環員数で b は酸素原子数，60-クラウン-20-エーテルであれば 60C20）中でテトラエチレングリコールとジフェニルメタンジイソシアネート（MDI）の重付加反応を行うことでポリロタキサン構造をもつポリウレタン（PU(TEG-MDI)-PRX(aCb)）を，重量平均分子量 10.6~37.5 kg/mol で得ている（図 1a）[16~18]。

　＊　Hiroto Murakami　長崎大学　大学院工学研究科　物質科学部門　准教授

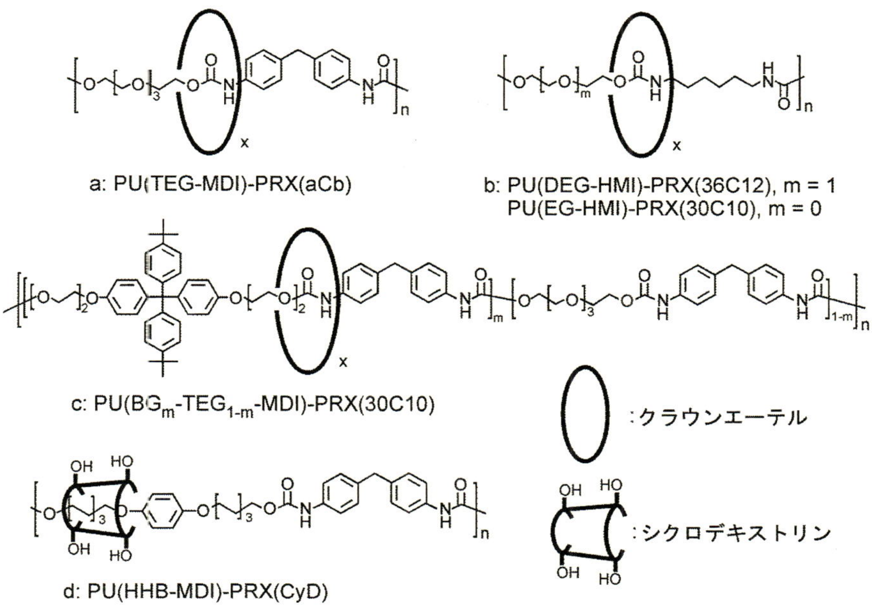

第4章 新しいポリウレタン

a: PU(TEG-MDI)-PRX(aCb)

b: PU(DEG-HMI)-PRX(36C12), m = 1
PU(EG-HMI)-PRX(30C10), m = 0

c: PU(BG$_m$-TEG$_{1-m}$-MDI)-PRX(30C10)

◯ ：クラウンエーテル

d: PU(HHB-MDI)-PRX(CyD)

：シクロデキストリン

図1　ポリロタキサン型ポリウレタンの構造式

表1　PU（TEG-MDI）-PRX（aCb）合成時のモノマー仕込み比および PU-PRX（aCb）のポリマー組成，重量平均分子量およびガラス転移温度

PU-PRX	仕込み比[a]	x/n[b]	M_w (kg/mol)[c]	T_g (℃)
PU（TEG-MDI）-PRX（36C12）	1.50	0.16	10.8	14.7
PU（TEG-MDI）-PRX（42C16）	1.50	0.29	37.5	1.14
PU（TEG-MDI）-PRX（48C16）	1.52	0.52	10.6	−11.2
PU（TEG-MDI）-PRX（60C20）	1.50	0.87	13.3	−40.3
PU（TEG-MDI）-PRX（60C20）	0.80	0.58	no data	no data
PU（TEG-MDI）-PRX（60C20）	0.50	0.34	no data	no data
PU（TEG-MDI）	0	0	27.0	51.0

a）クラウンエーテルとテトラキス（エチレングリコール）のモル比，b）インターロックされたクラウンエーテルと繰り返しユニットの比，c）溶媒：THF，基準：ポリスチレン

ただし，22員環より小さな環はロタキサンを形成しないことがすでに Schill ら[19]によって報告されていたため，彼らは30員環から60員環までのクラウンエーテルを大環状化合物として用いている。表1にクラウンエーテルの導入量を示す。クラウンエーテルとグリコールのモル比を一定にした検討では，クラウンエーテルの環員数の増加に伴いその導入率も直線的に増加している。また，クラウンエーテルの仕込み比を増加させることでも導入率は増加している。合成中，クラウンエーテルはジオールの水酸基と水素結合を形成し，ウレタン結合形成後はウレタン

結合の NH と水素結合を形成するため，高い効率でクラウンエーテルをインターロックすることができる。ここで，水素結合形成は FT-IR スペルトル測定により証明されており，そのエネルギーは約 3.0 ± 1 kcal/mol である[20]。PU(TEG-MDI)-PRX(aCb) は再沈殿操作によって未貫通のクラウンエーテルが検出されなくなるまで精製されているが，嵩高い末端キャップ基がないにも関わらずインターロックされたクラウンエーテルの放出は起こっていない。これはウレタン結合の NH とクラウンエーテルとの間の水素結合や軸ポリウレタン鎖のもつれ合いのため，固体状態においてクラウンエーテルの放出が速度論的に好ましくないためである。

PU(TEG-MDI)-PRX(aCb) の溶解性は，対応するクラウンエーテルを含まないポリウレタン（PU(TEG-MDI)）と比べ飛躍的に向上している。クラウンエーテルの環員数が大きいほど，さらにはインターロックされたクラウンエーテルの量が多いほど溶解性が向上する。特に，PU(TEG-MDI)-PRX(48C16) と PU(TEG-MDI)-PRX(60C20) は水にも可溶である。これは，48C16 または 60C20 と水分子との間の強い相互作用およびミセル形成が主な要因である。興味深いことに，これらの水溶液は下限臨界共溶温度型の相図を示し，PU(TEG-MDI)-PRX(48C16) と PU(TEG-MDI)-PRX(60C20) の臨界共溶点温度は，それぞれ 75℃ と 87℃ である[17]。

クラウンエーテルの大きさとジオールとジイソシアネートのモル比を一定にして合成した PU(TMG-MDI)-PRX(aCb) のガラス転移温度（T_g）は，クラウンエーテルの環員数の増加とともに直線的に低下している（表 1）[18]。これは，クラウンエーテルがルーズに詰まっており，かつクラウンエーテルとウレタン結合の NH との間で水素結合が形成されているため，ウレタン鎖の間の水素結合形成が低減したためである。また，T_g とクラウンエーテル導入量の関係は Fox の式にしたがう。すなわち，PU(TMG-MDI)-PRX(aCb) の T_g はクラウンエーテルの T_g（－66℃）と PU(TEG-MDI)-PRX(0) の T_g（51℃）の間に位置し，クラウンエーテルの重量分率によって決まる[17]。PU(TEG-MDI)-PRX(0) の分解温度は 270℃ であるのに対し，PU(TEG-MDI)-PRX(aCb) の分解温度は aCb の種類に関係なく 175℃ と大きく低下している。この温度はクラウンエーテルの分解温度と同じである。PU(TEG-MDI)-PRX(48C16) と PU(TEG-MDI)-PRX(60C20) の示差走査熱量分析（DSC）測定から，これらが 40～50℃ に吸熱ピークを与えることも報告されている。これらの吸熱ピークが対応するクラウンエーテルの融点に近いことから，インターロックされたクラウンエーテルが凝集し結晶化した部位の融解ピークに帰属されている[17, 18]。

Beckham らは，大環状クラウンエーテルを溶媒として，ヘキサメチレンジイソシアネートとエチレングリコールもしくはジエチレングルコールからそれぞれ脂肪族の直鎖状ポリウレタンである PU(EG-HMI)-PRX(30C10)（x/n = 0.02）と PU(DEG-HMI)-PRX(36C12)（x/n = 0.15）を合成している（図 1b）[21]。これらの重量平均分子量は 20～61 kg/mol である。Gibson らの報告と同じように，PU(EG-HMI)-PRX(30C10) と PU(DEG-HMI)-PRX(36C12) にはクラウンエーテルの放出を阻害する嵩高い末端キャップ基がないにも関わらず，数回の再沈殿操

第4章　新しいポリウレタン

作を行った後はそれぞれの x/n の値で安定している。固体 NMR の結果から，PU(EG-HMI)-PRX(30C10) と PU(DEG-HMI)-PRX(36C12) 中のクラウンエーテルはともに室温で高い運動性をもつことが示された。DSC 測定において，ポリウレタン鎖由来の融点が PU(EG-HMI)-PRX(30C10) では 163℃に，PU(DEG-HMI)-PRX(36C12) では 122℃に観測されており，対応するクラウンエーテルを含まないそれぞれポリウレタンの融点（PU(EG-HMI) で 179℃，PU(DEG-HMI) で 143℃）と比べ低下していた。これは，クラウンエーテルがインターロックされることによってウレタン鎖の結晶化が阻害されているためである。対照的に，クラウンエーテルの有無にかかわらずそれらの分解温度は 242～246℃であり，クラウンエーテルのインターロックがポリウレタンの熱分解に影響を与えないことが示された。Gibson らの芳香族 MDI からなるポリウレタンでは熱分解温度がクラウンエーテルの導入量に依存しているのに対し，Beckham らの脂肪族 HMI からなるポリウレタンでは熱分解温度がクラウンエーテルの導入に依存していないことは非常に興味深いものの，明確な説明はされていない。動的機械的熱測定の結果から，クラウンエーテルの導入量の低い PU(EG-HMI)-PRX(30C10) では 48℃にガラス転移に基づく損失ピークが観測され，この温度は対応するクラウンエーテルを含まない PU(EG-HMI) の T_g（45℃）とほぼ同じあった。これに対し，クラウンエーテルの導入量が高い PU(DEG-HMI)-PRX(36C12) では 11℃にガラス転移に基づくブロードな損失ピークが観測され，この温度は対応するクラウンエーテルを含まない PU(DEG-HMI) の T_g（30℃）に比べ低下していた。ポリウレタン鎖のジエチレングルコール部位とクラウンエーテルの構造が似ているため相溶性が向上し，かつ多くのクラウンエーテルがインターロックされているため，ピークのブロード化と T_g の低下が起こっている。さらに，PU(DEG-HMI)-PRX(36C12) は -53℃に新たな損失ピークを与えている。この損失ピークは，固体 2D WISE NMR 測定の結果から，インターロックされたクラウンエーテルの運動が開始する温度に帰属される。

　嵩高いジオールをブロック基（BG）として用いることで，物理的にクラウンエーテルの放出を阻害できる。Gibson らは，BG としてビス(p-(2-(2′-ヒドロキシエトキシ)エトキシ)フェニル)メタンを用い，テトラエチレングリコールおよび MDI と共に溶融 30C10 中で重合を行い，PU(BG$_m$-TEG$_{1-m}$-MDI)-PRX(30C10) を得ている（図 1c）[22]。表 2[22] に示すとおり，BG の導入量が多いほど 30C10 のインターロックされる効率が高くなっている。T_g に対する 30C10 の影響はその導入量が低いため観測されていないが，T_g は BG の導入量の増加と共に高くなっている。これは，BG の硬さに起因している。PU(BG$_m$-TEG$_{1-m}$-MDI)-PRX(30C10) の NMR 測定を重クロロホルム中と重 DMSO 中で行うと，30C10 のシグナルはそれぞれ 3.52 ppm と 3.33～3.38 ppm に観測された。また，PU(BG$_1$-TEG$_0$-MDI)-PRX(30C10) 中の 30C10 のスピン－格子緩和時間は，重クロロホルム中で 0.18 秒，重 DMSO 中で 0.54 秒であった。これらの結果から，重クロロホルム中で 30C10 はウレタン基の NH との水素結合により局在化しているのに対し，重 DMSO 中で 30C10 は BG 基間を自由に移動していることが示唆された[22,23]。このクラウンエーテルのシャトル運動はポリマー系では初めての例である。

59

機能性ポリウレタンの進化と展望

表2　PU(BG$_m$-TEG$_{1-m}$-MDI)-PRX(30C10)　合成時[a]の BG 仕込み比および
PU(BG$_m$-TEG$_{1-m}$-MDI)-PRX(30C10)　のポリマー組成，重量平均分子量およびガラス転移温度

PU-PRX	BG（％）[b]	x/n[c]	M_w（kg/mol）[d]	T_g（℃）
PU(BG$_0$-TEG$_1$-MDI)	0	0	30.8	54.0
PU(BG$_0$-TEG$_1$-MDI)-PRX(30C10)	0	0.032	31.0	56.0
PU(BG$_{0.1}$-TEG$_{0.9}$-MDI)-PRX(30C10)	10	0.036	39.4	65.4
PU(BG$_{0.4}$-TEG$_{0.6}$-MDI)-PRX(30C10)	40	0.040	18.0	80.6
PU(BG$_{0.7}$-TEG$_{0.3}$-MDI)-PRX(30C10)	70	0.045	52.9	101.7
PU(BG$_1$-TEG$_0$-MDI)-PRX(30C10)	100	0.049	37.8	125.3

a)　[30C10]/[diol]＝3.0,　b)　[BD]/[diol]×100,　c)　インターロックされた 30C10 と繰り返しユニットの比,　d)　溶媒：THF,　基準：ポリスチレン

　ここまでは，クラウンエーテルの導入をポリウレタン合成時に行う系を紹介したが，合成済みのポリウレタンを用いてもポリロタキサン合成は可能である。Gibson らは，テトラエチレングリコールと MDI からなるポリウレタン（数平均重合度 37.4）を先に合成し，これを溶融 42C14 や 30C10 に入れ，80℃ で 3 日間攪拌することで，PU(TMG-MDI)-PRX(42C14)　や PU(TMG-MDI)-PRX(30C10)　を得ている[24]。導入率は繰り返しユニット当たり 42C14 で 20％，30C10 で 6.5％である。

　小坂田らは，メチル化 CyD を環状化合物，MDI と 1,4-ビス(7-ヒドロキシ-1-オキシヘプチル)ベンゼンからなるポリウレタンを軸高分子とする PU(HHB-MDI)-PRX(CyD)　を合成している（図 1d）[25]。CyD の導入量はモノマーとの仕込み比で制御可能であるが，最高でも 25％程度である。一度ポリロタキサンを形成すると環状分子の脱離は起きにくく，これはポリロタキサンの主鎖のコンホメーションや主鎖間の相互作用，主鎖と CyD との相互作用などによる系の安定化が寄与している。CyD の位置も NOE スペクトル測定から検討されており，β-CyD の場合は主鎖の芳香族部位を包接しているのに対し，α-CyD では主鎖のメチレン鎖を包接していることが示唆された。CyD を包接したポリウレタンの融点は対応する CyD がないポリウレタンに比べ低下しているが，ガラス転移温度は上昇していた。これは，主鎖の熱運動や水素結合形成能が熱物性に大きな影響を与えているためである。

2.3　主鎖に環状化合物を導入したネットワークポリウレタン

　Gibson らは環状ジオールとしてビス(5-(ヒドロキシメチル)-1,3-フェニレン)-32-クラウン-10 エーテル，線状ジオールとしてテトラエチレングリコールを MDI と重合することで，主鎖の環に別の主鎖が貫通した 3 次元ネットワーク構造をもつポリウレタンを合成している[26]。環状ジオールの仕込み比が多くなるほど，数平均分子量が大きくなっている。溶媒として DMSO を用いると，水素結合形成が阻害され環の外での反応が優勢となり 3 次元ネットワークを形成しない。T_g は環状ジオールを含まないポリウレタンで 54℃，テトラエチレングリコールを含まないポリウレタンで 66.4℃であり，環状ジオールの導入量の増加と共に高くなっている。これは，

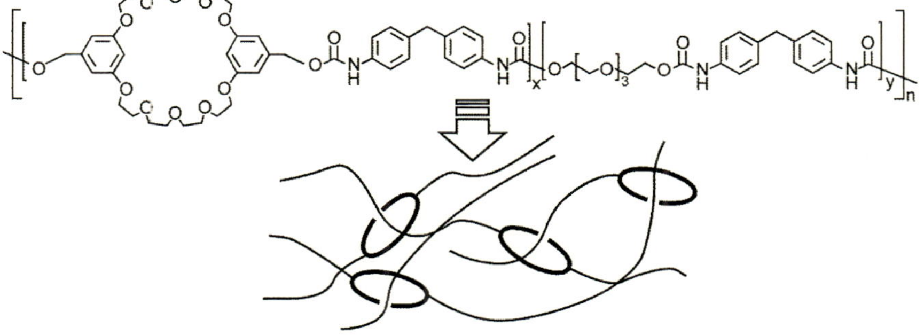

第 4 章　新しいポリウレタン

図 2　主鎖貫通型ネットワークポリマーの構造式とネットワーク形成の模式図

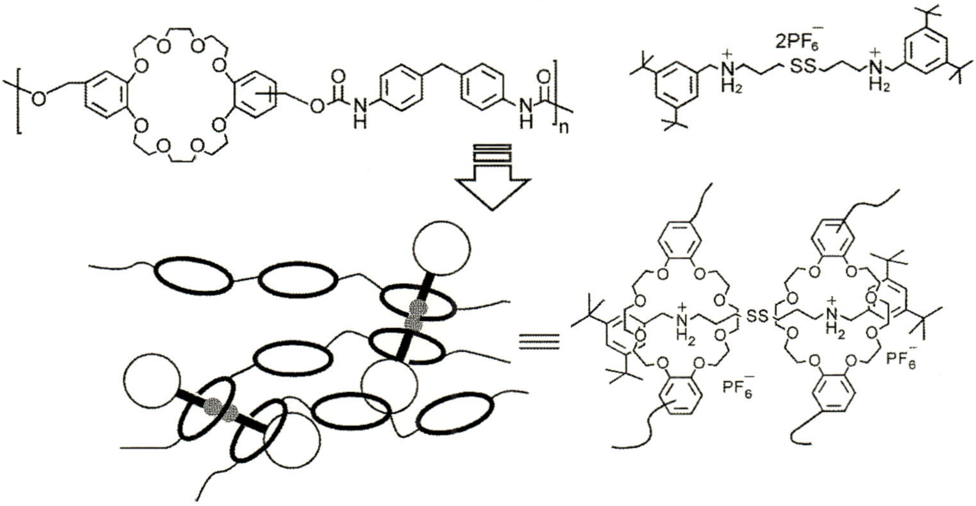

図 3　リサイクル可能な[3]ロタキサン型架橋ネットワークポリマーの構造式とネットワーク形成
　　　の模式図

環状ジオールの硬さに起因している。3 次元ネットワーク構造が密になるとさらに T_g は 73.9℃
まで増加する。

　高田らはジベンゾ 24C8 ジオールと MDI でつなげたポリクラウンエーテルポリウレタン（数
平均分子量 5100）を中心にジスルフィド結合をもつダンベル型ジアンモニウムを架橋剤として
用いることで，ジスルフィド結合の可逆な結合-解離を利用した架橋-解架橋が可能な 3 次元ネッ
トワークポリウレタンを合成している[27]。NMR 測定の結果，ジスルフィド結合をもつダンベル
型ジアンモニウムの 74％が 24C8 と錯形成しており，[3]ロタキサン型架橋が少なくとも 48％
精製していることを示唆している。得られた 3 次元ネットワークポリウレタンにメタノールを
加えても 27％しか膨潤しないが，DMSO を加えると 840％，DMF を加えると 1400％まで膨潤

する。DMF 中で膨潤させたサンプルにジスルフィド架橋剤と当モルのベンゼンチオールを加えると，原料であるポリクラウンエーテルポリウレタンを 100％の収率で回収可能である。

2.4 ポリロタキサンで架橋したポリウレタン

　ポリウレタンの特異な物性発現は，出発原料や合成条件だけではなく架橋構造にも影響される。我々は［3］ロタキサン[28]やポリロタキサン[29,30]をポリウレタンの架橋点として導入したポリウレタンを開発している。紙面の都合上，ここでは部分メチル化した α-CyD とポリエチレングリコール（PEG）からなるポリロタキサンを架橋点とするポリテトラメチレングリコール2000（PTMG2000）と MDI からなるポリウレタン（図4）について解説する。

　軸分子として PEG1500，PEG4000，および PEG6000 を用いて既知の合成法[4,31]にしたがいポリロタキサンを合成している。PEG1500，PEG4000，および PEG6000 にインターロックされた CyD 数はそれぞれ 12，22，および 31 個であり，包接率（1つの CyD がオキシメチレン 2 ユニットを占有すると仮定）は 75，63，および 37％に相当する。得られたポリロタキサン，特に CyD の包接率の高いポリロタキサンはポリウレタン合成で用いる DMF への溶解性が悪い。これは，分子内の隣り合った CyD 間の水素結合形成が原因である。このため，すべてのポリロタキサンの CyD の水酸基の約半分を部分的にメチル化し，ポリロタキサンの溶解性を向上させ

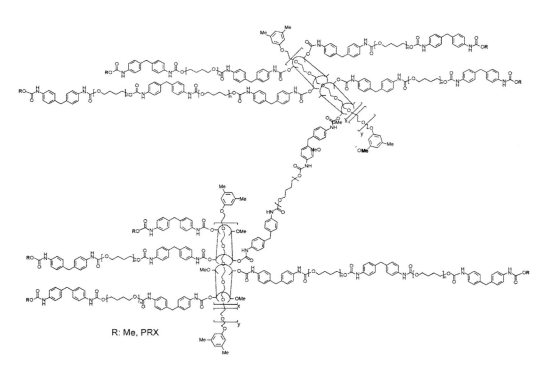

図4　典型的なポリロタキサン架橋ポリウレタンの構造

第4章 新しいポリウレタン

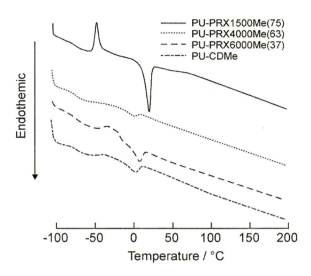

図5 PU-PRX1500Me(75),PU-PRX4000M(63),PU-PRX6000Me(37) および PU-CDMe の DSC サーモグラム

ている。ポリウレタンは，プレポリマー法[32]により合成している。多架橋により硬くなることを防ぐため，イソシアネートインデックスを 1.5 としている。未反応のイソシアネート基はメタノールで失活させている。ここで，得られたポリウレタンの名称を，PU-PRX1500Me（75），PU-PRX4000M（63），および PU-PRX6000Me（37）と略す。

すべての PU-PRX でゲル分率はトルエン中で 99%以上であり，DMSO 中でも 60～65%であった。DMSO 中でさえゲル成分を残していることから，ロタキサン間に架橋が形成されていることが示唆される。

PU-PRX の DSC 測定結果を図 5 に示す。PU-PRX の種類に関係なく T_g が約 -75℃ に観測されている。一般にポリウレタンの T_g は水素結合形成に影響されることが知られている。しかし，PU-PRX では水素結合形成と T_g との間に関係がなかったことから，むしろポリロタキサンにグラフト的に導入されたソフトセグメント鎖に影響されていると考えている。PU-PRX1500Me（75）と PU-PRX6000Me（37）にはソフトセグメント鎖の再配向結晶化と結晶化した部位と融解に帰属できる発熱と吸熱ピークが観測されている。興味深いことに，PU-PRX1500Me（75）の再配向結晶化に基づく吸熱ピークと結晶部位の融解に基づく発熱ピークがシャープに観測されたことである。また，発熱ピークは 20℃ に観測されており，これはソフトセグメントを構成する原料の PTMG2000 の融点と同じである。このことから，PTMG2000 と同じラメラ様の結晶化が起きていることが示唆された。また，再配向結晶化に基づく発熱ピークが他に比べ低温側の -40℃ に観測されていることから，CyD が密に詰まった剛直な PRX1500 部分とソフトセグメント部分が明確に相分離していることが示唆された。PU-PRX6000Me（37）の DSC 曲線は部分メチル化 CyD で架橋した PTMG2000 と MDI からなるポリウレタン PU-CDMe の DSC 曲線

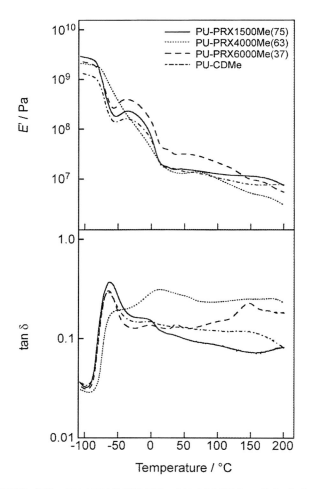

図6 PU-PRX1500Me(75), PU-PRX4000M(63), PU-PRX6000Me(37) および PU-CDMe の引張貯蔵弾性率と tan δ の温度依存性

と似ている。CyD が粗に詰まっており，かつ長い PEG 軸分子であるため，ポリウレタン中におけるCyD の分散状態がほぼ同じレベルにあり，PU-PRX6000Me（37）では，そのロタキサン構造が熱物性には影響を与えないと考察している。これらに対し，PU-PRX4000Me（63）はガラス転移と吸熱ピークを与え，再配向結晶化に起因するピークは不明瞭であった。これについては後で考察する。

図6に貯蔵弾性率，損失弾性率，tan δ の温度依存性を示す。PU-PRX の種類に関係なく T_g に帰属できる tan δ のピークが約 −70℃ に観測されている。PU-PRX1500Me（75），PU-PRX6000Me（37）および PU-CDMe の E' 曲線と tan δ 曲線には −50〜20℃ の間にそれぞれハンプと小さなピークが観測された。これらはソフトセグメント部位の再配向結晶化とその融解に帰属できる。対照的に，PU-PRX4000Me（63）の E' 曲線はこの温度範囲でなだらかに減少し

第 4 章　新しいポリウレタン

表 3　PU-PRX の機械的性質

PU-PRX	ヤング率（MPa）	伸張強度（MPa）	破断歪み （%）
PU-PRX1500M（75）	6.5	6.9	790
PU-PRX4000M（63）	7.5	14.0	1080
PU-PRX6000M（37）	13.3	12.6	900
PU-CDMe	14.0	11.7	890

ているのみで，DSC 測定で観測された不明瞭な再配向結晶化とその融解によく一致した結果となっている。特筆すべきは，tan δ 曲線が 10℃にピークを与えそれ以降，測定温度範囲で tan δ が減少しないことである。この結果から，幅広い測定温度範囲でソフトセグメント部位の再配向結晶化とその融解に影響をあたるような "動き"，例えば，CyD が中程度インターロックされた PRX4000Me では CyD が粗に詰まった部分と密に詰まった部分が混在しており，この粗と密の間で相互変換がソフトセグメントの運動性に影響を与えているのではないかと考察している。

　表 3 に，ヤング率，引張強度，および破断歪みの結果をまとめている。ヤング率の高さの順番は PU-PRX1500Me（75）＜ PU-PRX4000Me（63）＜ PU-PRX6000Me（37）＜ PU-CDMe であり，ロタキサン中の CyD の包接率と良い一致をしている。すなわち，ヤング率は，ポリウレタン中の架橋点としての CyD の分散度合いに左右されている。CyD が密に詰まり，CyD の動きが抑制されている PU-PRX1500Me（75）で最も低い引張強度を示している。また，CyD の運動性が基本的に同じと考えられる PU-PRX6000Me（37）と PU-CDMe は同程度の引張強度である。最も良い伸びを示したのは PU-PRX4000Me（63）であり，1080％であった。PRX4000Me 中の CyD の粗密構造の相互変換が引張荷重下での機械的性質に影響を与えていると考えている。

2. 5　まとめ

　トポロジカル構造としてロタキサンまたはポリロタキサン構造をもつ，またはポリロタキサン構造を導入したポリウレタンについて解説した。クラウンエーテルを環状化合物とするポリロタキサン構造をもつポリウレタンについては Gibson らによって精力的に研究が行われ，その合成方法は確立されている。しかしながら，それらの熱運動性については報告されているものの，力学特性についての報告例は現在のところ報告されていない。主鎖に環状化合物を導入したネットワークポリウレタンについてはゲル特性について興味深い報告がされている。ヒドロゲルへの展開が出来れば，医療材料への応用などが期待できる。ポリロタキサンを架橋部位とするポリウレタンについての研究は，我々の研究室で遂行中である。最近の研究では，PEG に対する CyD の包接率が合成時の仕込み比によっておおよそ制御可能であることが分かっており，同じ長さで包接率の異なるポリロタキサンを用いたポリウレタン物性の系統的な評価を行っている。また，ごく最近，モノアミノ化 CyD を用いたポリロタキサンの合成にも成功している。これを使うこと

で，1つの CyD から架橋を1本のみ作ることが出来るため，ポリウレタン物性のさらなる向上が期待できる。これらの研究については，別の場所で発表する予定である。

文　　献

1) S. Saha, J. F. Stoddart, *Chem. Soc. Rev.,* **36**, 77（2007）

2) V. Balzani, A. Credi, S. Silvi, M. Venturi, *Chem. Soc. Rev.,* **35**, 1135（2006）

3) Molecular catenanes, rotaxanesand knots, ed. by J. -P. Sauvage, C. O. Dietrich-Buchecker, Wiley-VCH, Weinheim（1999）

4) A. Harada, J. Li, M. Kamachi, *Macromolecules,* **23**, 2821（1990）

5) Y. Okumura, K. Ito, *Adv. Mater.,* **13**, 485（2001）

6) T. Karino, M. Shibayama, K. Ito, *Physica. B.,* **385-386**, 692（2006）

7) Z. S. Petrović, J. Ferguson, *Prog. Polym. Sci.,* **16**, 695（1991）

8) K. Kojio, T. Fukumaru, M. Furukawa, *Macromolecules,* **37**, 3287（2004）

9) K. Kojio, S. Kugumiya, Y. Uchiba, Y. Nishino, M. Furukawa, *Polym. J.,* **41**, 118（2009）

10) A. Harada, A. Hashidume, H. Yamaguchi, Y. Takahashi, in *Encyclopedia of Polymer Science and Technology,* 4th ed., ed. by H. F. Mark, Wiley, pp.119-149（2014）

11) Y. Koyama, *Polymer J.,* **46**, 315（2014）

12) T. Girek, *J. Incl. Phenom. Macro.,* **76**, 237（2013）

13) A. Harada, A. Hashidume, H. Yamaguchi, Y. Takahashi, in *Encyclopedia of Polymer Science and Technology,* 4th ed., ed. by H. F. Mark, Wiley, pp.119-149（2014）

14) T. Takata, T. Arai, Y. Kohsaka, M. Shioya, Y. Koyama, in *Supramolecular polymer chemistry,* ed. by A. Harada, Wiley-VCH, Weinheim, pp.331-346（2012）

15) H. W. Gobson, C. Gong, S. Liu, D. Nagvekar, *Macromol. Symp.,* **128**, 89（1998）

16) Y. X. Shen and H. W. Gibson, *Macromolecules,* **25**, 2058（1992）

17) H. W. Gibson, H. Marand, *Adv. Mater.,* **5**, 11（1993）

18) Y. Shem, D. Xie, H. W. Gibson, *J. Am. Chem. Soc.,* **116**, 537（1994）

19) G. Schill, W. Beckman, N. Schweickert, H. Fritz, *Chem. Ber.,* **119**, 2647（1986）

20) E. Marand, Q. Hu, H. W. Gibson, B. Veytsman, *Macromolecules,* **29**, 2555（1996）

21) N. Nagapudi, J. Hunt, C. Shepherd, J. Baker, H. W. Beckham, *Macromol. Chem. Phys.,* **200**, 2541（1999）

22) C. Gong, T. E. Glass, H. W. Gibson, *Macromolecules,* **31**, 308（1998）

23) C. Gong, H. W. Gibson, *Angew. Chem. Int. Ed. Engl.,* **36**, 2331（1997）

24) C. Gong, Q. Ji, C. Cubramaniam, H. W. Gibson, *Macromolecules,* **31**, 1814（1998）

25) I. Yamaguchi, Y. Takenaka, K. Odakada, T. Yamamoto, *Macromolecules,* **32**, 2051（1999）

26) C. Gong, H. W. Gibson, *J. Am. Chem. Soc.,* **119**, 8585（1997）

第 4 章　新しいポリウレタン

27）　T. Oku, Y. Furusho, T. Takata, *Angew. Chem. Int. Ed. Engl.*, **43**, 966（2004）

28）　H. Murakami, R. Nishiide, S. Ohira, A. Ogata, *Polymer,* **55**, 6239（2014）

29）　H. Murakami, R. Baba, M. Fukushima, N, Nonaka, *Polymer,* **56**, 368（2015）

30）　H. Murakami, T. Kondo, R. Baba, N. Nonaka, *e-J. Soft. Mater.*, **10**, 9（2014）

31）　T. Zhao, H. W. Beckham, *Macromolecules,* **36**, 9859（2003）

32）　M. Furukawa, Y. Mitsui, T. Fukumaru, K. Kojio, *Polymer,* **46**, 10817（2005）

3 環境対応ポリウレタン　バイオベースポリオールを基材とする PU

宇山　浩[*]

3.1　はじめに

　現在のプラスチックの大部分は石油から作られており，これらのポリマーの一部については，工業レベルでのリサイクル技術が発達しているが，最終的には廃棄され，焼却により二酸化炭素が発生する。地球温暖化防止に向け，材料の観点からもカーボンニュートラルのプラスチックが社会的に求められている。そこで，地球環境に優しいプラスチック材料として，自然界の物質循環に組み込まれる"バイオマスプラスチック"が注目されている[1~3]。わが国では平成 14 年に日本政府の総合戦略「バイオマスニッポン」が発表されて以来，バイオマスの利活用による持続的に発展可能な社会の実現に向けた政策が立案され，実施されてきた。この戦略は，バイオマスの有効利用に基づく地球温暖化防止や循環型社会形成の達成，更には日本独自のバイオマス利用法の開発による戦略的産業の育成を目指すものである。また，地球規模での環境保護の観点から，バイオマス原料は日本のみならず，世界中から入手できる安価かつ豊富な資源の積極的な利用が求められている。

　ポリ乳酸は最も代表的なバイオマスプラスチックである。光合成により二酸化炭素を固定化したバイオマスを原料に製造されるため，ポリ乳酸の燃焼や生分解により二酸化炭素が大気中に放出されても，二酸化炭素量は増えない。このようにポリ乳酸はカーボンニュートラルな物質循環型プラスチックである。乳酸はその化学構造から L 体と D 体があり，現在，L 体乳酸からなるポリ乳酸が工業化されている。米国ではトウモロコシ由来のデンプンを原料に 14 万トンのプラントで生産されている。中国でもプラントが稼働し，今後，世界的に生産量が増大すると予想されている。

　近年，プラスチックのバイオ化に関する技術開発が急速に進んでいる。バイオエタノールを原料とするバイオポリエチレン（PE）は石油由来の PE と同等の取り扱いができるため，その普及が期待されている。PE 1 kg 当たり 4.3～4.9 キロの二酸化炭素排出を削減できるとされる。2011 年には 20 万トンのプラントがブラジルで稼働した。バイオマス由来原料を用いたプロピレンやブタジエンの工業生産が検討され，これらを基にバイオポリオレフィンの開発が進むと予測されている。芳香族系ポリエステルについては，アメリカで 1,3- プロパンジオールをバイオマス原料から発酵生産する技術が開発され，この 1,3- プロパンジオールを用いたバイオポリトリメチレンテレフタレート（PTT）が上市された。ポリ乳酸や微生物産生ポリエステルと異なり，モノマーの一方（テレフタル酸）が石油由来であるため，バイオマス度は 37% である。自動車分野での用途開発が進み，フロアマット，シート表皮や内装表皮に利用されている。最近，バイオ由来のエチレングリコールを用いたバイオポリエチレンテレフタレート（PET）が開発

　＊　Hiroshi Uyama　大阪大学　大学院工学研究科　応用化学専攻　教授

第4章　新しいポリウレタン

され，ボトルをはじめ，様々な分野で利用されている。

　本章では植物油脂由来のポリオール及びそれを用いたバイオポリウレタンについて，筆者らの研究を中心に紹介する。

3. 2　植物油脂を用いる高分子材料

　油脂の主成分はグリセリンと脂肪酸のトリエステル（トリグリセリド）であるが，ジグリセリドやモノグリセリドも少量含んでいる。油脂は由来原料により植物油脂と動物油脂に分類され，用途から食用と工業月に分けられる。植物油脂として大豆油，パーム油，菜種油，ひまわり油，亜麻仁油があり，動物油脂として牛脂，豚脂，魚油が挙げられる。油脂の主用途はマーガリン，ショートニング，ドレッシング，ラードなどの食品であり，工業用途として燃料用や潤滑油用にそのまま用いられるほか，油脂から得られる脂肪酸やグリセリンは界面活性剤や樹脂添加剤等の原料に使用される[4]。表1に代表的な植物油脂の脂肪酸組成を示す。植物油脂を高分子の原料に用いる場合，油脂の炭素－炭素二重結合を利用する場合が多い[5]。大豆油は不飽和基を二つ有するリノール酸を最も多く含むため，生産量が最大のパーム油より高分子の原料として適している場合が多い。古くから実用化されている植物油脂ベースの材料としてアルキド樹脂が挙げられる。アルキド樹脂はフタル酸やマレイン酸の無水物とグリセリン等の多価アルコールを反応させ，油や不飽和脂肪酸で変性させたものであり，塗料，接着剤として使用される。顔料分散性や塗装性に優れ，仕上がりの美観や耐久性も良い点に特徴がある。

　植物油脂中の不飽和結合は内部オレフィンであるため，反応性は高くない。そのため，エポキシ化植物油脂を利用した油脂ネットワークポリマーに関する研究が活発に行われている[6]。エポキシ化油脂は，大豆油と亜麻仁油のエポキシ化物がポリ塩化ビニルの添加剤として工業生産されており，パーム油のエポキシ化物はタイヤの改質剤として工業化されている。これらは比較的安価であり，製造量も多いことからバイオベースポリマーの原料として適している。酸触媒や酸無水物硬化により硬化物が得られ，不足する物性はセルロースファイバー等のフィラーを併用することで改善される。

表1　植物油脂の脂肪酸組成

脂肪酸	ステアリン酸 (18：00)	オレイン酸 (18：01)	リノール酸 (18：02)	リノレン酸 (18：03)	その他
大豆油	2～7	20～35	50～57	3～8	5～13
パーム油	3～7	37～50	7～11		36～51
ナタネ油	1～3	46～59	21～32	9～16	4～12
ヒマワリ油	2～5	15～35	50～75	0～1	3～8
アマニ油	2～5	20～35	5～20	30～58	4～12
トウモロコシ油	2～5	25～45	40～60	0～3	7～14
コメ油	1～3	35～50	25～40	0～1	11～24
オリーブ油	1～3	70～85	4～12	0～1	8～19

エポキシ化植物油脂の硬化系を利用した塗料が実用化されている。植物油脂成分を組込んだアクリルポリオールが開発され，屋根用塗料として上市された[7]。アクリルポリオールに植物油脂エポキシ化物が導入され，これにより塗料の主剤となるアクリル樹脂にアルコールとエポキシの二つの架橋基が付与されている。既存の石油系エポキシの多くは高い反応性という利点とともに，低い耐候性，毒性といった問題点がある一方，油脂エポキシ化物は耐候性に優れ，毒性も低いというメリットがある半面，反応性は低い。主剤樹脂のアルコールを反応性の高いイソシアネートと反応させて，一定の強度を有する塗膜を得るための架橋反応が速やかに進行する。時間とともに反応性の低いバイオマスエポキシの二次架橋を進行させることで強靭な塗膜が形成し，同時にエポキシ基により屋根基材との付着性が向上する。さらにエポキシの架橋によって高い強度を得ることができるためにイソシアネートの使用量が低減できる。

3．3　植物油脂を用いるバイオポリウレタン

植物油脂を原料とするポリウレタン用ポリオールが開発されている。大豆油を多く産出するアメリカで大豆油の高度利用を目指して，ポリウレタン用ポリオールの開発が行われた。これまでに幾つかの合成ルートが検討され，一部は工業化されている。Dow 社は RENUVA という商標で大豆油ベースのポリオールを工業化している。大豆油製品の欠点である臭気を抑え，ポリウレタンの用途に適したポリオールが開発された。Dow 社のポリオールは次のような合成ルートで製造される。まず，大豆油とメタノールのエステル交換反応により脂肪酸メチルエステルとグリセリンを合成する。続いて，脂肪酸メチルエステルの二重結合に一酸化炭素を付加してホルミル化し，水添により一級水酸基に変換する。最後にグリセリンとのエステル交換反応を再度行い，ポリオールが得られる。この方法は後述のエポキシ化油脂を用いる方法と異なり反応性の高い一級水酸基を有するポリオールが製造できるメリットがある。また，メタノールとグリセリンがこの反応系内でリサイクルされる点でも優れた合成技術である。この大豆油ポリオール製造のLCA が検討され，製造に要するエネルギー量では既存の代表的なポリオールの約 2/3 であり，二酸化炭素の排出はほぼゼロであった。そのため，地球環境保全の観点から大豆油ポリオールの有用性が明らかになった。エポキシ化大豆油から大豆油ベースのポリオールも開発されている。例えば，エポキシ基を加水分解するとグリコールとなり，ポリオールとして用いることができる。詳細な製造ルートは公表されていないが，幾つかのメーカーが大豆油ポリオールを製造し，軟質フォームやコーティング，接着剤，エラストマーに応用している。

ヒマシ油は構成脂肪酸の約 90％が二級水酸基を有するリシノール酸である特異な構造の油脂であり，ヒマシ油をベースとするポリウレタン用ポリオールが開発されている。ヒマシ油はトウゴマの種子に 40〜60％含まれ，トウゴマは東アフリカ原産のトウダイグサ科の植物で現在では世界中に分布している。古くから灯火油や便秘薬として利用されており，塗料や印刷インキ等の工業用途も多い。また，ヒマシ油はバイオナイロンの原料ソースとしても重要である。優れた柔軟性，低温衝撃性を示すナイロン 610 のモノマーであるセバシン酸はヒマシ油の構成成分であ

第4章　新しいポリウレタン

るリシノール酸のアルカリ処理による酸化的加水分解により製造される。絶縁性や耐摩耗性に優れるナイロン11のモノマーである11-アミノウンデカン酸もリシノール酸から作られる。リシノール酸メチルエステルを熱分解してウンデセン酸メチルエステルに変換し，これを加水分解，臭化水素の付加，アンモニアとの反応により11-アミノウンデカン酸が得られる。

大豆油ベースのポリオールを石油由来ポリオールと混合してポリウレタンフォームを合成し，混合比の諸物性に与える影響が検討された。大豆油ポリオールを多く用いるほどセル数が増え，セルサイズが減少した。大豆油ポリオールは石油由来ポリオールより反応性が低く，粘性が高いため，熱伝導性と圧縮強度は低下した[8]。

キャノーラ油のエポキシ化，ヒドロキシ化，グリコールとのエステル交換により，ポリ（エーテルエステル）型ポリオールが開発され，このポリオールを用いてバイオベースポリウレタンが合成された[9]。得られたポリウレタンは木材用接着剤として評価された[10]。キャノール油，コーン油由来の不飽和脂肪酸からの化学変換によりジイソシアネート化合物も合成され，バイオベースポリウレタンに展開された[11]。また，オレイン酸から誘導化された長鎖ジイソシアネート1,16-diisocyanatohexadec-8-eneからバイオベースポリウレタンが開発された[12]。

エポキシ化大豆油から誘導化した水酸基導入大豆油をベースとしたポリウレタンへのセルロースへの添加によるバイオベース複合材料が創成され[13]，セルロースの添加による機械的物性の向上が見られた。また，ガラス繊維で補強された大豆油ベースのポリウレタンの機械的，熱的性質が評価された。大豆油ベースのポリウレタンはポリプロピレングリコールベースの既存品と比して熱，酸化，加水分解に対する耐性が優れていた[14]。

ヒマシ油は化合物当たり水酸基を3個弱有するため，ポリウレタン用ポリオールとして利用されている。しかし，自動車用ポリウレタンフォームなどの用途にはヒマシ油が適していないため，ヒマシ油の誘導体が開発されている。BASF社はヒマシ油の水酸基にエチレンオキシドとプロピレンオキシドを付加したものをポリオールに用いたポリウレタンを開発した。バイオマス度は24％であり，家具のクッションやマットレスが主要用途である。三井化学もヒマシ油ベースのポリオールを開発し，これを用いたポリウレタンが自動車用途で実用化されている。ヒマシ油を修飾することでクッション感が大幅に改善された。ポリウレタンフォームの20〜40％（重量）を植物由来にすることが可能であり，従来品として比較してCO_2排出量が約8％削減できる。また，この技術の海外展開として，ヒマシ油生産国であるインドでのバイオポリオールでの生産が計画されている。

グリコシドとヒマシ油の反応により得られたポリオールからバイオベースポリウレタンが合成され，接着性能が評価された[15]。また，オレイン酸メチルあるいはヒマシ油由来のリシノール酸を原料に用い，アシルアジド基と水酸基間のAB型重縮合によりポリウレタンが合成されている[16]。

3.4 分岐状ポリ乳酸ポリオール

　植物度の高いポリウレタンを設計する上で，ポリウレタンの主用途であるフォームにあわせて，高分子型のバイオベースのポリオールの開発も望まれている。また，ポリウレタンフォームの既存製造プロセスを利用するためには，液状のポリオールが好ましい。このような要請を満たすバイオベースのポリオールとして，リシノール酸を含有するヒマシ油とその重合体であるポリヒマシ油を開始剤として用いたラクチドの開環重合（あるいは乳酸の重縮合）による分岐状ポリ乳酸ポリオールが開発された（図1)[17]。このポリオールは核の油脂成分の構造（分岐数，分子量），ポリ乳酸鎖の立体構造と鎖長により，ポリウレタン用ポリオールのみならず，様々な用途が想定される。ヒマシ油を開始剤に用いたL体ラクチド（LLA）の重合では，ヒマシ油とLLAの仕込み比と得られるポリオールの分子量に良好な相関が見られ，分子量を任意に制御できる。分岐状ポリ乳酸のガラス転移温度，融点，結晶化度は仕込み比に依存し，直鎖状ポリ乳酸と比較して，これらの値は低下した。

　分岐状ポリ乳酸ポリオールを用いてポリウレタンの合成が検討された。分岐状ポリ乳酸に対し，水，シリコン系整泡剤および2,4-トルエンジイソシアネートを添加し，室温ですばやく攪拌を行ったところ，発泡ポリウレタンが得られる。また，工業用途を想定して分子量をコントロールした液状の分岐状ポリ乳酸をポリオールを用いて，車用ヘッドレスト用発泡ポリウレタンが試作された（図2）。水を添加しない非発泡ポリウレタンを合成し，ヒマシ油を用いて合成したポリウレタンと物性を比較した。動的粘弾性測定から，分岐状ポリ乳酸を用いて合成したポリウレタンはヒマシ油から合成したポリウレタンよりガラス転移温度が高く，熱的性質が向上し，ゴム領域の貯蔵弾性率（E´）が上昇した（図3）。また，ポリヒマシ油を用いて合成したポリウレタンはヒマシ油を用いた場合と比較して，貯蔵弾性率が向上した。ポリ乳酸系ポリオールから

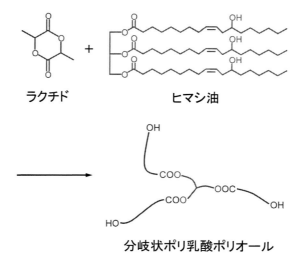

図1　分岐状ポリ乳酸ポリオールの合成

第4章 新しいポリウレタン

液状分岐状ポリ乳酸

発泡バイオベースポリウレタン

図2 液状分岐状ポリ乳酸ポリオールとそれを用いて作製した発泡ポリウレタン

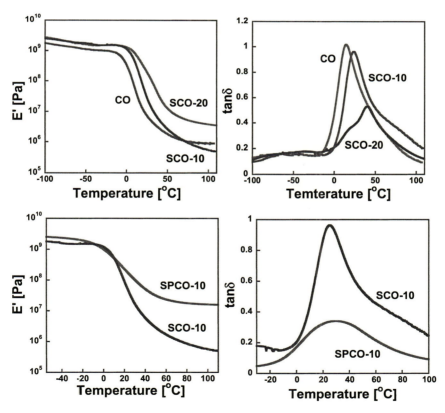

図3 分岐状ポリ乳酸ポリオールを用いて合成したポリウレタンの動的粘弾性特性
CO：ヒマシ油，SCO：ヒマシ油をコアとする分岐状ポリ乳酸ポリオール（記号の後の数字はヒマシ油とラクチドの仕込み比），PSCO：ポリヒマシ油

合成したバイオベースポリウレタンについては，主たる用途は車，家具等のフォームであるが，ポリウレタンの重要な用途には接着剤，塗料もあり，コーティング材料への応用も検討されている。

還元型グラフェンオキシドを含むヒマシ油をベースとするハイパーブランチポリウレタンナノコンポジットが開発された[18]。2%の還元型グラフェンオキシドの添加により機械的強度のみならず破断ひずみも大幅に向上した。導電性も大きく増大し，半導体レベルの性質を示す。

3.5 ダイマー酸をベースとするポリウレタン

松由来の非可食脂肪酸を二量化したダイマー酸をベースとするポリウレタンが開発された。ダイマー酸はC36の長鎖アルキル鎖という柔軟な構造をもつため，塗料，インキ，接着剤等に利用されている。ダイマー酸由来のポリマーが低ガラス転移温度を有する性質を活かし，ポリウレタンのソフトセグメントとしての利用が検討された[19]。過剰量のダイマー酸と1,4-ブタンジオールの反応により，両末端が水酸基であるダイマー酸ポリエステルポリオール（DPE）が合成された。DPE と 4,4′-ジフェニルメタンジイソシアネート，ビス-2-ヒドロキシエチルテレフタレート（BHET）を DMAc 中，80℃で反応させることでバイオベースポリウレタンが得られた（図3）。DPE と BHET の混合比を変化させたポリウレタンシートをキャスト法により作製したところ，優れた透明性と柔軟性を示した（図4）。図5に引っ張り試験の結果を示す。BHET 導入量の増加につれて最大破断応力と弾性率が向上した。これは剛直なジオール成分の導入により，ハードセグメント間での凝集力が向上したためと考えられる。また，応力ひずみ曲線からの破断エネルギーの算出から，BHET 導入による靭性の著しい向上がわかり，BHET 導入量が8%（wt）のサンプルで靭性が最大となった。BHET 導入量と靭性の関係を調査するため，偏光顕微鏡を用いて引張試験前後でのハードドメインの様子を観察したところ，BHET 導入量が17%の場合のみ，引張試験後に凝集構造が見られた。このことから17%での靭性の低下は結晶相とアモルファス相の界面での応力集中によるものと推測された。また，BHET 導入量が8%の場合には引張試験後もドメインの凝集は観察されなかった。この結果から8%では材料中にナノレベ

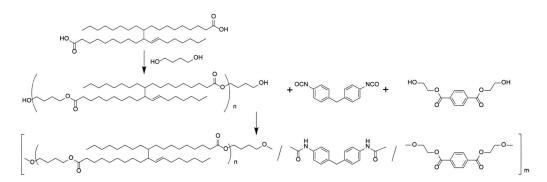

図4　ダイマー酸を用いるバイオベースポリウレタンの合成

第 4 章　新しいポリウレタン

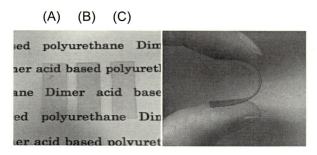

図 5　異なる BHET 含有率のダイマー酸を基盤とするバイオベースポリウレタンの外観写真と柔軟性
(A) 0%;　(B) 8%;　(C) 17%

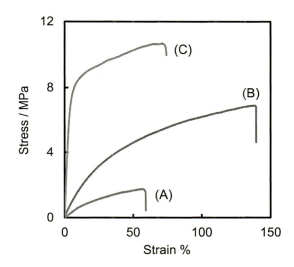

図 6　異なる BHET 含有率のダイマー酸を基盤とするバイオベースポリウレタンの機械的特性
(A) 0%;　(B) 8%;　(C) 17%

ルの結晶が分散しているために応力分散がなされ，靭性が最大になったと考えられた。

3.6　おわりに

本章では植物油脂をベースとするバイオポリウレタンの開発動向を紹介した。ここでは主に植物油脂を原料とするポリウレタンを紹介したが，それ以外のバイオリソースもポリウレタン合成に用いられる。例えば，リグニンをオレイン酸で変性し，更にエポキシ化，水酸基化によりリグニンを核とするポリオールが開発されている。これを鎖長延長したイソシアネート含有オリゴマーと反応させることにより，バイオベースのセグメント化ポリウレタンが合成された[20]。また，植物油からのバイオベースポリウレタンの様々な合成ルートに関する総説が発表されている[21]。本章に含まれないバイオベースポリウレタンについては，この総説を参照されたい。

75

機能性ポリウレタンの進化と展望

　ポリウレタン中のバイオマス含有率は大きくなく，製造量も多くないため，バイオエネルギーと比して二酸化酸素排出抑制の効果は必ずしも大きくないかもしれないが，循環型社会の構築には必須のものである。そのため，バイオポリウレタンをはじめとするバイオマスプラスチックに対する社会的要請は近年，急速に高まっており，今後の需要の顕著な増大が想定される。また，バイオマスプラスチックが社会で広く受け入れられるためには，原料供給の視点からの非可食資源の利用技術も重要課題である。今後，幅広い分野の研究者が結集し，バイオマスの特性を積極的に活かしたバイオポリウレタンをはじめとするバイオマスプラスチックの開発が益々発展することを期待したい。

文　　　献

1)　T. Iwata, *Angew. Chem. Int. Ed.* **54**, 3210（2015）
2)　M. M. Reddy *et al., Prog. Polym. Sci.*, **38**, 1653（2013）
3)　宇山　浩，日本ゴム協会誌，**86**, 161（2013）
4)　U. Biermann *et al., Angew Chem Int Ed.*, **50**, 3854（2011）
5)　H. Uyama, *Polym. J., in press.*
6)　A. Llevot, *J. Am. Oil Chem. Soc.* **94**, 169（2017）
7)　水谷　勉ら，生産と技術，**63**, 92（2011）
8)　C. Zhang and M. R. Kessler, *ACS Sustainable Chem. Eng.*, **3**, 743（2015）
9)　X. Kong *et al., Eur. Polym. J.*, **48**, 2097（2012）
10)　X. Kong *et al., Int. J. Adhesion & Adhesives*, **31**, 559（2011）
11)　L. Hojabri *et al., Biomacromolecules*, **10**, 884（2009）
12)　L. Hojabri *et al., J. Polym. Sci. Part A: Polym. Chem.*, **48**, 3302（2010）
13)　E. Głowinska and J. Datta, *Cellulose*, **22**, 2471（2015）
14)　S. Husic *et al., Compo. Sci. Technol.*, **65**, 19（2005）
15)　D. Mishra and V. K. Sinha, *Int. J. Adhesion & Adhesives*, **30**, 47（2010）
16)　D. V. Palaskar *et al., Biomacromolecules*, **11**, 1202（2010）
17)　T. Tsujimoto *et al., Polym. J.* **43**, 425（2011）
18)　S. Thakur and N. Karak, *ACS Sustainable Chem. Eng.*, **2**, 1195（2014）
19)　T. Kasahara and H. Uyama, *J. Network Polym., Jpn.*, **37**, 175（2016）
20)　S. Laurichesse *et al., Green Chem.*, **16**, 3958（2014）
21)　B. Nohra *et al., Macromolecules*, **46**, 3771（2013）

4 磁場応答性ソフトマテリアル

三俣　哲[*1]，梅原康宏[*2]

4.1 はじめに

　磁場応答性ソフトマテリアル（magnetic responsive soft material）は高分子のマトリックスと無機磁性体のフィラーからなる複合材料で，磁性ソフトマテリアル（magnetic soft material）と呼ばれる（図1a）。マトリックスには高分子ゲル（polymer gel），ゴム（rubber），エラストマー（elastomer）などの柔らかい材料が用いられる。磁性体には通常，数 nm～数 100 μm の粒子径をもつ強磁性体が用いられる。これらを混合撹拌し，架橋することで磁性ソフトマテリアルが得られる。

　磁性ソフトマテリアルに均一磁場を与えると硬さが変化し，勾配のある磁場を印加すると，磁場に応答して伸縮運動や回転運動などのアクチュエーションを示す[1~6]。これらの現象は，磁性粒子間の磁気モーメント，あるいは，磁性粒子の磁気モーメントと外部磁場との磁気的相互作用に起因する。他の刺激応答性ソフトマテリアルと比較して，大きな発生力，速い応答速度が特徴

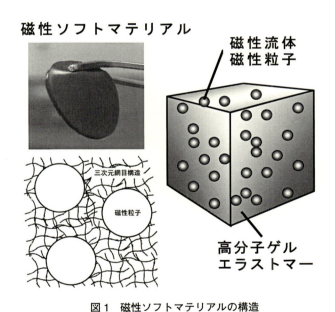

図1　磁性ソフトマテリアルの構造

＊1　Tetsu Mitsumata　新潟大学　研究推進機構　研究教授；工学部　材料科学プログラム　准教授

＊2　Yasuhiro Umehara　（公財）鉄道総合技術研究所　車両構造技術研究部　走り装置　主任研究員

機能性ポリウレタンの進化と展望

である。磁性粒子の磁気特性を活用できることも大きな特徴である。残留磁化を持つ粒子を用いると，永久磁石で伸縮するアクチュエータができる。"柔らかい"特徴をもつ磁性ソフトマテリアルは，人間に優しいソフトアクチュエータ，ソフトインターフェイス，高効率なソフトマシンに応用できる。また，磁場によって硬さが変化する現象（variable elasticity）は磁気粘弾性効果（Magnetorheological effect）と呼ばれ，振動制御アクチュエータや力覚提示アクチュエータへの応用が期待されている。本節では，ポリウレタンをマトリックスとする磁場応答性ソフトマテリアルの可変粘弾性とその応用について，筆者らの研究を中心に述べる。

4.2 磁性エラストマーの可変粘弾性

4.2.1 単一粒子型磁性エラストマー

ポリ（プロピレングリコール），可塑剤のビス（2-エチルヘキシル）フタレート，架橋剤のトリレンジイソシアネート，さらに直径数ミクロンの磁性粒子（カルボニル鉄）と混合撹拌する。得られたプレゲル溶液をアルミニウム製の鋳型に流し込み，100℃の恒温槽で1時間硬化させる。NCO基とOH基のモル比は1である。可塑剤濃度を変えて磁性エラストマーの硬さを調整する。大きな磁気粘弾性効果を得るためには，水系の磁性ゲルのように柔らかい状態で合成することが重要である。また，ポリウレタン中で均一に分散する粒子を選定することも必要である。凝集性の磁性粒子では超音波照射が有効である。超音波ホモジナイザーを用いることで磁性粒子の分散性が良好になり，磁気粘弾性効果が顕著になる[7]。

カルボニル鉄が分散されたポリウレタン磁性エラストマーの貯蔵弾性率の変化量と磁性粒子の体積分率の関係を図2に示す[8]。磁場は500 mTである。従来の水系磁性ゲルであるカラギーナン磁性ゲルの結果も同図に示す。ポリウレタン中では磁性粒子が動きにくくなると予想されたが，磁性ゲルとほぼ同じ変化量が達成できた。ゲル中と同じように磁性粒子の鎖構造が形成されたことを示している。変化率についても磁性ゲルと同等の値が得られた。この磁性エラストマーを用いて力覚提示装置が開発された。磁性エラストマーでできたマットの上に乗ると，足裏に伝わる感覚が磁場で変化する。視覚，聴覚と組み合わせたバーチャルリアリティーシステムである。家庭用ゲーム機，歩行リハビリテーションへの応用が期待されている[9]。

水系磁性ゲルの欠点は力学強度が低いこと，保存性が悪いことである。磁性ゲルを大気中で保存すると2日で表面が錆で覆われる[8]（図2写真）。また，ゲル中の水分の蒸発によって柔軟性が失われ，磁場応答性も悪くなる。合成直後は柔らかく420倍の変化率を示すが，2時間後には弾性率が高くなり，変化率は80倍になってしまう。一方で磁性エラストマーは，合成から1年以上経っても合成時と全く変わらない弾性率変化を示す。また，氷点以下で使用できることも磁性エラストマーの大きなメリットである。詳細については文献[8, 10]を参照されたい。

磁性エラストマーに単純な工夫をするだけで，弾性率の変化を大きくすることができる。先に述べたように，エラストマー内部では磁性粒子が磁力線に沿って配向し，鎖状構造を形成する。一方で，不連続な鎖が多数存在している。PVAフィルムと磁性エラストマーを層状にすると，

第 4 章 新しいポリウレタン

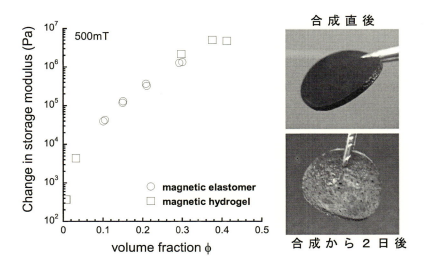

図2 左図：ポリウレタン磁性エラストマーとカラギーナン磁性ゲルの磁場による弾性率変化量（周波数1 Hz 磁場500 mT），右図：合成直後と2日後のカラギーナン磁性ゲル

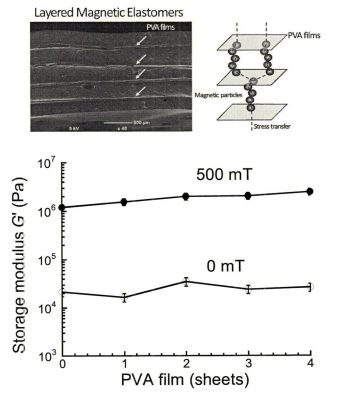

図3 層状磁性エラストマーのSEM写真および鎖構造（上図），層状磁性エラストマーの貯蔵弾性率とPVAフィルム枚数の関係（下図）

図3に示すような層状磁性エラストマーが得られる[11]。PVAフィルムが4層入った構造で，磁性エラストマー1層の厚さは270 μmである。層状磁性エラストマーの0 mT，500 mTにおける貯蔵弾性率を同図に示す。0 mTでの弾性率はほぼ一定となり，500 mTでの弾性率は，フィルムの枚数に比例して増加した。磁場中の弾性率だけを向上させたいときに有効な手法である。

4.2.2 粒子混合型磁性エラストマー

鎖構造を構成する粒子は必ずしも磁性粒子である必要はない。磁性流体に非磁性粒子を混合す

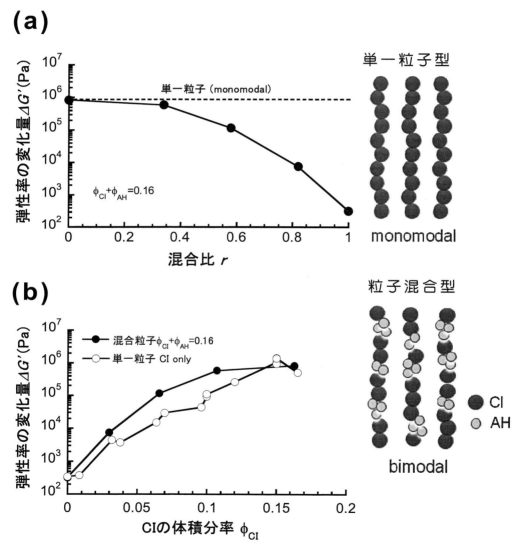

図4 粒子混合型磁性ゲルの（a）弾性率の変化量と混合比の関係，（b）弾性率の変化量と磁性粒子の体積分率の関係
（挿入絵）単一粒子型と粒子混合型の鎖構造（CI：カルボニル鉄，AH：水酸化アルミニウム）

第4章　新しいポリウレタン

ると，磁気粘弾性効果が増幅されることが Klingenberg らのグループによって報告された[12]。磁性ゲルでも同様の効果が発現する。粒子径 1.9 μm の水酸化アルミニウム粒子と粒子径 2.5 μm の鉄粒子を混合した粒子混合型磁性ゲルの結果を図4に示す[13]。マトリックスは多糖類のカラギーナンである。図4（a）は磁性粒子と非磁性粒子の全濃度を一定にして，その混合比 r を変化させたときの弾性率の変化量である。図中の点線は単一の磁性粒子で構成される磁性ゲル（monomodal）の変化量を示す。非磁性粒子に置換すると変化量は低下するが，30％近く置換しても monomodal とほとんど変わらない。この結果は，非磁性粒子は磁性粒子の鎖構造に貢献すること，磁性粒子間に働く磁気的相互作用はおよそ 6 μm（非磁性粒子3つ分）に及ぶこと，を示唆している。図4（b）に単一粒子型と粒子混合型（bimodal）の磁性ゲルの変化量と磁性粒子濃度の関係を示す。粒子混合型のプロットは全濃度で単一粒子を上回っており，非磁性粒子を添加すると変化量が増加することがわかる。ゲル中にはパーコレーションしていない不連続な鎖が存在し，応力が非磁性粒子を介して伝達することを示唆している。同様の現象がポリウレタン磁性エラストマーでも観察される[14]。100 mT 程度の磁場では非磁性粒子の粒子径依存性が認められ，粒子径が大きくなるほど，パーコレーション濃度が低くなることがわかっている。

　この粒子混合型磁性エラストマーの最大の特徴は，大変形下でも大きな MR 効果を示すことである。これまで述べた磁性ソフトマテリアルの MR 効果は微小ひずみで観測されるものであり，高ひずみになると MR 効果はほとんど消失してしまう。磁性粒子の鎖構造がひずみで崩壊するからである。大変形下で高い MR 効果を示す材料は，工業材料として非常に有用である。

　図5（a）に粒子混合型磁性エラストマーのヤング率と非磁性粒子の体積分率の関係を示す[15]。粒子径は磁性粒子が 7.2 μm，非磁性粒子が 10.4 μm である。磁性粒子濃度は 70 wt% である。0 mT でのヤング率は図中の破線の Einstein の式に従い，非磁性粒子を添加しても粒子ネットワークが形成されないことを示している。磁場中（320 mT）ではヤング率は増加し，体積分率6％付近で急増する。不連続な鎖がパーコレーションしたことを示唆している。ヤング率の変化率は 0 vol% では 1.8 倍，9.6 vol% では 5.8 倍となった。図5（b）に粒子混合型磁性エラストマーの鎖構造の模式図を示す。非磁性粒子が磁性粒子の鎖に介在した構造である。粒子混合型磁性エラストマーの磁場による電気抵抗率の変化は，単一粒子型よりも小さい[15]。この結果も，非磁性粒子が介在した鎖構造を示唆している。図5に磁性エラストマーに 30 N の荷重を加えたときの変形の様子を示す。磁場が無いとき，単一粒子型，粒子混合型ともに同程度の変形を示す（図 5c，5e）。非磁性粒子を充填しても単一粒子型磁性エラストマーの柔らかさが損なわれない。磁場を印加したとき，単一粒子型は大きく変形するが，粒子混合型はほとんど変形しない（図 5d，5f）。このように，粒子混合型磁性エラストマーは高荷重下で利用する可変弾性材料として適している。非磁性粒子を添加すると高ひずみまで鎖構造が崩壊しないこと，弱い磁場でも敏感に応答すること，瞬時に磁場に応答することが最近明らかになった。詳細は文献[16~18]を参照されたい。

　永久磁石を一方向から近づけて磁場を印加する方法は，電磁石より強い磁場を容易に与えるこ

機能性ポリウレタンの進化と展望

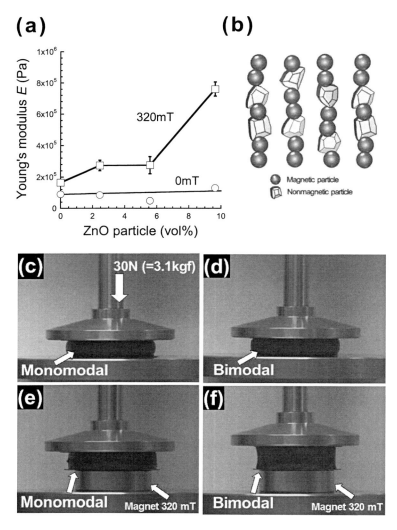

図5　粒子混合型磁性エラストマーの（a）ヤング率と非磁性粒子の体積分率の関係,（b）鎖構造,
　　（c）〜（f）圧縮試験の様子
　　（c),（e）単一粒子型,（d),（f）粒子混合型

とができるため，応用上のメリットがある。しかしながら，磁場強度分布が不均一になり，均一磁場下での磁気粘弾性効果とは異なる現象が見られる。例えば，磁気粘弾性効果が永久磁石の大きさや形状に依存することである[19〜21]。図6に磁場による応力増加量と磁性エラストマーの直径の関係を示す。直径30 mm，35 mmの永久磁石を用いたときの結果である。どちらの永久磁石も磁性エラストマーの直径と永久磁石の直径が等しいとき，応力の変化量は最大となる。一般に，均一磁場下の磁気粘弾性効果では弾性率の変化量はサンプルサイズに依存しない。従って，ここで観測された応力変化は磁性粒子の鎖構造形成によるものではなく，別のメカニズムによる

82

第4章 新しいポリウレタン

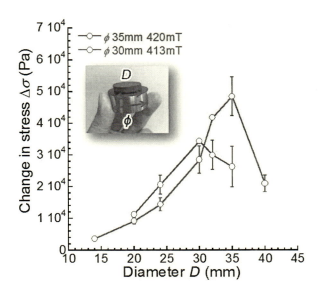

図6 磁場による応力の変化量と磁性エラストマーの直径の関係（ひずみ0.2）
永久磁石の直径：30 mm, 35 mm

ことを示唆する。筆者らは，永久磁石近傍の磁性エラストマーが不均一磁場に拘束されることで高い応力が発現することを指摘している。

4. 3 磁性エラストマーの応用
4. 3. 1 振動制御材料への応用

可変弾性材料である磁性ソフトマテリアルは古くから振動制御材料としての応用が期待されている。小松崎らは磁気粘弾性エラストマーを用いて，広帯域で振動制御ができる動的振動吸収装置を製作している。3.5 Aの電流で共振周波数が60 Hzから250 Hzにシフトしたと報告した[22,23]。Guyenらは218 mTの磁場で約8 Hzの周波数シフトを持つ防振装置を開発している[24]。Fuらは磁気粘弾性エラストマーと圧電材料を用いたセミアクティブ/フルアクティブハイブリッドアイソレーターを開発し，励磁電流1 Aで共振周波数を約20 Hzシフトできることを見出した[25]。

筆者らのグループでも小型の電磁石で共振周波数が大きく変化する振動吸収装置の開発を行っている[26,27]。図7（a）に共振周波数と磁性粒子の体積分率の関係を示す。磁性粒子を含まないエラストマーの共振周波数は53Hzである。共振周波数は磁場の有無に関わらず，体積分率が高くなるにつれて高くなる。体積分率が低いとき磁場効果は認められないが，高くなると顕著になる。また，磁性エラストマーに与える荷重が大きくなると磁場効果が小さくなる。図7（b）に共振周波数の磁場による変化量と磁性粒子の体積分率の関係を示す。共振周波数の変化量は体積

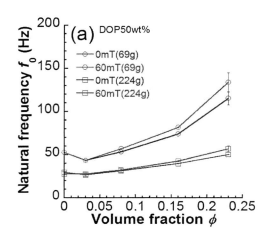

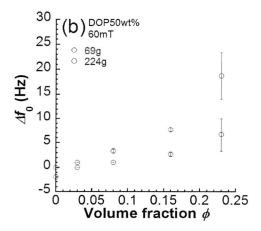

図7 （a）共振周波数，（b）磁場による共振周波数の変化量と磁性粒子の体積分率の関係
荷重：69 g, 224 g

分率が高くなるにつれて大きくなり，0.23 で 23 Hz に達する。60 mT の弱い磁場でもこのような大きな共振周波数のシフトが起こる。詳細はまだわかっていないが，現在，メカニズムの解明と実用化を進めている。

磁性エラストマーは可変衝撃材料としても応用が期待できる。ポリウレタンフォームと磁性エラストマーを複合化することで，ピンポン球の跳ね返り係数を大きく変えることに成功した[28]。

4. 3. 2 鉄道車両への応用

鉄道車両においては，走行する際に発生する振動を低減するため，車体と台車枠，台車枠と輪軸などを接続している緩衝装置に発生する変位を許容するための部材としてゴムなどの高分子材料が多く使用されている。その適用箇所のひとつとして，「軸箱支持装置」と呼ばれる，輪軸と

第4章　新しいポリウレタン

台車枠を接続し，車両の走行性能に大きな影響を与える重要部品には，積層ゴムやロールゴム，ピン付きゴムブッシュなど様々な形状のゴム部品が用いられている。鉄道車両では，一般的に1本の車軸に2枚の車輪を圧入した一体輪軸が用いられている。さらに車両がレールに沿って走行し，曲線や分岐器をスムーズに通過するために，レールと接する車輪の踏面には勾配が設けられている。この勾配を踏面勾配と呼んでおり，輪軸が左右のどちらかにずれると，レールとの接触点で左右車輪に半径差が生じ，輪軸がレール間の中心へ向かうような復元力を発生する効果がある。自動車のような操舵装置がなくても鉄道車両がレールに沿って走るのはこの効果によるものである。鉄道車両が曲線を通過する場合には，輪軸がレールに沿って転向しやすい方が良いため，軸箱支持装置に用いられるゴムの剛性は小さい方が好ましい。しかし，左右に移動する動きが継続し，さらに動きが大きくなると車体や台車が激しく左右に揺れ始める「蛇行動」と呼ばれる自励振動に発展する場合がある。蛇行動は乗り心地を非常に悪化させると共に，最悪の場合は軌道を壊したり脱線に至る危険さえある不安定現象である[29]。営業車両においては，この蛇行動が生じる速度を営業速度に比べて十分に高くする必要があり，この対策のひとつとして軸箱支持装置に用いられるゴムの剛性を大きくすることが有効である。このように，軸箱支持装置において求められるゴムの剛性は，蛇行動に対する安定性と曲線の通過性能で相反する。通常，軸箱支持装置に用いられるゴムの剛性は車両が走行する区間の最高速度や曲線半径などを考慮して一意的に決定せざるを得ない。そこで軸箱支持装置に用いられているゴムの代わりに磁性エラストマーを適用し，磁場によって直線走行時は剛性を大きくし，曲線走行時は剛性を小さくして，通常のゴムでは実現できない理想的な軸箱支持装置の剛性を獲得することが検討されている[30]。

　軸箱支持装置に適用する磁性エラストマーには，高荷重下での利用に適した粒子混合型磁性エラストマーを用いた。プレポリマーに粒子径 235 μm の磁性粒子と粒子径 1.4 μm の非磁性粒子を混合した。磁性粒子濃度は 70 wt%，非磁性粒子濃度は 8 wt% である。図8（a）にテストピース（ϕ 35 mm，t 10 mm）における粒子混合型磁性エラストマーのひずみと応力の関係を示す。0 mT でのヤング率は 0.4 MPa，310 mT でのヤング率は 2 MPa となり，磁場の有無によってヤング率で5倍程度の変化を確認した。図8（b）〜（c）に製作した磁性エラストマーブッシュと試験車両に取り付けた様子を示す。機関車で試験車両を牽引し，半径 160 m の円曲線を時速 15 km で走行した際の横圧を図8（d）に示す[31]。横圧とは車輪〜レール間に作用する横方向の力で，値が小さいほど曲線通過性能は良いとされる。レールのゆがみ等で値が大きく変動しているが，横圧の平均値で比較すると磁場あり（422 mT）が 15.8 kN，磁場なし（0 mT）が 12.7 kN となり，磁場の有無によって2割程度の横圧変化を確認した。この横圧変化は試験日の天候等による影響も含まれてはいるが，車両走行シミュレーション結果[32]において確認している通り，磁場の有無によって弾性率が変化したことで，輪軸の転向しやすさが変化していると考える。このように磁場を切り替えることで，直線走行時は剛性を大きくし蛇行動に対する安定性を高め，曲線走行時には剛性を小さくして通過性能を向上する，理想的な軸箱支持装置の実現が期待できる。

85

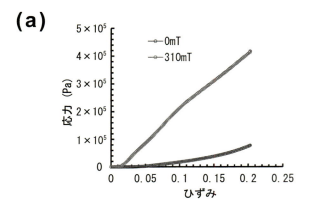

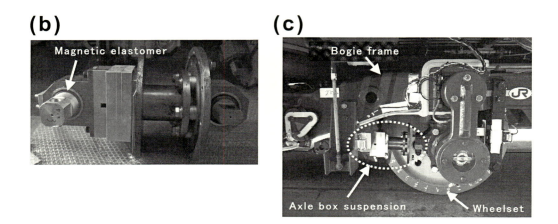

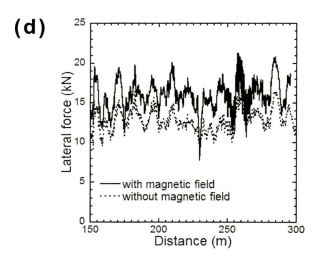

図8 (a) 粒子混合型磁性エラストマーのひずみと応力の関係，(b) 鉄道車両用磁性エラストマーブッシュ，(c) 走行試験時の鉄道車両に搭載した様子，(d) 円曲線通過中の横圧結果

第4章　新しいポリウレタン

4. 4　おわりに

　磁性エラストマーの磁気粘弾性効果と応用について概説した。磁性エラストマーは非接触で駆動できること，発生力や弾性率変化量が顕著であることが最大のメリットである。課題としては，サンプルサイズが大きくなるにつれて弾性率変化量が小さくなることである。また，高ひずみ領域で磁気粘弾性効果が激減してしまう問題は使用用途を大幅に制限している。解決策のひとつとして粒子混合型磁性ソフトマテリアルを紹介した。低磁場，短時間で鎖構造を作ることができ，線形粘弾性領域を拡張することに成功した。実際に鉄道車両に搭載し，曲線通過性能が向上することも確認された。コンパクト，少電流で強い磁場を発生する電磁石が開発されれば飛躍的な向上が期待される。また，わずかな磁場で共振周波数が変えられることを示した。電磁石や電源を含めたデバイス全体を小型にすることができ，実用化に近いと考えている。電気伝導率，熱伝導率，表面の親疎水性を磁場で可変にする研究も進んでいる。現在，マトリックスの化学構造や機能性磁性粒子を月いることで更なる高性能化を目指している。

文　　献

1)　M. Zrinyi, L. Barsi, A. Buki, *Polym. Gels Networks*, **5**, 415（1997）

2)　D. Szabo, G. Szeghy, M. Zrinyi, *Macromolecules*, **31**, 6541（1998）

3)　L. Barsi, D. Szabo, A. Buki, M. Zrinyi, *MAGYAR KEMIAI FOLYOIRAT*, **103**, 401（1997）

4)　T. Mitsumata, Y. Horikoshi, K. Negami, *Jpn. J. Appl. Phys.*, **47**, 7257（2008）

5)　T. Mitsumata, Y. Kakiuchi, J. Takimoto, *Res. Lett. Phys. Chem.*, ID671642（2008）

6)　T. Mitsumata, Y. Horikoshi, J. Takimoto, *e-Polymers*, **147**, 1（2007）

7)　M. Watanabe, J. Ikeda, Y. Takeda, M. Kawai, T. Mitsumata, *Gels*, **4**, 49（2018）

8)　T. Mitsumata, S. Ohori, *Polym. Chem.*, **2**, 1063（2011）

9)　Y. Masuda, T. Kikuchi, W. Kobayashi, K. Amano, T. Mitsumata, S. Ohori, *Proceedings of IEEE/SICE International Symposium on System Integration*, 541（2012）

10)　T. Mitsumata, S. Ohori, A. Honda, M. Kawai, *Soft Matter*, **9**, 904（2013）

11)　T. Oguro, S. Kanauchi, T. Mitsumata, S. Tamesue, T. Yamauchi, *Chem. Lett.*, **43**, 1885（2014）

12)　J. C. Ulicny, K. S. Snavely, M. A. Golden, D. J. Klingenberg, *Appl. Phys. Lett.*, **96**, 231903（2010）

13)　S. Ohori, K. Fujisawa, M. Kawai, T. Mitsumata, *Chem. Lett.*, **42**, 50（2013）

14)　T. Mitsumata, S. Ohori, N. Chiba, M. Kawai, *Soft Matter*, **9**, 10108（2013）

15)　K. Nagashima, S. Kanauchi, M. Kawai, T. Mitsumata, S. Tamesue, T. Yamauchi, *J. Appl. Phys.*, **118**, 024903（2015）

16)　K. Nagashima, J. Nanpo, M. Kawai, T. Mitsumata, *Chem. Lett.*, **46**, 366-367（2017）

17) J. Nanpo, M. Kawai, T. Mitsumata, *Chem. Lett.*, **45**, 785-786（2016）

18) J. Nanpo, K. Nagashima, Y. Umehara, M. Kawai, T. Mitsumata, *J. Phys. Chem. B*, **120**, 12993-13000（2016）

19) T. Oguro, S. Sasaki, Y. Tsujiei, K. Nagashima, M. Kawai, T. Mitsumata, T. Kaneko,M. Zrinyi, *J. Nanomaterials*, Volume, Article ID 8605413（2017）

20) T. Oguro, J. Nanpo, T.Kikuchi, K. M. Kawai, T. Mitsumata, *Chem. Lett.*, **46**, 547-549（2017）

21) T. Oguro, H. Endo, T. Kikuchi, M. Kawai, T. Mitsumata, *React. Funct. Polym.*, **117**, 25-33（2017）

22) Komatsuzaki, T. Inoue, T. Terashima, O., *Mechatronics*, **40**, 128-136（2016）

23) Komatsuzaki, T. Iwata, Y., *Shock Vib.*, 2015, 676508（2015）

24) Nguyen, X.B. Komatsuzaki, T. Iwata, Y. Asanuma, H., *Shock Vib.*, 2017, 3651057（2017）

25) Fu, J. Wang, Y. Dong, P.-D. Yu, M., *Adv. Mech. Eng.*, **6**, 243247（2014）

26) Y. Umehara, H. Endo, M. Watanabe, T. Kikuchi, M. Kawai, T. Mitsumata, *AIMS Mater. Sci.*, **5**（1），44（2018）

27) H. Endo, S. Kato, M. Watanabe, T. Kikuchi, M. Kawai, T. Mitsumata, *Polymers*, **10**, 104（2018）

28) T. Oguro, H. Endo, M. Kawai, T. Mitsumata, *Mater. Res. Express*, **4**, 126104（2017）

29) 日本機械学会編，鉄道車両のダイナミクス，pp.13-14，ISBN4-88548-074-4（1994）

30) 梅原康宏，鴨下庄吾，小黒翼，川合巳佳，三俣哲，日本機械学会第24回交通・物流部門大会講演論文集（2015）

31) 梅原康宏，鴨下庄吾，小黒翼，川合巳佳，三俣哲, 第65回高分子学会年次大会予稿集（2016）

32) 梅原康宏，鴨下庄吾，小黒翼，三俣哲，日本機械学会論文集，**83**，No. 847, pp.16-00523-16-00523（2017）

【素材と加工　編】

第5章　イソシアネート

城野孝喜[*]

1　はじめに

　ウレタンプレポリマー及びポリウレタン樹脂は，現在では環状カーボネートから開始されるポリヒドロキシウレタン等の非イソシアネート化による製造方法が開発されているものの[1]，商業的主流はイソシアネートあるいはポリイソシアネートを主原料とし，その重付加反応または重合反応生成により構成される。イソシアネートはイソシアネート基（-NCO）を有する化学物質の総称である。その歴史としては，19世紀の中盤にA. Wurtz，A. W. Hofmanにて合成と反応性の研究が開始され[2]，1937年にはO. Bayerにてジイソシアネート重付加反応による線状ポリウレタンの合成法の発明を境に飛躍的に産業上の価値が高まり，多岐の利用分野に渡り応用と商品化される様になった。

　イソシアネート基は反応性に富み，反応する基質あるいは自己反応により，ウレタン，ウレア，ビゥレット，アロファネート，イソシアヌレート，ウレトジオンなど多様な官能基を形成する。ポリウレタン樹脂およびポリウレタンポリマーは，その中にそれら官能基の単独にあるいは複合的に存在したものであり，本来の高い凝集力に加え，架橋度の制御，柔軟性と剛直性の制御など用途，要求性能に応じ設計自由度が高い利点がある。また，イソシアネート基と反応するものはほぼ全てポリウレタン材料となることから，ポリエーテルポリオール，ポリエステルポリオール（ラクトン系，炭酸エステル系含む）をはじめとして，アクリル，エポキシ，オレフィン，フッ素系など様々なポリオールと反応し，ウレタン系複合材料として非常に幅広く応用され，これからも研究開発と商品化されてゆくものと期待される。

　以上の様に，イソシアネートは，高い反応性，多様な官能基の形成，設計の自由度の高さを保持しているが故に，使用する用途，要求性能に応じ適したイソシアネートを選定する必要がある。本章ではイソシアネートモノマー及び変性ポリイソシアネートの種類とその特徴を中心に概説する。

---

[*]　Takaki Jono　東ソー㈱　ウレタン研究所　コーティンググループ　主席研究員
　　　グループリーダー

2 イソシアネートモノマー

2. 1 イソシアネートの合成方法

イソシアネートの合成方法は，原料にホスゲンを用いる合成法，一酸化炭素を用いる合成方法及びカーボネートやウレアを用いる合成方法に分類される。各合成法について以下に解説する。

2. 1. 1 ホスゲン法

工業的に最も採用されている製造方法であり，特にアミン化合物をホスゲン化する工程を経て，イソシアネートを製造する汎用のプロセスである。図1に示す反応フローの様に，多くの副生成物を生成することから原料のホスゲンの添加量，反応温度及び反応圧力などの条件を最適に制御することで連続的に高品質のイソシアネートが製造される[3]。また，副生成物の塩酸を回収し，塩素源として活用することでホスゲンの反応性と併せてトータル的に省エネルギー化が達成される。

2. 1. 2 一酸化炭素を用いる合成方法

古くから開発されていた，いわゆるノンホスゲン化の製造方法である。図2に示す様にニトロ化合物を出発原料として，一酸化炭素を直接反応させる一段法とカルバミン酸エステル中間体を介する二段法があり，二段法の方が高収率といわれている。また，二段法にはアミン化合物を出発原料として合成する手法もある。一般的にホスゲン法と比較し，原料の毒性は比較的低く，副生成物が少なく，塩素系の不純物が無い利点がある[4]。その一方で，反応制御が難しい。

$$R-NH_2 + COCl_2 \rightarrow R-NCO + 2HCl \qquad \text{イソシアネート生成主反応}$$
$$R-NH_2 + COCl_2 \rightarrow R-NHCOCl + HCl \qquad \text{カルバミン酸生成(1)}$$
$$R-NH_2 + HCl \rightarrow R-NH_2 \cdot HCl \qquad \text{アミン塩酸塩生成}$$
$$R-NH_2 + HCl + COCl_2 \rightarrow R-NHCOCl + 2HCl \qquad \text{カルバミン酸生成(2)}$$
$$R-NH_2 + R-NHCOCl \rightarrow R-NCO + R-NH_2 \cdot HCl \qquad \text{イソシアネート生成}$$
$$R-NH_2 + R-NHCOCl \rightarrow R-NHCONH-R + HCl \qquad \text{ウレア生成(1)}$$
$$R-NH_2 + R-NCO \rightarrow R-NHCONH-R \qquad \text{ウレア生成(2)}$$
$$R-NHCONH-R + COCl_2 \rightarrow 2R-NHCOCl \qquad \text{カルバミン酸生成(3)}$$

図1 ホスゲン法によるイソシアネート生成反応

■ニトロ化合物開始
$$R-NO_2 + 3CO \rightarrow R-NCO + 2CO_2 \qquad \text{一段法}$$
$$R-NO_2 + 3CO + R'-OH \rightarrow R-NHCOO-R' + 2CO_2 \qquad \text{二段法}$$
$$R-NHCOO-R' \rightarrow R-NCO + R'-OH$$

■アミン化合物開始
$$R-NH_2 + CO + R'-OH + 1/2O_2 \rightarrow R-NHCOO-R' + H_2O \qquad \text{二段法}$$
$$R-NHCOO-R' \rightarrow R-NCO + R''-OH$$

図2 ノンホスゲン法によるイソシアネート生成反応（COを用いた方法）

第 5 章　イソシアネート

■カーボネート化合物開始

R−NH$_2$ + R'−OCOO−R' → R−NHCOO−R' + R'−OH

R−NHCOO−R' → R−NCO + R'−OH

■ウレア化合物開始

R−NH$_2$ + H$_2$N−CO−NH$_2$ → R−NHCOO−R' + 2NH$_3$

R−NHCOO−R' → R−NCO + R'−OH

図 3　ノンホスゲン法によるイソシアネート生成反応（カーボネート / ウレアを用いた方法）

2. 1. 3　カーボネートやウレアを用いる合成方法

　図 3 に示すアミン化合物を原料とし，カーボネート化合物から製造されるプロセス（脱アルコール系）とウレアから製造されるプロセス（脱アンモニア系）がある。後者は，欧米メーカーを中心に水添ジフェニルメタンジイソシアネート（H$_{12}$MDI）やイソホロンジイソシアネート（IPDI）などの脂環族（式）イソシアネートの商業化の実績がある合成方法である。ただし，芳香族イソシアネートは商業化されていない。いわゆるノンホスゲン法の有望な手法として，種々のイソシアネート製造に向け継続的に研究開発されている。この理由としては，イソシアネートそのものの反応性が高いため，中間体の安定性が悪いこと，副生成物生成の制御が難しいことから安定な品質が得られないことが考えられる。

2. 2　代表的なイソシアネートモノマーの種類と反応性

　先に解説した製造方法の様に主原料はアミン化合物である。そのため，アミン化合物の数だけイソシアネートは製造可能と考えることができる。古くから種々のイソシアネートが研究開発されており，その中で工業的に製造プロセスが確立され，上市されてきた。

　現在生産量の多い代表的なイソシアネートは分子内にイソシアネート基を二個有するジイソシアネートである。ジイソシアネートは，先に述べた様にイソシアネート間あるいは活性水素化合物との反応及びその複合によりポリイソシアネート，線状ポリウレタンポリマーを形成することから，工業的に利用価値が高いことから商業化されたイソシアネート製品の主流となっている。

　ジイソシアネートは 1,6-ヘキサメチレンジイソシアネート（HDI），イソホロンジイソシアネート（IPDI），水素添加ジフェニルメタンジイソシアネート（H$_{12}$MDI）などの脂肪族・脂環族（式）構造を有するいわゆる無黄変型ポリイソシアネートとジフェニルメタンジイソシアネート（MDI），トリレンジイソシアネート（TDI）などの芳香族構造を有するポリイソシアネートに分類される。また，これらの中には異性体の混合物も含まれ，これらの選定によりポリウレタン樹脂のハードセグメントとして特性，性能を発現させることが可能である（図 4）。

　イソシアネート化合物の化学反応機構の本質については，古くは研究され，文献[5]には記載されている。最近の技術では計算化学を利用したメカニズム研究がなされており，イソシアネートの化学機構についての解説については，「第 2 章　イソシアネートの反応機構」を参考にされた

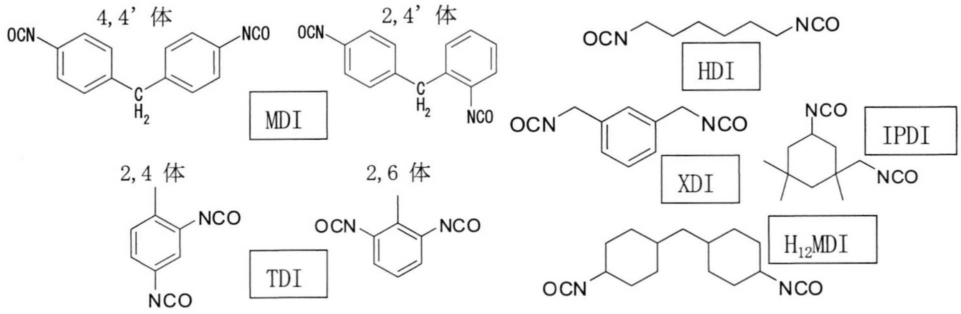

機能性ポリウレタンの進化と展望

図4 代表的なイソシアネートモノマーの構造

表1 代表的なイソシアネートモノマーの反応性

Diisocyanate	Relative reaction rate of two isocyanate groups	
	NCO_{1st}	NCO_{2nd}
2,4-TDI	42	5.0
2,6-TDI	16	2.4
MDI	20	18
XDI	5.0	3.0
HDI	4.2	4.0
IPDI	2.9	0.3
$H_{12}MDI$	1.4	1.2

い。イソシアネート化合物の反応性については，過去にも様々なデータが報告されており，その検証方法の違いで数値に差があるが，今回は過去の文献[6～10]を参考に，代表的な各種ジイソシアネートを大過剰の活性水素に水酸基を有する2-エチルヘキサノールと反応させた場合の相対反応速度を表1に示す。

　一般的に芳香族の方が，その共鳴構造により脂肪族・脂環族（式）よりも反応性が高い。イソシアネート基が電子吸引性の官能基に結合しているとイソシアネート基の炭素原子上の正電荷が強くなるため，求核攻撃を受けやすいことに起因している。また，ジイソシアネートが対称的であれば，ほぼ活性水素基が多い場合，ほぼ同等の反応性を有する。また，異性体で非対称の場合，反応性に差が生じる。それに加え，TDIの様に芳香族環に直接イソシアネートが結合しているジイソシアネート化合物は，一つのイソシアネート基が反応した場合，もう一つのイソシアネート基の電子密度に変化を及ぼし，他の芳香族ジイソシアネート化合物よりも反応性が著しく低下する。以上を考慮すると代表するジイソシアネート化合物の中でのトータル反応性は，相対的にMDIが最も高く，次いでTDI，XDI，HDI，脂環族（式）（IPDI，$H_{12}MDI$）の順に反応性が低い。

　以上の様にイソシアネート化合物の反応性は各種構造にてイソシアネートの種類あるいはジイ

第5章　イソシアネート

ソシアネート基間で反応性が異なる。イソシアネート化合物は総じて高い反応性を有していることが最大の利点であり，工業的価値が高い。さらにイソシアネート化合物の種類間で反応性が異なるため，反応性が高いものは低温での硬化性，速硬化性，イソシアネート誘導品の高生産性などに利用できる。一方，反応性が低いものは，反応制御，三次元構造制御あるいは現場配合後の可使時間延長（ポットライフ）などに利用される。用途，要求性能，使用条件に応じ，適材適所に種類を選定できる。この様なイソシアネートモノマーの反応特性，構造は，後述する変性ポリイソシアネートに誘導することで更に応用範囲が拡大すると期待される。

2.3　特殊イソシアネート化合物を含む各種イソシアネートモノマー

　イソシアネートの主原料はアミン化合物であり，アミン化合物の数だけイソシアネートは製造可能と考えられ，古くから種々のイソシアネートが研究開発されており，その中で工業的に製造プロセスが確立され，上市されてきた。前述の代表的イソシアネートと共に現在公表されている特殊イソシアネートを含む各種イソシアネートモノマーを紹介する。

2.3.1　代表的な芳香族イソシアネート

　前述の様にイソシアネート化合物は，構造別に芳香族と脂肪族・脂環族（式）とに大きく分類される。芳香族イソシアネートは，文字通りベンゼン環を基本骨格とする芳香族炭化水素誘導のイソシアネートである。この分類の中には，MDI，TDI に代表されるベンゼン環に直接イソシアネート基が結合したタイプと XDI（キシリレンジイソシアネート）の代表されるベンゼン環にアルキル炭素鎖を介しイソシアネート基が結合したタイプがある（芳香族＋脂肪族（式））。

　繰り返しになるが，芳香族イソシアネートは，イソシアネート化合物の中で比較し，イソシアネート基の反応性が高く，現場発泡のポリウレタンフォームに代表される用途に使用される。また，芳香族イソシアネートの特徴としては，活性水素基を有するポリオールやポリアミンと反応して得られるポリウレタン樹脂において，ポリウレタンの本質的な特徴であるミクロ相分離構造を強固に形成できる。ポリウレタン樹脂のミクロ相分離構造は，ポリエーテル，ポリエステル骨格に代表される長鎖ポリオールのいわゆるソフトセグメントユニットと，イソシアネート化合物にて生成されるウレタン基やウレア基を含むいわゆるハードセグメントユニットとが凝集したいわゆる海島構造となっている（図5）。

　その場合，芳香族イソシアネートは，脂肪族・脂環族（式）イソシアネートと比較し，ベンゼン環の平面性，電子密度からハードセグメント内の分子間力，ウレタン・ウレア基の水素結合を形成し易くなる。更にハードセグメント部に 1,4-ブタンジオールに代表される短鎖グリコールを導入することでより強固に形成される。また，芳香族イソシアネートの中で最も商業的に生産されている MDI は，イソシアネート分子内で二つのベンゼン環をメチレン基で結合した化学構造を有するため，メチレン鎖の自由な分子回転により最適な水素結合を形成することができる（図6）。その特徴から MDI を用いたポリウレタン樹脂は柔軟性，破断強度，耐摩耗性などの諸性能において優れているイソシアネートと認識されている。

93

機能性ポリウレタンの進化と展望

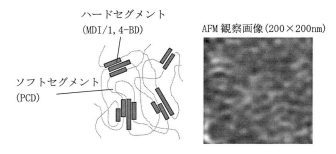

図5　MDI系ポリウレタン樹脂のミクロ相分離

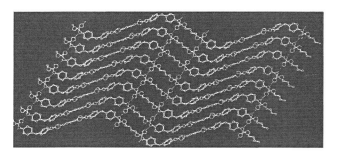

図6　MDI/1,4-BDのハードセグメント配列

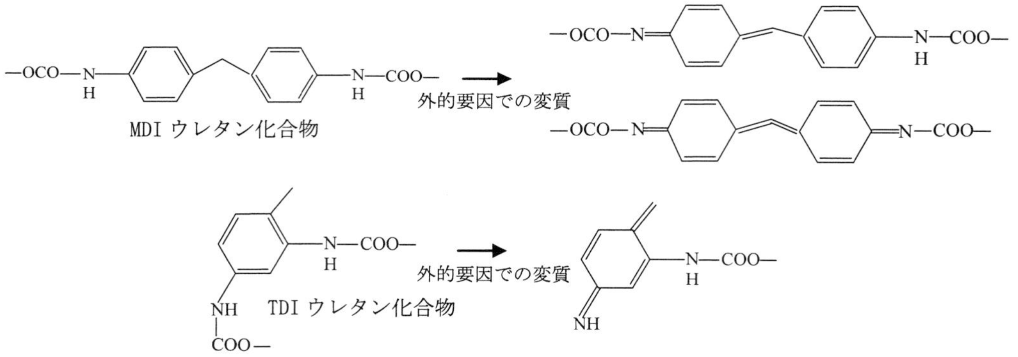

図7　芳香族イソシアネートの着色原因物質の一例

　一方，欠点としては光，熱などの外的刺激による着色（黄変）がある。そのメカニズムの例は図7に示す様に，芳香族イソシアネート特有のラジカルによる化学構造の変化に由来するものと考えられている。イソシアネートの合成過程，ポリウレタン誘導体の加工，形成物の環境により光，熱などでラジカル化し，ベンゼン環，アミノ基のキノン構造などの変化により着色するものと考えられている。代表的なジイソシアネートの中では，MDIが最もその影響を受け易く，次いでTDI，芳香族に直接イソシアネート基が結合していないXDIはその中では最も着色する

第 5 章　イソシアネート

影響を受け難いと云える（難黄変と称される）。後述するが，それに比較し脂肪族・脂環族（式）イソシアネートは，その化学構造から同条件での着色は非常に少なく，無黄変イソシアネートと称され，自動車外装，建材，航空機外装など屋外の環境下で高い意匠性を要求される用途に主に使用される。

2. 3. 2　代表的な脂肪族・脂環族（式）イソシアネート

　前述した様に芳香族イソシアネートは，イソシアネート基の反応活性が高い反面，イソシアネート化合物の光，熱などの外的刺激により着色（黄変）しやすい欠点がある。一方，脂肪族・脂環族（式）イソシアネートは，その構造上，着色（黄変）しにくい。この特徴を生かし，塗料，接着剤，シーラントおよびエラストマー分野（いわゆる CASE 分野）を中心に無黄変イソシアネートと称され無黄変ポリウレタン材料の原料として使用されている。また，芳香族イソシアネートと比較し，相対的に反応性が低いが，逆にその性質を利用し，誘導品合成時の反応制御，三次元構造制御あるいは現場配合後の可使時間延長（ポットライフ）などが可能である。

　一例として，ポリウレタンディスパージョン（以下 PUD と略）の原料に使用されている。PUD はポリウレタン樹脂の水分散体であり，その製造法の多くはプレポリマー法が用いられる。プレポリマー法は，イソシアネートモノマーに親水化剤を含むポリオール類でプレポリマー化した分子を水中で分散した後，アミン成分などでウレア化反応による鎖延長し高分子化する手法である。その場合，使用されるイソシアネートモノマーの主流は，IPDI，$H_{12}MDI$ であり，イソシアネート化合物の中では反応性が低いタイプが使用されている。その最大の理由は，PUD の製造工程において分散させる水溶媒との反応を抑制することである。脂環族（式）イソシアネート本来の遅い反応性を利用したものである。他の特徴としては，脂環族（式）イソシアネートによるフィルムの抗張力，透明性（光沢）に優れることから PUD に使用される代表的なイソシアネートとなっている。

　脂肪族イソシアネートの最も代表的なイソシアネートは HDI である。最もシンプルな炭化水素を骨格とするジイソシアネートであり，コーティング分野で応用範囲も広いことから脂環族（式）イソシアネートを含めても最も製造量が多いイソシアネートである。HDI については，揮発性が高く，その安全性，物性などからモノマー単独で使用されるケースは非常に少なく，イソシアネート基の反応性の特徴を生かした様々な変性ポリイソシアネートとして多岐に使用されている。変性ポリイソシアネートについては後に詳しく解説する。

　一方，脂環族（式）イソシアネートの最も代表的なイソシアネートは，IPDI であり，次いで $H_{12}MDI$ である。これまで紹介した MDI，TDI や HDI と比較し，生産量は少ないものの，IPDI や $H_{12}MDI$ はそれぞれ構造に由来する特徴を持つことから利用価値が高く，用途範囲が広い。ただし，HDI の様に変性体での使用は限定的であり，その主流は CASE 分野かつポリウレタン樹脂のモノマー原料としての使用に限られるため，三大代表イソシアネートモノマーと比較すると生産量が少ないと考えられる。

　IPDI のイソシアネート基の反応性については，前述した様に全体としては，他の代表的イソ

シアネートよりも遅いが，二つのイソシアネート基の反応性差が非常に大きいことが特徴である。また，脂環状構造を持っているが，そのイソホロン独特の構造から結晶性は少ない。そのため，それを原料とするポリウレタン樹脂の製造において，反応性や結晶性などを制御することが可能である。一方，H_{12}MDI は MDI のベンゼン環を水素添加した基本構造であり，二つの脂環と連結するメチレン鎖が MDI と同様にウレタン反応した際の水素結合性を強固にする形態を取ることが出来る。ただし，ベンゼン環はシクロヘキシル環に構造上変化しているため，ベンゼン環の平面的な特徴とは違う挙動を示す。シクロヘキシル環になったことで，二つのイソシアネート基の結合状態で幾何異性体が存在する。トランス / トランス型，シス / トランス型，シス / シス型に分類され，その比率は各供給メーカーの製造方法にも依存するが，H_{12}MDI 自体の製品性状にて管理され，おおよそ類似した比率となっている。一般的にトランス / トランス型が高結晶性である。その比率が最適なバランスにより，無黄変でかつ MDI と類似した強靭で且つ柔軟性の高いポリウレタン樹脂を形成することができる。一方で，その構造に由来し，IPDI から誘導される変性ポリイソシアネート（ウレタンアダクト，トリマーなど）よりも更に，H_{12}MDI から誘導される変性ポリイソシアネートの種類としては少ない。そのため，H_{12}MDI はウレタンプレポリマーやポリウレタン樹脂のモノマー原料としての使用に限定される。

2. 3. 3　特殊イソシアネート

以上に紹介した汎用ジイソシアネート（MDI，TDI，HDI）と代表的な脂環族（式）ジイソシアネート（IPDI，H_{12}MDI）との計五種は，世界生産量の約 98% を占め，それらのモノマー，変性ポリイソシアネートにて用途範囲は今後も拡大するものと予想される。一方で，前述した様にアミン化合物の数だけイソシアネートは合成可能とのことで古くから特殊なイソシアネートが開発，製造，上市され，また，現在もなお特殊な用途で販売が継続しているイソシアネートがある。また，最近ではイソシアネートに限ったことでは無いが，高付加価値付与に向けた多機能化や，環境配慮型製品の気運から省エネルギー，ノンホスゲン化，植物由来などをテーマにした製品創出されている。過去から現在までの特殊イソシアネートについて調査した範囲から，芳香族，脂肪族・脂環族（式），イソシアネート基以外の官能基を複合した特殊イソシアネートと分類し，そのいくつかを例に挙げ紹介する。

芳香族イソシアネートの特殊なタイプとして，モノイソシアネートでは，フェニルイソシアネート（PI），ジイソシアネートでは，パラフェニレンジイソシアネート（PPDI），m-テトラメチルキシリレンジイソシアネート（TMXDI），o-トルイジンジイソシアネート（TODI），ナフタレンジイソシアネート（NDI）などが挙げられる（表 2）。モノイソシアネートはイソシアネートの開発当初から構造がシンプルであることから反応挙動の試験用に使用されていた。また高いイソシアネート反応性を利用し，除草剤の原料として使用された。ジイソシアネートでは，芳香環に直接イソシアネート基が結合したタイプの NDI，PPDI，TODI は，MDI，TDI と比較しウレタンゴムの耐熱性や力学的な強靭性に優れることから熱硬化エラストマー（TSU）の自動車用のオイルシール，パッキン材などに用いられる。一方，芳香族にメチレン鎖を介した XDI は，

第5章　イソシアネート

表2　特殊芳香族ポリイソシアネートの構造例

名称	基本構造	特徴	主要用途	メーカー
パラフェニレンジイソシアネート（PPDI）		高反応性 高ゴム弾性 耐熱性	エラストマー	海外メーカー
1,3-フェニレンジイソシアネート（MPDI）		高反応性	エラストマー	海外メーカー
o-トリジンジイソシアネート（TODI）		高反応性 耐ゴム弾性 耐熱性	エラストマー	日本曹達 海外メーカー
m-テトラメチルキシリレンジイソシアネート（TMXDI）		高透明性 耐黄変性	PUD 建材樹脂用	海外メーカー
1,5-ナフタレンジイソシアネート（NDI）		耐熱性 耐油性 耐摩耗性 耐候性 衝撃吸収性	ショックアブソーバー OA機器ローラー キャスター	三井化学 イハラケミカル 海外メーカー
4,4',4"-トリイソシアネートフェニルメタン		高官能性 高反応性	接着剤	海外メーカー

芳香族と比較し，黄変が少なくこと，イソシアネート基の反応が高過ぎない，樹脂が比較的剛直であることなどから速乾燥型のインキ，塗料の材料として使用される。また，芳香環は屈折率が比較的高いが，少ない黄変性と併せたXDIがプラスチックメガネレンズに使用されている。また，剛直性付与と反応性制御が可能なため，PUDの原料にも使用されている。

　脂肪族・脂環族（式）イソシアネートの特殊なものとしては，モノイソシアネートとしては，オクタデシルイソシアネート（ODI），メチルイソシアネート（MI），ブチルイソシアネート（BI）があり，殺虫剤，殺菌剤などの薬剤の原料や表面処理剤などのウレタン基を介しアルキル基側鎖を付加させ性能を改質させる材料として使用されている。ジイソシアネートに関しては表3に示す様に，脂肪族については，最も汎用のHDIでは達成出来ない性能を引き出す，あるいはHDIの欠点を補うことになる。代表例としては，トリメチルヘキサメチレンジイソシアネート（TMHDI）であるが，HDI本来の結晶性を側鎖メチレンにより乱し，UV硬化型オリゴマーに使用し，液としては低粘度，硬化物としては柔軟性を付与することが目的である。また，最近注目されており，幾つかのイソシアネートメーカーで上市されているのが，1,5-ペンタメチレンジイソシアネート（PDI）である。原料がバイオマス由来で再生可能であり，石油由来から脱したイソシアネートとして注目されている。また，HDIよりも炭素数が少ないため，モノマー自体のイソシアネート濃度が高く，ポリウレタンを形成した場合のウレタン基間距離が短くなるこ

とでポリウレタン樹脂の耐薬品性，傷付き性など物性向上も期待できる。ただし，HDI 同様にモノマーとしての使用よりも変性ポリイソシアネートとしての使用が主流と考えられその製品化も進んでいる。次に，脂環族（式）は，既に代表的な IPDI，H_{12}MDI が存在する中で，少量生産でもそれを超える差別化が可能なタイプに限定される。芳香族本来の黄変性の欠点を抑制するタイプでは，1,3-水添 XDI（1,3-H_6XDI）が代表的なイソシアネートである。無黄性，高透明性に加え，イソシアネート基の反応性が緩やかであるため，特殊ではあるが二液硬化型塗料やPUD の原料として使用されている。一方，ノルボルネンジイソシアネート（NBDI）は，その剛直構造から無黄変でかつ耐熱性に優れる機能を付与したタイプである。

　イソシアネート基以外の官能基を複合した特殊イソシアネートについて表4に示す様に，現在，上市されている製品はモノイソシアネートが多い。古くから開発され，現在でも根強く使用されているのが，p-トルエンスルホニルイソシアネート（PTSI）である。スルホニルに結合したイソシアネート基は非常に活性が高く，大気中，溶剤中の水分にも素早く反応することからCASE 分野では原料の脱水剤として使用されている。また，近年，同一分子にイソシアネート基以外の別の反応性官能基を付加した，いわゆるデュアル機能を有するイソシアネート化合物が上市されている。イソシアネート基自体は反応性が高いため，まずは半製品の過程で凝集力の高いウレタン結合を介して，末端の反応性基を簡単に付与できる。その後，光，熱などで分子間結合させ高分子化することができる。末端がメタクリロイル基であれば，UV 硬化用ウレタンアクリレートオリゴマーとして応用される。また，末端がトリアルコキシシランの場合は，脱アルコールにてシラノール架橋が形成される。

表3　特殊脂肪族・脂環族（式）ポリイソシアネートの構造例

名称	基本構造	特徴	主要用途	メーカー
トリメチルヘキサメチレンジイソシアネート（TMHDI）		耐黄変性	塗料 接着剤	海外メーカー
1,5-ペンタメチレンジイソシアネート（PDI）		耐黄変性 耐候性 高反応性 バイオマス度 70%	塗料 接着剤	三井化学 海外メーカー
1,3-水添キシリレンジイソシアネート（1,3-H_6XDI）		耐黄変性 高透明性 高密着性	塗料 PUD	三井化学
ノルボルネンジイソシアネート（NBDI）		耐熱性 高屈折率 剛性	プラスチックレンズ 塗料	三井化学
1,6,11-ウンデカントリイソシアネート（UDI）		速乾性 耐溶剤性	塗料	東レ
1,8-ジイソシアネート-4-イソシアネートメチルオクタン		高官能性	塗料	東レ

第5章　イソシアネート

表4　その他特殊ポリイソシアネートの構造例

名称	基本構造	特徴	主要用途	メーカー
p-トルエンスルホニルイソシアネート（PTSI）	—SO₂—NCO	高反応性	塗料、シーリング材、接着剤の脱水剤	日本曹達海外メーカー
2-メタクロイルエチルイソシアネート	CH₂ COO NCO	光硬化性低粘度	塗料（UV硬化型）	昭和電工
3-イソシアナトプロピルトリメトキシシラン	CH₃O CH₃O—Si NCO CH₃O	脱水架橋性高密着性	塗料（プライマー）	信越化学

2. 4　変性ポリイソシアネート

　前述までに解説した種々のイソシアネートモノマー本来の構造，反応性，物性がそれを原料として形成されるポリウレタン樹脂の特徴を決定づける。用途，使用条件，要求性能に応じ，イソシアネートモノマーの種類を変更し設計することができる。しかしながら，イソシアネートモノマーは，安全性面，使用環境面，性状および官能基数（モノマーは一分子当り一〜二官能基数）の制約からその使用範囲は限定されてしまうため，ポリウレタン樹脂を形成させる前にイソシアネートモノマーを何らかの手法を講じて誘導体として使用する場合がほとんどである。本項ではこの手法を総称し「変性」として以降に種々の変性ポリイソシアネートとその特徴について解説する。

　変性ポリイソシアネートを分類する際，イソシアネート基の様々な反応性から複雑であり，前述の各種イソシアネートモノマーを変性する場合，その手法と反応率で以下に様に分類される。①イソシアネート単量体が主体であり，イソシアネート同士の縮合反応（ウレトジオン，イソシアヌレートなど），あるいは水を含む活性水素物質と一部反応させて得られる（ウレタンアダクト，ビュウレット，アロファネートなど），いわゆる「アダクト体」，②イソシアネートモノマーあるいは①に対し，活性水素物質として比較的高分子のポリオール（ポリアミン）とのウレタン（広義にはウレタンウレアを含む）化反応したいわゆる「プレポリマー体」である。最終的には①，②を縮重合して高分子のポリウレタン樹脂が形成されるが，安全性面，使用環境面，液性面および官能基数（モノマーは一分子当り一〜二官能基数）の制約に応じ，各イソシアネートメーカーは製品をラインナップしている。そのため，性能面の差別化を含めると非常に多くの品種となっているのが現状である。

　しかしながら，汎用あるいは代表的なイソシアネートモノマーを変性ポリイソシアネートに仕上げることで格段に用途範囲が広がることは云うまでもない。機能性ポリウレタンを新規に設計する上で少しでも参考になれば幸いである。なお，変性ポリイソシアネートを解説にあたっては，「プレポリマー」に関しては，その特徴は原料となるポリオール（ポリアミン）の性質の依存性が高いため，本項ではイソシアネートの性質の依存性が高い「アダクト体」について，芳香族イソシアネート，脂肪族・脂環族（式）イソシアネートに分け取り上げる。

2. 4. 1 芳香族イソシアネートを基幹とする変性ポリイソシアネート

汎用の芳香族イソシアネートモノマーは，MDI，TDI であり，双方の変性ポリイソシアネートの種類として比較した場合，世界生産量の約七割を占める MDI よりも TDI の方が多い。それは前述した反応性の違い，基本構造および安全性面（刺激性，揮発性が高いなど）の影響が挙げられる。TDI の用途としては，軟質ウレタンフォームが最も多くモノマーとしての使用が大部分である。一方，CASE 分野ではいわゆる「アダクト体」として使用される場合が多い。種々のイソシアネートの反応機構を図 8，9 に示すが，この中で TDI は，ウレタンアダクト体，イソシアヌレート体に誘導され使用されることが多い。

ウレタンアダクト体は，ウレタン基特有の凝集性と TDI 構造を併せた特徴を有しており，粘着・接着材料の架橋剤（硬化剤）を主流に使用されている。残留モノマーはウレタン反応後に精製分離することで微量程度としている。ただし，そのほとんどが，高粘度または固体であるため有機溶剤（酢酸エチルなど）で希釈された溶液系となっている。一方，イソシアヌレート体は，いわゆるトリマーと称され，TDI が三量化した基本骨格を有する（図 10）。ただし，実際の市場に出回るこのタイプの変性ポリイソシアネート製品は，TDI の残留モノマーを極力低減するこ

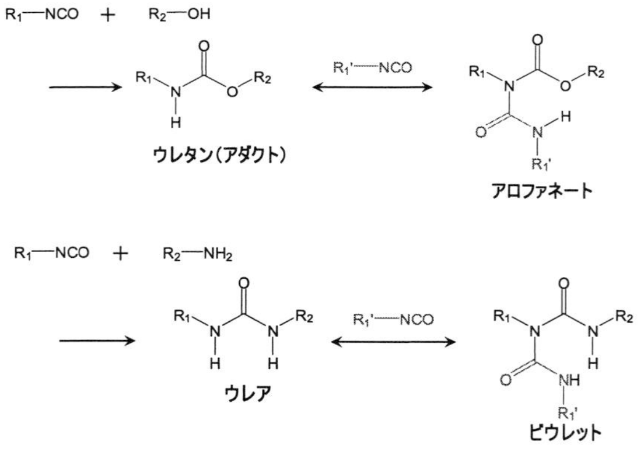

図 8 イソシアネートの変性体構造（活性水素反応系）

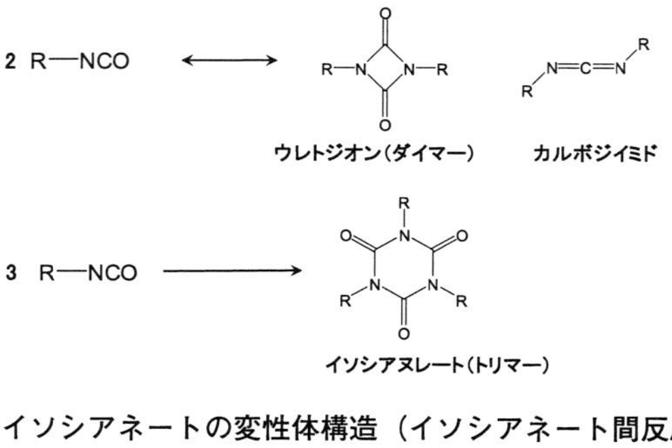

図 9 イソシアネートの変性体構造（イソシアネート間反応系）

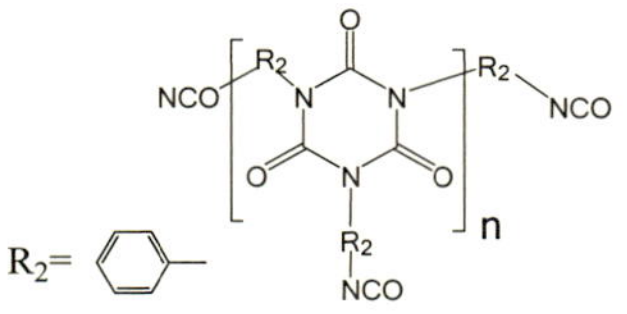

第 5 章　イソシアネート

図 10　TDI トリマー化合物の基本構造

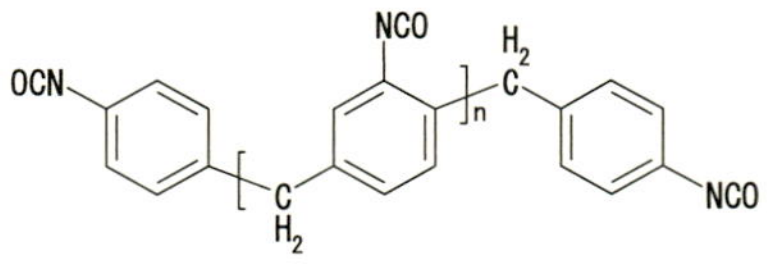

図 11　ポリメリック MDI の基本構造

と，より高い官能基数やベンゼン環濃度にて高硬度化などを行うことなどを目的に，TDI の三量体が連なるポリイソシアヌレートを形成した縮合物である。硬度発現性，耐熱性が高いため，古くから木工塗料のトップコート用架橋剤（硬化剤）として使用されている。本製品もウレタンアダクト体同様に高粘度のため，そのほとんどが有機溶剤（酢酸ブチルなど）に希釈された溶液系として上市されている。

　一方，MDI はその製造工程から蒸留分離前の粗 MDI は，pure MDI と称される MDI モノマーとポリメリック MDI（p-MDI）と称される MDI の縮合多核体の混合物である（図 11）。従来から pure MDI を分離した MDI は，MDI モノマーを数割程度含んだ上で p-MDI として，各イソシアネートメーカーで製品化され上市されている。製品間の粘度・平均官能基数の違いがあり，製造メーカー間でも MDI 縮合物の分子量核体分布は異なる。また，異性体比率（4,4' と 2,4' /2,2' の比率）を含めると種々のグレードが存在する。MDI は TDI と比較し，揮発性が低いこともあり MDI モノマーを含んだ形態で断熱材用硬質ポリウレタンフォームに代表される用途での使用が主流である。

　本項では詳しくは記載しないが，MDI は軟質ポリウレタンフォームを主流にいわゆる「プレポリマー体」としての使用が多い。いわゆる「アダクト体」としては現在上市されている種類は少ないが，カルボジイミド変性 MDI を紹介する。

　カルボジイミド変性 MDI は，汎用の 4,4' -MDI を主体とする pure MDI よりも結晶性が低いため，液状 MDI と称される。MDI モノマーを特定の触媒を用い，一部カルボジイミド体を形成させ製造する。MDI のカルボジイミド体は，MDI モノマーと反応し環化物を形成しウレトイミン構造と可逆的に存在する（図 12）。その構造により結晶性が抑制されており，また平均官能基数としては若干増加するため，ポリウレタン樹脂を形成した場合，力学物性が向上する。常温液状で取扱いが容易であり，本来の MDI としての機械的物性を発現することから，現場施工のコーティング材料，靴材料などの用途に幅広く用いられている。ただし，MDI と同様に反応性

101

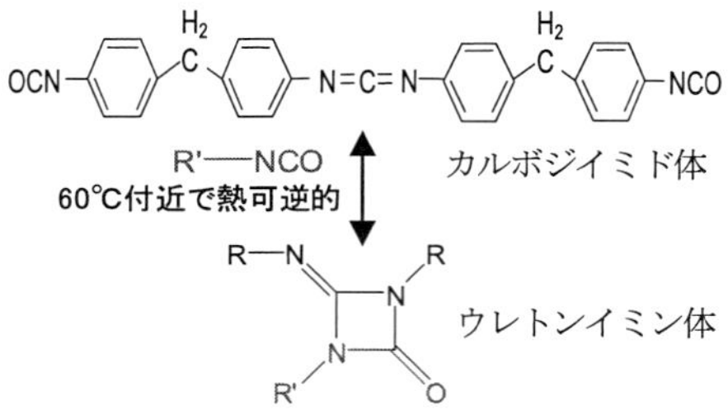

機能性ポリウレタンの進化と展望

OCN ... N=C=N ... NCO　カルボジイミド体

R'—NCO
60℃付近で熱可逆的

R—N ... N—R
R' ... O　ウレトンイミン体

図 12　カルボジイミド変性 MDI の基本構造

が高く，温度条件次第でウレトンジオン（ダイマー）を形成しやすく，濁り外観不良の原因ともなるため，品質管理に注意を要すものである。

2.4.2　脂肪族・脂環族（式）イソシアネートを基幹とする変性ポリイソシアネート

　脂肪族イソシアネートの汎用の HDI は，モノマーとしては使用に制約があるため，最も変性ポリイソシアネートの構造を設計することが有効であり，各イソシアネートメーカーは種々の手法により様々な製品を上市されている。HDI の構造的な特徴はシンプルな炭化水素骨格であり対称構造であること，二つのイソシアネート基の反応性はほぼ同等であること，その反応性は芳香族イソシアネート程高過ぎず，脂環族イソシアネート程低過ぎないこと，ハードセグメントとしての結晶性が比較的高いこと，など他のイソシアネートには無い絶妙な諸バランスに優れていることに起因していると考えられる。HDI を用いた変性ポリイソシアネートの構造としては，機能性ポリウレタンの開発の歴史に順じて，ウレタンアダクト，ウレトジオン（ダイマー），ビュウレット，イソシアヌレート（トリマー），アロファネートが挙げられる。それらの構造は，特定の製造条件において制御し，HDI モノマーを除去する工程を得て製品化される。また，用途，要求性能に応じ各構造を共存させる手法も行うことができる。HDI の変性体で最も多い用途は塗料・接着剤用の硬化剤（架橋剤）であるが，ポリウレタン樹脂の主骨格にも応用することができる。

　目的に応じてそれらの構造を設計することで同じ HDI 由来でも様々な機能性を発現することができるため，ポリウレタン樹脂およびその中間物質（アダクト体，プレポリマー体）に活用されており，また今後も応用した研究開発が進むものと期待される。以降に HDI を用いた変性ポリイソシアネートの構造とその特徴について例を挙げ解説する。

　ウレタンアダクトは，その多くは HDI モノマーと低分子活性水素化合物とウレタン基を形成させた構造である。反応自体はシンプルであり，グリコール類，グリセリンやトリメチロールプロパン（TMP）に代表される低分子活性水素化合物の種類を変更することで，その性質，官能基数を設計することができる。ウレタン結合の凝集性が強いため，ウレタンアダクト体自体は粘度が高いがポリウレタン樹脂本来の凝集力を生かすことができる。

　ウレトジオン（ダイマー）は，イソシアネート基同士を脱炭酸反応することで得られる二量体

第5章　イソシアネート

である。芳香族イソシアネートの場合，イソシアネート自体の濁度など外観上の品質劣化のある意味悪者扱いされるケースが多いが，HDIの場合，その構造を導入することでHDIモノマーの揮発性を抑制し，変性ポリイソシアネートとしては低粘度化することができる。官能基数が低いことや耐熱性面では若干不利ではあるが有用な構造である。

　ビュウレットは，イソシアネート基を水などでウレア基を形成させた後に更にウレアの活性水素を反応させ得られる。イソシアネート上記の構造よりも粘度を抑制しながら三つ以上の平均官能基数の高官能化により凝集性を維持した状態で架橋密度を高めることができる。外装塗料，接着剤で幅広い用途で使用されている。

　イソシアヌレート（トリマー）は，イソシアネート基同士を三量化し環状構造にしたもので，その構造からHDIを使用でも剛性を高めることができ，耐熱性，耐光性に優れることから屋外で高い意匠性が求められる建材，自動車外装などハイエンドな塗料などの用途で普及している。HDIの変性ポリイソシアネートでは最も多い構造である。

　アロファネートは，イソシアネート基をアルコールなどの活性水素化合物でウレタン化反応させた後にウレタンの活性水素を反応させ得られる。以上に挙げた中では実用化される時期としては，比較的新しい構造であり，活性水素化合物の種類により性能を変化させることができる点，官能基数の制御が容易であり，官能基数の割にはウレタン基よりも凝集性が低いため低粘度化が可能な点が利点である。現在，環境配慮型への変遷，機能性の多様化には有効な手法と考えられる。

　以上に示した構造の内，ウレタンアダクト，イソシアヌレート，アロファネートを代表し，その特徴付ける構造上の要因については，コンピュータシミュレーションによる量子化学計算を行った[11]。この方法は，仮想的な分子モデルに歪を加えた際に上昇（または下降）するエネルギーを求めるものである。

　各変性ポリイソシアネートの分子モデルの構造を図13に示した。実際の塗膜では，変性ポリイソシアネート分子の末端は，ポリオールの水酸基と反応してウレタン結合を形成している。計算上のモデルでは塗膜に加えられた応力によってウレタン結合の部位が強制的にその位置を変え

図13　各種変性HDIの基本構造

103

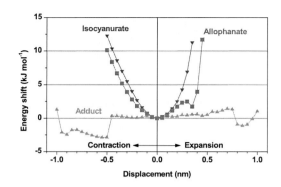

図14 各種変性 HDI 分子モデルの変位とエネルギーシフト

られることを想定した。そこで，最初に各ポリイソシアネートのモデル分子の安定な構造を求め，次に末端に位置する二つの窒素原子間の距離を強制的に伸長方向と収縮方向に変位させることにより，変位とエネルギーとの関係を求めた。全ての計算には汎用量子計算プログラムを用い，理論と基底関数は B3LYP/6-31G（d）レベルを使用した。なお，末端の構造は全体のエネルギーの変化には影響しないため，ウレタン結合を省略してアミノ基とした。

図14に窒素原子間距離の変位に対するエネルギーのシフト値を示した。イソシアヌレートでは，伸縮に対して放物線に近い形で急激にエネルギーが上昇している。これはイソシアヌレート環が対称でメチレン鎖を結ぶ N-C 結合の回転自由度が小さいためであると考えられる。このことから，イソシアヌレートは構造変化に対して強い抵抗を示し，強固で応力に強い塗膜を作ることに適していることが分かる。実際に HDI のイソシアヌレートは耐擦傷性の強い塗膜を作るのに適しており，広く利用されている。ただし，応力緩和に必要なゴム弾性的性質をもたらすには構造変化に対して強すぎると考えられる。

これと対照的に，ウレタンアダクトでは伸縮に対するエネルギー上昇が非常に小さく，また大変形時にはコンフォメーション変化によってエネルギーが低下することが分かった。これは，ウレタンアダクトの架橋点が立体障害の小さい C-C 結合で構成され，さらにウレタン結合中の C-O-C 結合の回転自由度が高いことによるものである。したがって，アダクトには化学架橋点としての効果は期待できるが，応力緩和はほとんど期待できない。ただし，架橋点の自由度は高いため，相手のポリオールの特性に応じ，柔軟で最も安定な構造で架橋ポリウレタン樹脂を形成することができる。粘接着材料の追従性には有効と考えられる。

一方，アロファネートは，イソシアヌレートに近い傾向を示しており，大きな変形に対してはエネルギーが急上昇して耐性を示す。アロファネートの架橋点にはウレタンアダクトのような回転自由度の高い C-O-C 結合は含まれない。しかし，アロファネート基とメチレン鎖との N-C 結合には，イソシアヌレートよりも高い回転自由度があり，強制的な伸長に対しては，コンフォメーション変化が起こる。特に伸長側の変形に対しては，一時的にエネルギーが低下するポイン

第5章　イソシアネート

トも見られ，イソシアヌレートと比較するとエネルギーが急上昇するまでに 0.2〜0.3 nm 程度，
率にして約 30%程度も伸びる余裕がある。すなわち，アロファネートはイソシアヌレートより
も 30%程度エネルギー緩和が大きく，かつ更なる大変形に対しては急激に回復しようとする傾
向がある。アロファネートの変形に対するエネルギー曲線の形は，応力緩和に対して非常に有効
であることを示唆している。アロファネートはフレキシブルハードと呼ばれる特徴を有してい
る。

　最後に，代表的な脂環族イソシアネートは，IPDI と H$_{12}$MDI であるが，変性ポリイソシア
ネートは前述の HDI と比較するとその基本構造（環状構造，イソシアネート基の結合位置な
ど），低い反応性の要因から，上市されている構造の種類は非常に少ない。IPDI は，ウレタンア
ダクト，イソシヌレートが代表的なものである。特に IPDI イソシアヌレートは，ペレット状の
固体で上市されており，その性状から粉体塗料の用途で架橋剤（硬化剤），改質剤として一般的
に使用されている。残留するイソシアネート基の反応性は極めて低いため，それを利用し塗料の
ロングポットライフ化，熱による硬化制御に効果がある。一方，H$_{12}$MDI については，ポリイソ
シアネートを変性した場合，高い結晶性から重合度を制御するのが難しく，末端にイソシアネー
ト基を残した化合物としては上市された例は少ない。イソシアネートモノマー原料としての使用
が主流となる。ただし，現在の状況であり，IPDI，H$_{12}$MDI はイソシアネートモノマーで前述
した様に代表的な特徴あるイソシアネート種であることから，今後はそれを応用した変性ポリ
イソシアネートの技術開発が進むものと期待される。

　以上，本章には機能性ポリウレタンの材料としてイソシアネートを解説したが，モノマーの種
類，変性方法，ポリウレタン樹脂への導入方法などを変更することで用途，要求性能，作業環境
に応じた機能性を発揮することが可能であり，今後の技術開発にも応用が期待される。

文　　献

1)　Endo *et al., J. Polym. Sci., Part A,* **31**, 2765（1993）
2)　A. Wurtz, Ann., **71**, 326（1849）
3)　G. Oertel, Polyurethane Handbook, 65-88（1985）
4)　岩田敬治編，ポリウレタン樹脂ハンドブック，日刊工業新聞社，71（1987）
5)　Saunders and Frisch, POLYURETHANES CHEMISTRY and TECHNOLOGY Part I.
　　Chemistry, Interscience Publishers（1962）
6)　M. E. Bailey, *et al., Ind. Eng. Chem.,* **48**, 794（1956）
7)　K. C. Frisch, *et al., Adv. Urethane Sci. Tech.,* **8**, 75（1981）
8)　W. Cooper *et al., Ind. Chemist*(5), 121（1960）
9)　LL. Ferstanding *et al., J. Am. Chem. Soc.,* **81**, 4138（1959）

機能性ポリウレタンの進化と展望

10) J. Burkus *et al.*, *J. Am. Chem. Soc.*, **80**, 5948 （1959）
11) 東ソー技報, vol 60, 29-37 （2016）

第6章　ポリオール

鈴木千登志[*]

1　はじめに

　ポリオールとは分子内に複数の水酸基を有する化合物の総称であり，分子量により大きく短鎖ポリオールと長鎖ポリオールに区別される。プロピレングリコール，トリメチロールプロパン，1,4-ブタンジオール，1,6-ヘキサンジオールなど短鎖のポリオールは，それより長鎖のポリオールの製造原料として使用されるとともに，鎖延長剤，架橋剤としてイソシアネート基と反応，イソシアネートと共に主にポリウレタン樹脂のハードセグメントを形成する。

　一方，長鎖のポリオールは短鎖ポリオールなどを原料に高分子化されたポリオールで，主にポリウレタン樹脂のソフトセグメントを形成する。分子構造の異なる多種類のポリオールがその用途に合わせて使用されているが，大きくポリエーテル系ポリオールとポリエステル系ポリオールに分類される。その他のポリオレフィン系，非化石資源由来ポリオール等を含めたウレタン用ポリオールの分類を表1に示す。長鎖に分類されるウレタン用ポリオールの市場規模は2014年の世界の販売数量で970万トンを有し，その内訳はポリオキシプロピレングリコール（PPG）74％，ポリオキシテトラメチレングリコール（PTMG）6％でポリエーテル系が80％，ポリエ

表1　主なウレタン用ポリオールの分類

長鎖ポリオール	●ポリエーテル系（80％）主鎖がエーテル結合	ポリオキシプロピレングリコール（PPG）— 変性 PPG	ポリマーポリオール（POP）／ PHD ポリオール
		ポリオキシテトラメチレングリコール（PTMG）	
	●ポリエステル系（19％）主鎖がエステル結合	重縮合系ポリエステルポリオール（PEP）	脂肪族系 PEP／芳香族系 PEP
		ポリカプロラクトンポリオール（PCL）	
	主鎖がカーボネート結合	ポリカーボネートジオール（PCD）	
	●その他（1％）主鎖が炭素—炭素結合	ポリオレフィン系ポリオール	ポリブタジエンポリオール／ポリイソプレンポリオール
		アクリルポリオール	
	その他	非化石炭素資源由来ポリオール	植物油由来ポリオール／二酸化炭素由来ポリオール
短鎖ポリオール	エチレングリコール（EG），プロピレングリコール（PG），1,4-ブタンジオール（1.4-BD），1,5-ペンタンジオール（1,5-PD），ネオペンチルグリコール（NPG），1,6-ヘキサンジオール（1,6-HD），3-メチル-1,5-ペンタンジオール（MPD），1,9-ノナンジオール（ND），グリセリン（GN），トリメチロールプロパン（TMP）		

*　Chitoshi Suzuki　AGC㈱　化学品カンパニー　基礎化学品事業本部　ウレタン事業部　商品設計開発室　新機能ウレタン樹脂グループ　グループリーダー

ステル系 19%，その他は 1% 未満と推定され[1)]，ポリウレタン工業においてポリエーテルポリオール，特に PPG の果たす役割は大きい。本稿では PPG を中心に，各種代表的ウレタン用ポリオールを概説する。

2 ポリエーテルポリオール

ポリエーテルポリオールは，環状エーテル化合物の開環重合により合成されるポリオキシプロピレングリコール（PPG）やポリオキシテトラメチレングリコール（PTMG）のように主鎖にエーテル結合を有するポリオールの総称で，得られるポリウレタンは柔軟性，低温特性，耐水性に優れ，フォームやスパンデックスの主要原料として使用されている。また PPG の主要用途である軟質フォームには，PPG 中にポリマー微粒子を安定に分散させたポリマーポリオール（POP）や PHD ポリオール等変性 PPG が多用されている。

2.1 PPG

PPG とは狭義には，低分子量の 2 価アルコールにプロピレンオキシド（PO）が開環重合したポリオキシプロピレングリコールを指すが，一般的には多価アルコールやポリアミンを開始剤として，プロピレンオキシド（PO），エチレンオキシド（EO），ブチレンオキシド（BO）等のアルキレンオキシドを開環重合したポリオキシアルキレンポリオールの総称として使われている。他のポリオールと比較して，常温液状で作業性に優れ，多官能化・高分子量化が容易で種々の分子設計が可能なため，ウレタン樹脂用ポリオールとして最も広く利用されている。

2.1.1 PPG の種類と構造

PPG は出発物質となる開始剤と開環して主鎖を構成するエポキシドからなり，開始剤であるグリセリンにモノマーとして PO が開環重合して得られるポリオキシプロピレントリオールの合成例を図 1 に示す。

このように PPG は開始剤の種類，モノマーである PO と EO の配列（ブロック構造，ランダム構造），PO や EO の付加量，PO／EO の比率等を調整することにより用途に応じて種々の製品が製造されている。使用する開始剤の官能基数により得られる PPG の官能基数を調整するこ

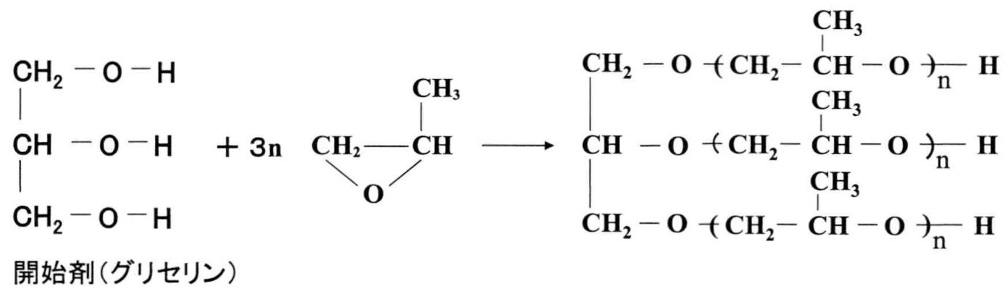

図1 PPG の合成例

第6章　ポリオール

とが可能であり，表2に官能基数が2〜8の活性水素含有化合物である代表的なPPGの開始剤を示す。エラストマー用には官能基数2，軟質フォームには官能基数3の開始剤が標準的に使用され，高架橋密度を必要とする硬質フォームにはさらに官能基数の高いものが多用される。開始剤としてアミン類も用いられる。アミン類を開始剤にしたポリオールは反応活性が高く，主に硬

表2　代表的PPGの開始剤（出発物質）

分類	官能基数	開始剤種類	代表的開始剤の構造
	2	プロピレングリコール（PG），ジプロピレングリコール（DPG），エチレングリコール（EG），ジエチレングリコール（DEG），1,4-ブタンジオール（1,4BD），1,6-ヘキサンジオール（1,6HD）	PG　$CH_3CH(OH)CH_2OH$
	3	グリセリン（GN），トリメチロールプロパン（TMP）	GN　$CH_2(OH)CH(OH)CH_2OH$
	4	ペンタエリスリトール（PE），α-メチルグルコシド（MEG）	PE　$C(CH_2OH)_4$
	6	ソルビトール（SO）	SO　$HOH_2C-\overset{OH}{\underset{H}{C}}-\overset{OH}{\underset{H}{C}}-\overset{H}{\underset{OH}{C}}-\overset{OH}{\underset{H}{C}}-CH_2OH$
	8	ショ糖（SU）	SU （ショ糖構造式）
アミン系	3	モノエタノールアミン（MEA），ジエタノールアミン（DEA），トリエタノールアミン（TEA）	DEA　$NH(C_2H_4OH)_2$
アミン系	4	エチレンジアミン（EDA），2,4-ジアミノトルエン（m-TDA），3,4-ジアミノトルエン（o-TDA）	EDA　$H_2NC_2H_4NH_2$

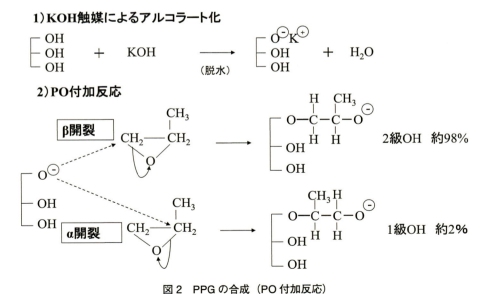

図2　PPGの合成（PO付加反応）

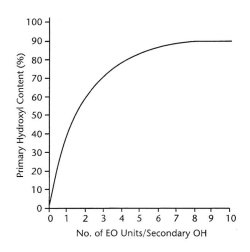

図3 EO付加モル数と1級OH率の関係

表3 PO, EO付加PPGの代表的構造とその特徴

	PO, EO付加形態	代表的構造	特徴
1	PO単独型	OH / OH / OH	・軟質スラブフォーム用PPG ・末端2級OH ・分子量↑ → 疎水性↑
2	末端EOブロック型	OH / OH / OH	・末端1級OH割合向上 　HOTモールド用 50〜80％ 　HRフォーム用　 60〜90％
3	PO/EO ランダム型	OH / OH / OH	・PO単独型よりも活性が高く親水性向上 ・EO比率大でも室温で液状
4	PO/EOランダム －末端EOブロック型 (2, 3の組み合わせ)	OH / OH / OH	・活性及び親水性向上

────── POブロック　━━━━━ EOブロック　・・・・・・・・ PO/EOランダム

質フォームに使用されている。

　PPGは前記開始剤に、アルカリ金属水酸化物、工業的に多くは水酸化カリウムを触媒としてPOあるいはEOをアニオン重合させることによって製造されている。グリセリンを開始剤として水酸化カリウムを触媒としたPOのアニオン重合によるPPG合成機構を図2に示す。

　反応は開始剤のアルコラート化により発生するアルコキシドアニオンがモノマーであるPOを求核的（SN_2型）に攻撃することで進行する。反応は図2に示すように、立体障害が少なく求電子性の一級炭素で優先的に起こり、ほとんどのPOが β 開裂して末端水酸基はイソシアネートと反応性の低い2級OHとなる（1級OH比率約2 mol％）。一方EO使用の場合、末端水酸

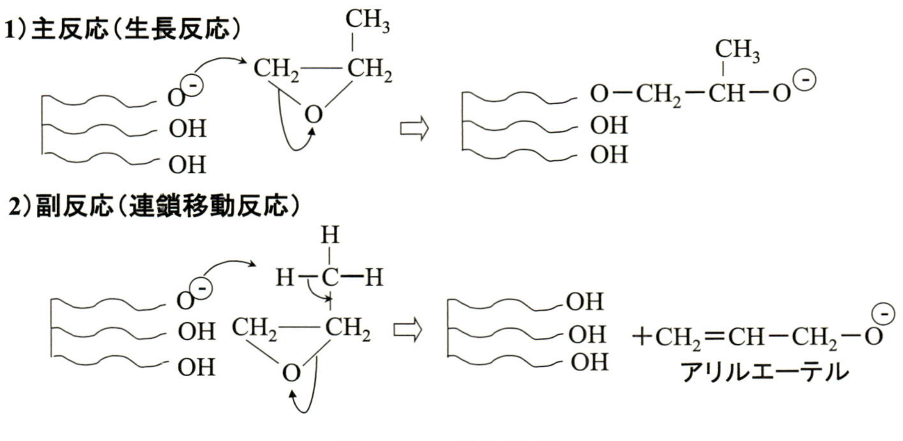

第6章　ポリオール

1）主反応（生長反応）

2）副反応（連鎖移動反応）

アリルエーテル

図4　PO の異性化反応

基は1級 OH となるため，PO 由来の2級 OH に EO を付加することによって1級 OH 比率を高めることができる。但し一度 EO 付加により1級 OH が生成すると，追加した EO は1級 OH に優先的に付加するため，100％の1級 OH を有するポリオールを製造することは不可能で，図3に示すように EO の付加モル数を増やしても1級 OH は90％程度で頭打ちとなる。

さらに PO と EO の使い分けで PPG の反応性だけでなく親水性の調整も可能であり，これら PO と EO の特徴を活かして種々の PPG が製造されている。グリセリンを開始剤とした PO，EO 付加 PPG の代表的構造とその特徴を表3に示す。

アルキレンオキサイドとして，EO ＜ PO ＜ BO の順で生成する PPG は疎水性が強くなり，BO を50％以上用いた疎水性ポリオールがコーティング剤等の用途向けに商品化されている[2,3]。

2．1．2　高純度・高分子量 PPG

PO のアニオン重合では，主反応の他に図4に示す副反応（PO のメチル基からの水素引き抜き反応）が起こり，PO 異性化により末端がアリルエーテルとなるモノオールが生成する。3官能のポリオールと共に1官能のモノオールが生成し，実質官能基数の低下を招く。例えば，グリセリンを開始剤とした分子量6000のトリオールの平均の官能基数は，水酸化カリウム触媒の場合2.14～2.21まで低下する[4]。さらに主反応のポリマー鎖伸長に伴い，連鎖移動反応であるモノオール生成も併発して起こるため，高分子量の PPG は得られない。

ウレタン用の原料に使用する場合，このモノオールの生成はウレタン化反応による高分子架橋化を阻害する。従って，従来からこのモノオールの生成量をいかに少なくするかが課題となっていた。この問題を解決するために，カチオン部分を巨大化したホスファゼン触媒が開発されている。ホスファゼン触媒は，巨大なカチオン種の内部で電荷が非局在化でき，高い重合活性を有している。PO を用いた分子量6000のトリオールの場合，モノオール量は水酸化カリウム触媒使用時の1/3～1/4となり，PO と共に EO との共重合も可能であるため，高弾性の軟質フォーム用

111

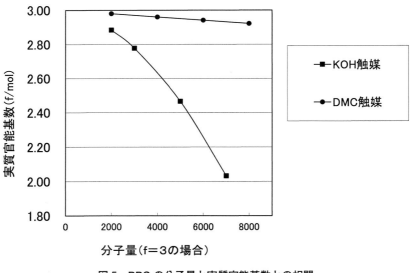

図5 PPGの分子量と実質官能基数との相関

表4 PO重合3官能PPG（分子量6000）の実質官能基数

触媒	反応機構	実質官能基数 （OH基数／mol）
KOH	アニオン	2.14-2.21
CsOH	アニオン	2.46-2.55
ホスファゼン	アニオン	2.78-2.80
DMC	配位アニオン	2.94

途に実用化されている[4,5]。

　PO重合時のモノオール生成量を大幅に低減できる重合触媒として，複合金属シアン化物錯体触媒（Double metal cyanide catalyst，DMC触媒）を用いたPPGが商品化されている。Zn-Co型のDMC触媒は高い重合活性を示し，従来のアルカリ触媒では不可能であった分子量20000以上の超高分子量でかつ狭い分子量分布をもつPPGの合成を可能にした。反応はPOが酸素原子で触媒に配位し活性化される配位アニオン重合で進み，3官能の開始剤にKOH触媒およびDMC触媒を用いてPOの付加重合を行った場合の分子量に対する実質の官能基数を図5に示す。KOH触媒によるPPGの実質官能基数は，分子量の増加によってモノオールの生成により大きく低下するのに対し，DMC触媒の場合PPGの実質官能基数低下は極めて僅かである。種々のアニオン重合触媒とDMC触媒により得られるPPGの実質官能基数を表4に示す[4]。

　DMC触媒の特筆すべき特徴は，あたかも触媒が分子量の大小を認識して結果的にモノマーが分子量の小さい分子に選択的に付加する機能を有することである。例えば分子量1000と分子量3000のトリオール混合物にKOH触媒でPOを付加していくと，分子量2000と分子量4000の

第 6 章　ポリオール

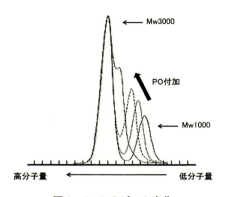

図 6　GPC のピーク変化
＊分子量 1000 と 3000 のトリオール混合物に PO を付加した場合

トリオール混合物が生成し，さらに PO を付加すると分子量 3000 と分子量 5000 のトリオール混合物となる。一方同様の反応を DMC 触媒で実施すると，図 6 に示すように PO は分子量 1000 のトリオールに選択的に付加して分子量 3000 のトリオールとなり，その間分子量 3000 のトリオールには付加しない（実際には官能基当たりの分子量を識別する）。この機能により生産性の高い連続反応器プロセスでも DMC 触媒を用いて狭分子量分布の PPG を得ることができる[6]。

2.1.3　その他の機能性 PPG

一般にカチオン重合では各種副反応が特に高い温度で顕著に起こり，PO 付加重合においても環状エーテル化合物や高分子量体が副生するため，トリフルオロボラン（BF3）に代表されるルイス酸触媒を用いて比較的低温で反応が行われる。BF3 を用いた PO のカチオン重合では α, β 開裂の確率は 50% ほどということは公知であるが，トリス（ペンタフルオロフェニル）ボランを用いて，PO の α 開裂の選択性を高め，1 級 OH 比率が 70 mol% の PPG が開発されている。さらにこの PPG にアルカリ触媒で EO を付加することで，効率的に 1 級 OH 比率を 70〜95 mol% に上げることができる。これらは通常の EO 付加系 PPG と比較して疎水性が高く，得られるポリウレタン樹脂の耐久性向上が期待出来る[7]。除熱効率に優れる管型反応器用い，反応器から連続的に副生するプロピオンアルデヒドを留去するプロセスを確立して商業生産に移行している[8]。

DMC 触媒を用いた機能性 PPG として，従来の PPG の低粘度，柔軟性，低温特性を有しながら機械強度や凝集力，耐熱性などを併せもつ，アルキレンオキシドと環状エステルや芳香族エステルをランダム共重合させたポリエーテルエステルポリオールが開発され，弾性繊維や制振材料への応用が期待されている[9]。

2.2　変性 PPG

PPG 中でアクリロニトリル（AN）やスチレン（ST）等のビニルモノマーをラジカル重合さ

せて得られるポリマー微粒子（0.2～2.0 μm）がPPGに安定に分散した変性PPGは，ポリマーポリオール（POP），グラフトポリオールまたはコポリマーポリオールとも呼ばれ，主に軟質ポリウレタンフォームの硬度および通気性を向上させるためにPPGと併用使用されている。同様の用途に用いられる変性PPGとして，PPG中でジアミンとジイソシアネートを反応させ，PPG中にポリウレアを安定に分散させたPHD（Polyharnstoff dispersion）ポリオールがある。

2. 2. 1 ポリマーポリオール（POP）

POPに使用される主要なモノマーはアクリロニトリル（AN）およびスチレン（ST）であり，各モノマーから得られるPOPの特徴を表5に示す。

AN系のPOPは，フォームの硬度向上効果に優れるが，ポリマー粒子表面の平滑性に乏しくまたSTに比べてポリエーテル鎖へのグラフト反応を起こしやすいため，安定性に優れたPOPとなるが粘度が高くなる。一方STの場合その逆であり，これらANとSTの特徴を活かしながらAN／ST比率を変えて目的のPOPを合成している。POPは軟質ウレタンフォーム用として，モールドフォーム用POPとスラブストックフォーム用POPに大別され，それぞれの用途に応じた3官能のベースポリオールが使用される。自動車シートクッションの高弾性フォームに用いられるモールドフォーム用POPは，従来はAN単独のPOPが主流であったが，フォームの高硬度化の要望に対してPOP中のポリマー濃度を高くするために，現在ではAN／ST共重合系が主流になっている。スラブストック用POPは，白色度の高いフォームを得るため通常STの割合が高いAN／ST共重合系のPOPであり，ポリマーの濃度が約40％のものが一般的である。POPの用途と特徴を表6に示す。

POPは，重合開始時にはモノマー，重合開始剤等がすべて媒体であるPPGに溶解した均一溶液であり，重合の開始により生成したポリマーが析出，凝集して粒子が形成され不均一溶液となる，いわゆる分散重合法で合成される[10]。PPGのポリエーテル鎖にグラフトするビニルポリマーが in situ で形成される分散安定剤として機能する。モノマーがAN単独系や，AN／ST共重合系でもAN比率が高い系ではこの in situ で形成される分散安定効果で安定な微粒子が形成され

表5　POP使用モノマーの特徴

モノマー	フォームの硬度	耐溶剤性	液性状	生成粒子の表面性状
アクリロニトリル（AN）	出しやすい	高い	黄色	平滑性低い
スチレン（ST）	出しにくい	低い	白色	平滑性高い

表6　POPの種類と特徴

用途	使用モノマー組成（wt比）	ポリマー濃度（wt%）	液性状
スラブストックフォーム用	AN/ST 40/60～20/80	約40%	白色系
モールドフォーム用	AN/ST 100/0～30/70	20～40%	黄色系

るが，AN／ST の共重合系でも ST の比率が高い系では分散安定剤として，PPG と相溶性が高く重合可能な 2 重結合を持つ各種マクロモノマーが必要となり，様々な分散安定剤が開発されている[11]。市場の要求に答えるため，ポリマー微粒子の分散技術向上によりさらに高濃度の POP が開発されている。

2.2.2 PHD (Polyharnstoff dispersion) ポリオール

PHD ポリオールは，イソシアネートと PPG 中のアミンとの *in situ* の重付加反応によって製造される。イソシアネートは PPG よりもアミンとより迅速に反応する。その結果イソシアネートはアミンと優先的に反応してウレアを形成，PPG は分散媒としてのみ機能する。通常 20〜40％のポリウレア固形分を得ることができ，PHD ポリオールは，HR フォームの製造および反応射出成形用途のための他の高反応性ポリオールとのブレンドに使用される。

2.3 ポリオキシテトラメチレングリコール

ポリオキシテトラメチレングリコール（PTMG）は，テトラヒドロフラン（THF）のカチオン重合によって得られる，分子両端に 1 級 OH 基を有する 2 官能性の開環重合系ポリエーテルポリオールである。PTMG を原料とするポリウレタン樹脂は，耐摩耗性，耐加水分解性，低温時の柔軟性，耐引裂性，耐菌性等に優れた特性を発揮し，ポリウレタン弾性繊維（スパンデックス）を始め，エラストマー，人工皮革等の用途で採用されている。

PTMG は分子量 650〜3000 まで種々のグレードがあり，一般的にスパンデックスには分子量 2000，ウレタンエラストマーには分子量 1000 のものが使用される。PPG と異なり開始反応と成長反応以外の副反応が無く，モノオール副生による官能基数低下は起こらない。また PTMG を使用したポリウレタン樹脂は PPG を使用したものより強固なハードドメインが形成され機械強度に優れている[12]。PTMG の製造は，従来フルオロスルホン酸，フルオロ硫酸等のプロトン酸主体の重合触媒を用いるバッチプロセスでの生産が主流であったが，近年の急激な市場の拡大に対応して活性白土，ヘテロポリ酸，ZrO_2-SiO_2 等の固体触媒系を用いる連続プロセスが主流となってきている[13]。PTMG は通常，室温環境下において固体であるが，THF と 3-メチル THF やネオペンチルグリコールを共重合させることにより非晶性を高め，融点が低く広い温度範囲で無色透明の液体である共重合 PTMG も上市されている。

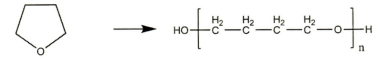

図7　PTMG

3 ポリエステルポリオール

ポリエステルポリオールは，ポリエーテルポリオールに比べて耐熱性や機械的物性に優れたポリウレタンを得られるという特徴があり，二塩基酸とグリコール類から得られる重縮合系ポリエステルポリオールとε-カプロラクトンの開環重合によって得られるポリカプロラクトンポリオールに大別される。ポリエステルポリオールはポリエーテルポルオールに次ぐ需要を形成している。

3.1 重縮合系ポリエステルポリオール

重縮合系ポリエステルポリオール（PEP）には，図8に示すようにアジピン酸（AA）等の脂肪族二塩基酸と脂肪族グリコールの重縮合反応によって得られる脂肪族系PEPとフタル酸（PA）等の芳香族二塩基酸と脂肪族グリコールの重縮合反応によって得られる芳香族系PEPがある。二塩基酸とグリコールの組み合わせを選択することにより多種多様なPEPが得られるが，二塩基酸としては主にアジピン酸が用いられ，その他にコハク酸（SuA），セバシン酸（SeA），フタル酸（PA），ダイマー酸等が用いられている。グリコールとしては主にエチレングリコール（EG）が用いられ，その他に1,4-ブタンジオール（1,4-BD），1,6-ヘキサンジオール（1,6-HD），プロピレングリコール（PG），ジエチレングリコール（DEG），ネオペンチルグリコール（NPG），3-メチル-1,5-ペンタンジオール（MPD）等がある。エチレングリコール系アジペートが大半を占め，1,4-BD系アジペートがこれに次ぐ代表的なPEPとなっている。これら汎用のPEPが常温固体状に対し，グリコールにNPGやMPDのような側鎖含有グリコールを使用することでポリオールの結晶性を低下させ，常温で液状のPEPも製品化されている。PEPを用いたポリウレタン製品は，ポリエーテルポリオールに比べ，耐熱性，耐候性，機械強度に優れる。一方，エステル結合を有することから耐加水分解性に劣ることが欠点であるが，グリコールの分子鎖をEGから1,4-BD，1,6-HD，MPDと長くしたり，二塩基酸の分子鎖をAAからSeAと長くすることで，エステル基濃度低下・疎水性向上の効果で加水分解性を改善することも出来る。脂肪族系PEPは靴底，TPUエラストマー，人工・合成皮革，ラミネート用接着剤などCASE分野全般に用いられ，分子量1000または2000が主流である。多くのメーカーは

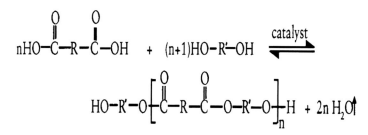

図8　重縮合系PEPの合成例

第6章　ポリオール

自社ポリウレタン製品を生産する目的で自消用に PEP を生産している。

　芳香族系 PEP はテレフタル酸，イソフタル酸を二塩基酸とした PEP で難燃性に優れ，難燃規制の厳しい欧州市場を中心に，硬質フォーム向けで採用され，PPG と併用されている。そのため分子量は 250～500 程度の硬質フォームに最適な分子量に調整されている。

3. 2　ポリカプロラクトンポリオール

　ポリカプロラクトンポリオール（PCL）は ε-カプロラクトンの開環重合によって合成される開環重合系ポリエステルポリオールであり，重縮合系 PEP に比べて分子量分布が狭く，同一の分子量でより低粘度のポリオールの設計が可能である。PCL は PPG 同様グリコールやトリオール等の開始剤に有機チタンあるいは有機錫の触媒を用いて，ε-カプロラクトンの付加重合で得られ，ジオールで分子量 500～4000，トリオールで分子量 300～2000 が製品化され，分子末端は 1 級 OH である。PPG と同様開始剤の選択で官能基数の調整が容易であり，一般的な重縮合系 PEP と比較して，耐水性，低温特性，耐摩耗性に優れている。用途は塗料・コーティング，TPU エラストマー等で使用環境が厳しい自動車用の水系塗料に多く用いられている。

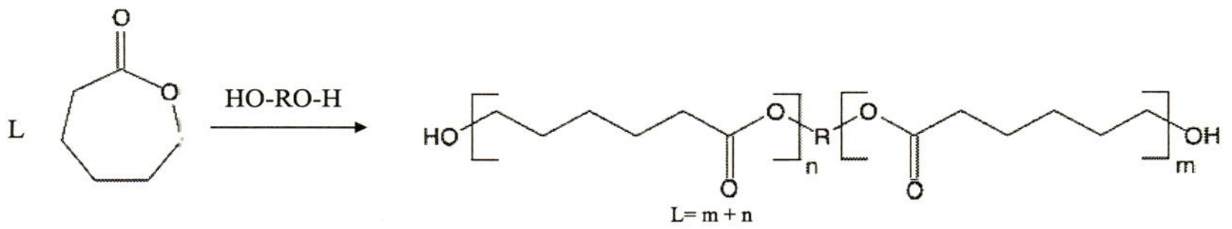

図 9　PCL の合成例

4　ポリカーボネートジオール

　ポリカーボネートジオール（PCD）は，アルキレン基がカーボネート結合を介して主鎖に並んだ構造を持ち，両末端に 1 級 OH 基を有する直鎖状のポリオールである。アルカンジオールとジアルキルカーボネート，アルキレンカーボネート，ジフェニルカーボネート等のカーボネート化合物を原料として，高温真空状態で生成するアルコール又はフェノールを系外に除きながらエステル交換，重縮合反応によりポリマー化する。ジメチルカーボネート，ジエチルカーボネート，ジフェニルカーボネートまたはエチレンカーボネートと 1,6-ヘキサンジオール（1,6-HD）を原料とするヘキサメチレン系カーボネートジオールが代表的な PCD である。エチレンカーボネートによる合成例を図 9 に示す。この 1,6-HD を原料とする PCD は，高結晶性のため常温で固体であり，柔軟性が必要な用途で使用が制限されるため，PCD の液状化の検討が進んでいる。1,6-HD と 1,5-ペンタンジオール（1,5-PD），1,6-HD と 1,4-BD，1,6-HD と MPD など異なるユニット鎖長のアルカンジオールを用い共重合することにより常温で非晶性の液状 PCD が得られる[14]。PCD はカーボネート基の有する高い凝集力により，耐水性，耐熱性，耐候性に優

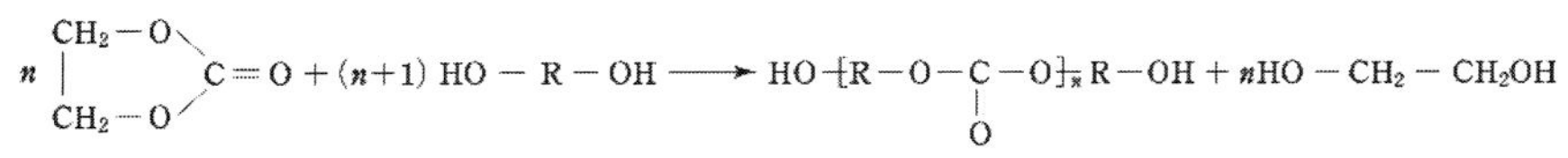

機能性ポリウレタンの進化と展望

$$n \begin{matrix} CH_2-O \\ | \\ CH_2-O \end{matrix} C=O + (n+1)\, HO-R-OH \longrightarrow HO-[R-O-\underset{\underset{O}{\|}}{C}-O]_{\overline{n}}\,R-OH + n\,HO-CH_2-CH_2OH$$

図10　PCD の合成例

れ，風合のよいポリウレタンが得られるため，合成皮革・人工皮革や水系塗料に利用されている。最近，一部原料にイソソルバイド等植物由来原料を使用し環境にも配慮した PCD も商品化されている。

5　ポリオレフィン系ポリオール

　ポリオレフィン系ポリオールとして分子末端に反応性の高い水酸基を備えたポリブタジエンタイプ及びポリイソプレンタイプの液状ポリオールがあり，それぞれ耐候性を高めた水添ポリブタジエンポリオール，水添ポリイソプレンポリオールも商品化されている。

5. 1　ポリブタジエンポリオール

　ポリブタジエンポリオール（PBP）は，ポリブタジエン骨格の両端に反応性の高い一級 OH 基を有する直鎖状ポリオールで，図11 に示した 1,4 結合を 8 割有する「Poly bd」に代表される液状ポリオールで，ブタジエンのラジカル重合ないしアニオン重合によりポリブタジエンを合成した後，分子末端に水酸基を付与している。主鎖構造が非極性のポリブタジエンからなり，得られるポリウレタンは耐加水分解性，電気絶縁性，耐薬品性，耐候性などに優れ，電気絶縁材，防水材及び接着剤等に使用されている。分子中の 1,4 シス構造及び 1,4 トランス構造の含有量が高いほど柔軟性に優れ，1,2 ビニル構造の含有量が高いほど耐加水分解性に優れたポリウレタン樹脂となる。日本市場では電子基板の封止・絶縁用ポッティング材や特殊な接着剤用途に使用されるケースが多く，欧米ではシーリング・防水材向け需要が多い。

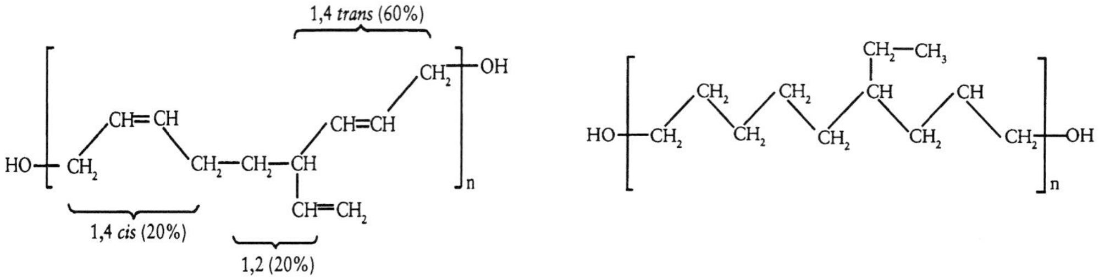

図11　ポリブタジエンポリオール（左）と水添ポリブタジエンポリオール（右）

6 各種ポリオールの性状とそのポリウレタンの特徴

これまで述べた各種ポリオールの汎用タイプの液性状（基本的に分子量2000のジオール）と各ポリオールを用いた一般的なポリウレタンの特性，用途を表7に示す。一般的に凝集力の大きいポリオールほどそのポリウレタンの機械的強度が大きく，一方ポリオールの粘度は高くなる。ポリエーテル系のPPGやPTMGから得られるポリウレタンは，低温・柔軟特性，耐水性に優れるが，耐熱性，耐候性に乏しい。ポリエステル系のPEPやPCLから得られるポリウレタンは機械強度，耐熱性，耐候性に優れるが，耐水性及び防カビ・抗菌性が劣る。一方PCDから得られるポリウレタンは低温・柔軟特性は劣るが，ポリエステル系の弱点である耐水性に優れている。各ポリオールは，例えばPPGにおいても前述のDMC触媒による高純度のタイプではPTMG同等の物性を示し，各弱点を補う改良が行われている[15]。

7 非化石炭素資源由来ポリオール

近年，地球温暖化防止の観点から，ポリマー製品を廃棄処分しても自然界の二酸化炭素を増加させない，ポリマーが非化石資源から成り立つ製品であることが求められ，ポリウレタンにおいても，非化石資源の使用割合（バイオマス度）を高める要望が強くなり，天然由来素材である植物油を利用したポリオールや二酸化炭素を原料にしたポリオールが注目され，商品化されている。

7.1 植物油系ポリオール

植物油は脂肪酸のグリセリントリエステルであり，その脂肪酸は飽和脂肪酸，一価不飽和脂肪酸，多価不飽和脂肪酸からなる。一般的にこの不飽和基を利用して化学反応により水酸基を付与し植物油ポリオールを製造する。その方法は，①植物油に空気または酸素を吹き込むことにより水酸基を生成する方法[16]，②植物油をエポキシ化した後にエポキシ環を開環することにより水酸基を生成する方法[17]，③植物油の二重結合に一酸化炭素と水素を反応させてヒドロホルミル化後，さらに水素を反応させて1級の水酸基を導入する方法[18]等がある。さらに①，②，③等の方法で得られたポリオールを出発原料として，目的に合わせて種々の方法で合成した変性ポリオールや高分子量ポリオールが得られている[19]。不飽和結合を利用して水酸基を付与するため，不飽和基の数が多いほどより多くの水酸基を導入できる。大豆油の場合，その脂肪酸組成から1トリグリセリド当り不飽和基数は約4.3で植物油の中で高い不飽和基数を持ち，生産量も多く比較的安価である事から，近年多くの大豆油変性ポリオールが商品化されている。その他，大豆油につぎ世界で二番目に生産規模が大きいパーム油[20]や菜種油，ひまわり油から誘導されたポリオールも商品化されている。

機能性ポリウレタンの進化と展望

表7 各種ポリオールの性状とそのポリウレタンの特徴

分類		ポリエーテル		ポリエステル		ポリカーボネート	ポリオレフィン
ポリオール種類		PPG	PTMG	PEP	PCL	PCD	PBP
代表ポリオールの性状	構成モノマー	PO	THF	アジピン酸/EG	ε-カプロラクトン	1,6-HD/エチレンカーボネート	ブタジエン
	官能基数	2	2	2	2	2	2.4
	分子量	2,000	2,000	2,000	2,000	2,000	2,800
	常温性状	液体	固体	固体	固体	固体	液体
	粘度／mPa·s 25℃	310	−	−	−	−	6500
	40℃	150	1400	−	−	−	−
	50℃	−	−	−	−	−	−
	75℃	40	330	600	375	2300	2000
特性	機械的強度	×～△	○	◎	◎	◎	−
	低温・柔軟性	◎	○	×	△	×	−
	耐水性	○	○	×	△	◎	−
	耐熱性	×	×	×	○	○	−
	防カビ・抗菌性	○	×	×	×	△	−
	耐候性	×	×	○	○	○	−
ポリウレタン用途	軟質フォーム	◎					
	硬質フォーム	◎					
	スパンデックス	○	◎	○	○	○	
	TPU	○	○	○	○	○	
	TSU	○	○	○	○	○	
	塗料	○		◎	○	○	○
	インキ	◎		◎	○		
	接着剤	◎		○	○	○	
	シーリング材	◎					○
	人工皮革・合成皮革	○	○	○	○	○	○

注1）ポリオールデータは同構造製造メーカー公表の代表値，PBP は出光興産社製 R-45HT データ
注2）ポリウレタン用途の◎は主要原料

第6章　ポリオール

7. 1. 1　ヒマシ油系ポリオール

ヒマシ油は図12に示すように，植物油の中で唯一2級のOH基を含有した脂肪酸のトリグリセリドであり，脂肪酸の約90％がリシノール酸（12-ヒドロキシ-9-デセン酸）で，残りの10％にはオレイン酸，リノール酸等が含まれ，一分子中のOH基数が2.7のポリオールである。植物油系ポリオールの中で最も品質が安定しており，粘度も約690mPa・s（25℃）と低い。ヒマシ油脂肪酸の主成分であるリシノール酸を用いた高分子量タイプの変性ヒマシ油ポリオールも検討されている。ヒマシ油ポリオールは，耐水性，電気絶縁性，耐衝撃性，耐溶剤性に優れ，従来から塗料，接着剤，シーラント，エラストマー，注型材等ポリウレタンの各用途に広く使用されてきている。天然由来素材利用への高まりから，ヒマシ油をベースとしたポリオールの自動車シートクッションへの展開も進展しており，フォーム物性向上を目的としてヒマシ油中に含まれるOH基を有していない成分を除去した高純度ヒマシ油ポリオールが開発，採用されている[21]。

7. 1. 2　二酸化炭素を原料にしたポリオール

非化石資源である二酸化炭素とエポキシドの交互共重合による脂肪族ポリカーボネートは1969年井上らが発見した日本発のポリマーであり，環境問題の高まりから極めて多くの研究者によって構造の明確な金属錯体触媒の開発が行われてきている[22]。ポリオール合成にも展開され，図13に示すPOと二酸化炭素を原料にしたポリプロピレンカーボネートポリオール（PPCポリオール）が商品化され，2官能，分子量1000から2000でPOと二酸化炭素の交互共重合PPCポリオールがラインアップされている[23]。

一方，図14に示すPOと二酸化炭素のランダム共重合タイプのポリエーテルカーボネートポリオール（PECポリオール）は，同じ二酸化炭素含量の交互共重合PPCポリオールと比較して低粘度で熱安定性が高く，ガラス転移温度が低いという有益な特性があり，PPCポリオールと共に触媒技術により二酸化炭素含量を任意に調整したPECポリオールも商品化されている。開

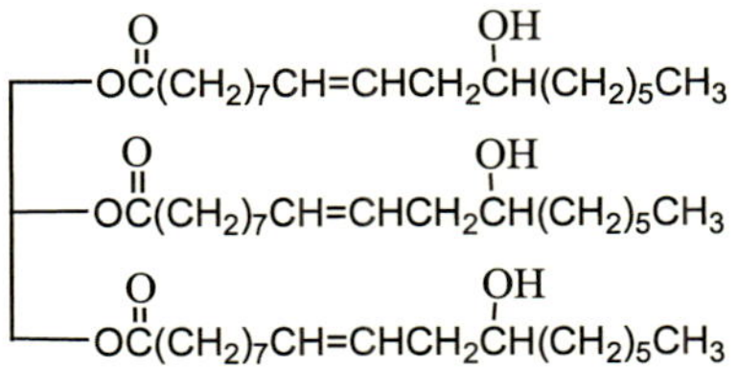

castor oil (FW=930) ; glycerine + ricinoleic acid

図12　ヒマシ油の構造

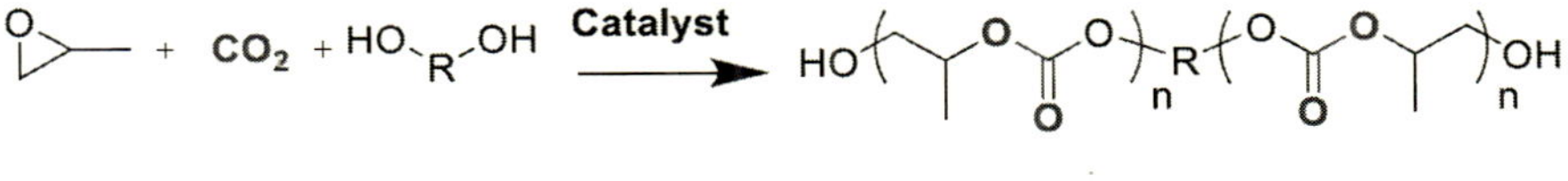

図13　POとCO₂によるポリプロピレンカーボネートポリオールの合成例

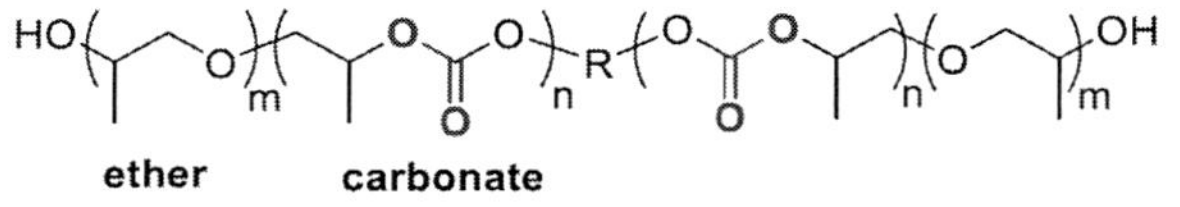

ether   carbonate

図14　PO と CO_2 によるポリエーテルカーボネートポリオール

　始剤をトリオールにすることで容易に分岐状ポリオールの合成が可能となり，コーティング，接着剤，エラストマー，熱可塑性ウレタンなどの分野に加えフォームへの展開が検討されている[24]。前述した DMC 触媒技術を応用した PO と二酸化炭素のカーボネートポリオールの開発も進められている。やや二酸化炭素含量が低く，カーボネート基の間にエーテル基を含む PEC ポリオールであることが特徴で，スラブ用途の軟質ポリウレタンフォーム用原料として工業化されている[25]。

8　おわりに

　ポリウレタンの機能向上にポリオールの果たす役割は大きく，分子設計の自由度も高い事から多くの機能性ポリオールの開発が行われ，PPG では高純度化，PEP や PCD 等では低粘度化を実現するため，触媒開発，プロセス開発が精力的に行われてきている。その中で新規技術として最も注目され，活発な開発が続いているのが環境負荷低減を目的としたポリオールであるが，高機能と環境負荷低減が両立すると言えるポリオールは未だ無く，その開発が期待されている。

文　　　献

1)　2016 ポリウレタン原料・製品の世界市場，P7，富士経済（2016）
2)　AVERY WATKINS, MIKHAIL GELFER, ELIZABETH NICHOLS, ENRIQUE MIL-LAN., Polyurethanes 2014 Technical Conference Proceedings（2014）
3)　国際公開番号 WO2017083380A1 号
4)　Mihail Ionescu, "Chemistry and Technology of polyols for Polyurethanes", 168-170, Rapla Technology limited（2005）
5)　林貴臣，山崎聡，浦上達宣，昇忠仁，触媒，**43**（7），532-537（2001）
6)　Jose F. Pazos, Ken McDaniel, Edward Browne, Karl Haider, Polyurethanes Technical Conference, 2006, 8-15（2006）
7)　賀久基直，三洋化成ニュース，443（2007）
8)　高分子，**63**（5），325（2014）

9) 中村牧人，工業材料，**63**（4），74-78（2015）

10) ラジカル重合ハンドブック，株式会社エヌ・ティー・エス，386（2010）

11) Mihail Ionescu，"Chemistry and Technology of polyols for Polyurethanes"，197-207，Rapla Technology limited（2005）

12) 松永勝治，近江誠，田島正弘，吉田泰彦，日本化学会誌，363（2001）

13) 瀬戸山亨，触媒，**46**（5），362-367（2004）

14) 増渕徹夫，接着の技術，**26**（4），32（2007）

15) B.D.Lawrey, N.Barksby, Polyurethanes Expo 2003 Conference Proceedings，260-267（2003）

16) 特表 2002-524627 号公報

17) US006107433A

18) 国際公開番号 WO2005/033167 号

19) 国際公開番号 WO2008/038596 号

20) LYE Ooi Tian, AHMAD Salmiah, HASSAN Hazimah Abu（Malaysian Palm Oil Board, Kulala Lumpur, MYS），JIN Chong Yu（InterMed Sdn Bhd, Kuala Lumpur, MYS），*Palm Oil Dev*，No.44, Page1-7（2006）

21) 宮田篤史，鵜坂和人，松本信介，山崎聡，ネットワークポリマー，**33**（6），314-322（2012）

22) 杉本裕，井上祥平，高分子論文集，**62**，131（2005）

23) Saudi Aramco website：http://www.saudiaramco.com/en/home/ourbusiness/downstream/converge/technical-information.html

24) Michael Kember, Rakib Kabir, Sarah Tickle, Richard French, Polyurethanes 2017 Technical Conference Proceedings（2017）

25) 特表 2016-525619

第7章　第三成分（鎖延長剤・硬化剤・架橋剤）

岩崎和男[*]

1　第三成分の概要

1. 1　第三成分とは

　ポリウレタン（以下，PUR と略記する）製品を製造するための原材料としては，ポリイソシアナート（第一成分）及びポリオール（第二成分）は必須の成分であるが，これ以外の成分として鎖延長剤・硬化剤・架橋剤，触媒，整泡剤，難燃剤，着色剤その他の各種補助剤などが必要であり，これらの副資材をまとめて第三成分と称する場合がある。また，狭義では，上記の第三成分のうち，ポリイソシアナート成分（第一成分）との化学反応に係る成分を特に第三成分と限定して呼ぶことがある。（従って，化学反応に係らないその他の成分は第四成分と呼ばれる場合がある。）本稿では，この例に倣って鎖延長剤・硬化剤・架橋剤などポリイソシアナート成分との化学反応に係る成分を第三成分として主として採り上げることにした。

1. 2　第三成分の内容（中身）

　これらの第三成分の内容（中身）の具体的な例としては上記の通り，鎖延長剤・硬化剤・架橋剤などがある。これらの用語としては正確な定義，厳密な使い分けはなく，PUR 製品の製造に使用する原料系の状態，製品の形態，架橋反応の状況などに対応して使用されており，同義語的な使い方をする場合と，微妙なニュアンスの相違点を強調する場合がある。

　参考までに著者の一般的な使用例を示すと，以下の通りである。

　鎖延長剤（chain extender）とは，イソシアナート末端プレポリマーなどの更なる高分子化を図るために使用されるものであり，一例として低分子量のジオールやジアミンなどがある。

　硬化剤（curing agent）とは，PUR 原料の高分子化反応（キュア反応）の進行に伴い液状の原料オリゴマーなどを固状（固体の状態）に変化させる（硬化させる）ために使用されるものを指す場合が多い。また，2 液型（2 成分型）の塗料，接着剤，シーラントなどでは，それぞれの成分について主剤・硬化剤と呼ばれる場合が多い。この場合，主剤とはその PUR 製品の機能上・重量上・容積上の主要部分を形成しているのに対して，硬化剤とは少なくとも重量上・容積上は少量であり（それでいて必要不可欠であり），主剤を硬化させるための成分として，イソシアナート成分，触媒成分などを含有する場合がある。従って，主剤・硬化剤の混合比率は 10：1 〜100：1 などと非常に偏っている場合が多い。

---

　[*]　Kazuo Iwasaki　岩崎技術士事務所　所長

第7章　第三成分（鎖延長剤・硬化剤・架橋剤）

　最後に，架橋剤（cross linking agent）とは，三次元の架橋反応に係るものに対して広く呼ばれる場合が多い。一般的には多価アルコールなどが使用されている。

　特に，鎖延長剤は二次元的な分子の成長（延長）に係る場合に使用されるものであるのに対して，架橋剤は三次元的な分子の成長に係る場合に使用されるものに対して呼ばれている。一方，硬化剤は，これらの架橋の次元的な変化でなく，高分子化反応の進展に伴い液相から固相への相変化に係る場合に使用されるものであり，鎖延長剤や架橋剤を含むある種の触媒なども硬化剤と呼ばれることがある。勿論，このような使用方法は限定される訳ではない。

　何れにせよ，これらの第三成分は PUR 製品のウレタン結合，ウレア結合などの更なる進行により PUR ポリマーの架橋密度を高め高分子化反応を進めて，ハードセグメント濃度を増大させることになる。従って，第三成分は最終的な PUR 製品の性能を支配する重要な成分のひとつである。

1. 3　第三成分の種類

　この様に PUR 製品の製造に使用されるものの第三成分（鎖延長剤・硬化剤・架橋剤など）の化学的な組成に基づき分類すると，ジオール系（グリコール系），ジアミン系，多価アルコール系，その他になる。これらの代表的な例を表1に示した[1]。尚，ジオールも多価アルコールのカテゴリーに含まれるが，本稿では，多価アルコールの中のジオールのみを取り出して別に考察することにした。

　また，これらの第三成分として1,4-ブタンジオール，アミン系硬化剤，及び多価アルコール系鎖延長剤・架橋剤の各論について各々専門的な立場より解説したものがあるので参照されることをお薦めする[2,3,4]。

表1　第三成分の代表的な例[1]

分類	名称	官能基数	水酸基価
ジオール系	1,4 ブタンジオール	2	1245
	ネオペンチルグリコール	2	1077
	ヒドロキノン（2-ヒドロキシエチルエーテル）	2	566
ジアミン系	ジメチルチオトルエンジアミン	2	524
	4,4'-ジメチルビス-o-クロロアニリン（MOCA）	2	420
	イソホロンジアミン（IPDA）	2	659
多価アルコール系	1,1,1-トリメチロールプロパン	3	1254
	グリセリン	3	1828
その他	水	2	6230

（注）文献1）で示されたものの中から，代表的と思われるものを著者が抽出して示した。

1. 4　第三成分の重要性

　PUR ポリマー（製品）は，基本的にはポリイソシアナートとポリオールを等モルで反応させ

れば重付加反応の進行により得ることができる訳である。それにも拘らず，低分子ジオールやジアミンなどが第三成分として使用されるのは，これらの第三成分によるウレタン結合やウレア結合の進行によりPURポリマー全体の高分子化反応の完遂率を高めると共に，ウレタン結合及びウレア結合の濃度を制御しハードセグメントの濃度を制御することが可能になるからである。この結果として，ソフトセグメントとハードセグメントの相分離状況を制御して，PURポリマー（製品）の性能（機械的特性，ガラス点移転，耐熱性など）を制御することができるからである。

このように第三成分は，PUR製品の製造における工程の制御，最終的なPUR製品の性能の制御を支配する重要な存在である。

尚，CASE（塗料・接着剤・シーラント・エラストマー）を中心として鎖延長剤・硬化剤・架橋剤の使用状況・応用状況については拙著があるので参照頂きたい[5]。

1.5 第三成分の使用状況

参考までに，CASEなどの主なPUR製品の用途分野における第三成分の使用状況をまとめて表2に示した[6]。

表2 CASEなどにおける第三成分の使用状況[6]

	鎖延長剤	硬化剤	架橋剤	その他
（C）塗料	×	○	×	△
（A）接着剤	×	○	×	△
（S）シーラント	×	○	×	△
（E）エラストマー	○	×	×	×
その他（フォーム）	×	×	△	×
その他（繊維）	△	×	×	×
その他（合成皮革）	×	△	×	△

（注）凡例は以下の通り。
○：殆ど必須である。
△：時々使用される場合がある。
×：殆ど使用されない。又は全く使用されない。

2 ジオール系第三成分

2.1 ジオール系第三成分の種類

ジオール系第三成分の種類としては，脂肪族系ジオール，脂環式系・芳香族系ジオールに大別される。脂肪族系ジオールとしては，エチレングリコール（EG），ジエチレングリコール（DEG），1,4-ブタンジオール（1,4-BG），1,6-ヘキサンジオール，ネオペンチルグリコールなどがある。脂環式系・芳香族系ジオールとしては，1,4-シクロヘキサンジメタノール〔$HOCH_2(C_6H_{12})CH_2OH$〕，ヒドロキノンジ（2-ヒドロキシエチルエーテル）〔$HOC_2H_4O(C_6H_6)$

第 7 章　第三成分（鎖延長剤・硬化剤・架橋剤）

OC$_2$H$_4$OH〕（BHEB）などがある。これらの物質はいずれも 1 級ヒドロキシル基を有しており，プレポリマーなどのイソシアナート基との反応性が高いので，エラストマーなどの鎖延長剤として使用される場合が多い。

　この内，EG，1,4-BG，BHEB などが広く使用されており，特に PUR エラストマーの鎖延長剤としては 1,4-BG が最も一般的に使用されている。

2．2　ジオール系第三成分の製造方法

　ジオール系第三成分の代表として 1,4-BG の製造方法を示す。1,4-BG は 1970 年代まではアセチレンを原料としてレッペ法（Reppe's process）により工業的に製造されていたが，1980 年代から，三菱化学により安全性の高い 1,3-ブタジエンを原料とする方法が開発され，今日に至っている[2]。この方法では，1,4BG とテトラヒドロフラン（THF）を任意の割合で併産できるプロセスであり，C4 基礎化学品として重要視されているものである。製造方法の詳細は文献[2]を参照されたい。

2．3　ジオール系第三成分の特徴

　1,4-BG はジオール系第三成分の代表的物質として使用されているが，同時に各種 PUR 製品用に使用されるポリエステルポリオールのグリコール成分として単独使用されるか又は他のグリコールと併用されている。

　熱可塑性 PUR（TPU と略記する）の特性に及ぼすジオール系鎖延長剤の影響に関して，一例として，松永の研究例を引例して示した[1]。これは，ポリオール成分として分子量 1,000 のポリエーテルポリオールを，ポリイソシアナート成分として MDI（ジフェニルメタンジイソシアナート）を使用し，鎖延長剤として脂肪族系ジオールの 1,4-BG（C4）），芳香族系ジオールのBHEB（C10），脂環式系ジオールの 1,3-アダマンタンジメタノール（C12），カルボキシル基含有ジオール 2,2-ビスヒドロキシメチルプロピオン酸（C5）及びそのカルボン酸ナトリウム（C5-Na）を使用したものである。ポリオール，ポリイソシアナート及び鎖延長剤のモル比を 1：4：3 としてプレポリマーを合成して，得られた TPU のキャラクタリゼーションを調べた。この様に，TPU の物性に及ぼす鎖延長剤の影響は非常に顕著であることを示した（これらの結果を表 3 に示した）。尚，この文献は，この分野に参入する研究者・技術者にとって非常に貴重なものであるので是非参照して頂きたいと思う。

2．4　ジオール系第三成分の用途分野

　ジオール系第三成分は PUR エラストマーの分野では鎖延長剤として不可欠の物質である。TPU，注型タイプのエラストマーなどには 1,4-BG を主体に使用されている。また，2 液型の PUR 系接着剤，人工皮革・合成皮革などの鎖延長剤・硬化剤としても重要な物質である。

機能性ポリウレタンの進化と展望

表3 TPU の物性に及ぼす鎖延長剤の影響[1]

	HSC（%）	Tgs（℃）	Tmh（℃）	Ti（℃）	Tb（MPa）	Eb（%）
C4	57.3	−42.7	195.6	316	14.0	95
C10	62.6	−47.6	242.4	316	25.3	11
C12	62.5	−35.7	180.4	322	17.4	406
C5	59.5	−40.9	—	197	6.5	450
C5-Na	60.9	−51.8	—	175	21.7	160

（注）物性の略号は以下の通り。
　　　HSC：ハードセグメント濃度（%）
　　　Tgs：ソフトセグメントのガラス点移転（℃）
　　　Tmh：ハードセグメントの融点（℃）
　　　Ti：分解開始温度（℃）
　　　Tb：引張強さ（MPa）
　　　Eb：伸び（%）

3　ジアミン系第三成分

3.1　ジアミン系第三成分の種類

　ジアミン系第三成分としては，脂肪族系アミン，芳香族系アミン，脂環式系アミンなどがある。それらのアミノ基が1級である場合，2級である場合があるが，第三成分として使用されるものは高反応性であることが要求されるので殆どの場合1級である。

　ジアミン系第三成分として実用的なものは，ジアミノジフェニル型誘導体，フエニレンジアミン型誘導体に大別される。前者には 4,4'-メチレンビス（2-クロロアニリン）（MOCA）などがあり，後者にはジエチルトルエンジアミン（DETDA）などがある。尚，MOCA と言う呼び方は米国 Du Point の登録商標であるが，本稿では 4,4'-メチレンビス（2-クロロアニリン）のことを便宜上 MOCA と略記させて頂くことにした。

　これらのジアミノ誘導体の反応性は，置換基定数に関するハメット則との関係で捉えることができる。また，MOCA は最もバランスのとれた優れた第三成分であるが，安全性の問題があるため代替物が研究されている。

3.2　ジアミン系第三成分の製法

　ジアミン系第三成分としては非常に多岐にわたっており，各原料共に工業所有権の問題があるので本稿では，省略させて頂くことにした。

3.3　ジアミン系第三成分の特徴

　多くのジアミン系第三成分は反応性，物性共にバランスのとれたものであるが，MOCA は労働安全衛生上の問題が指摘されている。2016 年 9 月より労働安全衛生法における特定化学物質障害予防規則の対象になり（特定化学物質），取扱上の規制（必要な防護具の備え付け，屋内作

第7章　第三成分（鎖延長剤・硬化剤・架橋剤）

業の換気，特殊健康診断，それらの記録の保管など）が定められたので，MOCAを含有する防水材を取扱っているポリウレタン系防水材業界などで適切に対応されている。尚，MOCAの代替物としてはDETDAなどが使用されている。参考までに，MOCAとDETDAの主な比較を表4に示した[7]。

表4　MOCAとDETDAの主な比較[7]

化学的特性		MOCA	DETDA
	化学名	4,4'-メチレンビス（2-クロロアニリン）	ジエチルトルエンジアミン
	CAS番号	101-14-4	68479-96-1
	分子式	$C_{13}H_{12}Cl_2N_2$	$C_{11}H_{18}N_2$
	構造式		
	分子量	267	178
法規制	労安法	名称表示・名称通知対象	該当せず
	特化則	特定化学物質該当	該当せず
	化管法*	第1種指定物質	該当せず

（注）a）上表は，化学的特性に関しては文献7）に基づき表示し，法規制は著者の知見に基づき記載したものである。
　　　b）*化管法（特定化学物質の環境への排出量の把握等及び管理の改善の促進に関する法律）の略

3. 4　ジアミン系第三成分の用途分野

　ジアミン系第三成分の用途分野としては，PURエラストマー（注型PUR），高反応スプレーRIM（補修用床材など），防水材（特に塗膜防水材）などの用途がある。尚，塗膜防水材の分野では，MOCAはTDI系システムに使用され，DETDAはMDI系又はIPDI系システムに使用される場合が多い。

4　その他の第三成分など

4. 1　多価アルコール系の第三成分

　多価アルコール系の第三成分としてはトリメチロールプロパン，グリセリンなどがある。これらはトリオール（3官能）であることより，エラストマー類には殆ど使用されず，半硬質PURフォーム，コールドキュアー軟質フォームなどに使用されており，鎖延長剤とは呼ばれず，最早架橋剤のカテゴリーに分類される。トリメチロールプロパンはジオールと併用されてアルキド樹脂のポリオール成分などとしても使用されている。

　尚，ジオール（2官能）としては，プロパンジオール，ペンタンジオール，ヘキサンジオール

129

などがある。これらの内，ヘキサンジオールはTPU用の鎖延長剤として使用される場合もあり，ポリカーボネート系ジオールの合成や塗料樹脂の添加成分などにも使用されている。

4. 2 その他の第三成分

その他の第三成分として水がある。これは作為的に添加された水と言うものではなく，末端にイソシアナート基を有するプレポリマーを主成分（遊離NCO％は数％以下が一般的である）とする接着剤，塗料，防水材，合成皮革・人工皮革，一液型現場発泡硬質フォームシステムなどが大気中の水分を吸収してNCO基と水（H_2O）の反応によりウレア結合などを生じて架橋するものである。従って，水による架橋するものであり，ウレア結合やビユレット結合（主としてウレア結合）などにより架橋するものであることから，水架橋とか，ウレア架橋などとも呼ばれる場合がある。

また，末端ヒドロキシル基を有するプレポリマーにTDI，MDIの二量体を添加して置き，加熱することによりNCO基が活性化し（遊離NCO基を発生させて）プレポリマーのOH基と反応させて，架橋させる方法もある。

5　総括（まとめ）

これまで本稿ではPURの素材と加工分野における第三成分に焦点を当てて技術的な範囲について述べた。PUR製造における第三成分に関しては多くの文献があるが，本稿ではそれらの文献を参考にして，更に従来の文献では触れられていない部分（現場の要求，利用者の声など）をも考慮して纏めたつもりである。特に，本稿は鎖延長剤としての1,4-ブタンジオール，硬化剤としてのジアミン系化合物，架橋剤としての多価アルコール類などに重点を置いて説明したものである。

本稿がPURの製造技術の細部に亘るこの分野に関心をお持ちの諸賢において少しでも役立つならば，著者の最大の喜びとするところである。

文　　　献

1)　松永：ポリウレタンの化学と最新応用技術（副資材），27〜30，㈱シーエムシー出版（2011）
2)　大原：ポリウレタン創製への道—材料から応用まで—（1,4-ブタンジオール），61〜65，㈱シーエムシー出版　（2006）
3)　加藤：Ibid（アミン系硬化剤）66〜75，㈱シーエムシー出版（2006）

第7章　第三成分（鎖延長剤・硬化剤・架橋剤）

4）　田島：Ibid（多価アルコール系鎖延長剤・架橋剤），76～81　㈱シーエムシー出版（2006）
5）　岩崎：需要拡大するポリウレタンの技術と市場（塗料・接着剤・シーラント・エラストマーの製造技術），57～80，㈱シーエムシー出版（2014）
6）　岩崎：岩崎技術士事務所・技術資料（CASE 関係）（非公開）
7）　ウレタン塗膜防水ハンドブック，30～31，日本ウレタン建材工業会（2018）

第8章 触媒

瀬底祐介[*1], 髙橋亮平[*2], 藤原裕志[*3], 徳本勝美[*4]

1 はじめに

ポリウレタンフォームの製造において，触媒は，ポリオールとイソシアネートの反応を促進するだけではなく，ポリウレタンフォームの物性やセルの安定性の調整に大きな影響を与えるため，触媒種の選択及びその使用量を適切に設定することが極めて重要である。特に，近年ポリウレタンフォームの用途は多岐に渡り，触媒に求められるニーズは多様化してきている。本稿では，ポリウレタンフォーム用触媒の活性機構，代表的な触媒の種類から最近の技術動向まで紹介する。

2 ポリウレタンフォーム用触媒の活性機構

ポリウレタンフォーム形成のための主要な反応としては，ウレタン骨格を形成する樹脂化反応及び二酸化炭素ガスを放出し発泡を起こす泡化反応がある（図1）。その他の反応として，アロファネート化，ビウレット化，カルボジイミド化，二量化及び三量化（イソシアヌレート化）反応といった架橋反応（図2）がある。特にイソシアヌレート化は，ポリウレタンフォームに対する難燃性付与の観点から重要である。

これらの反応は触媒によって加速されるため，目標とするポリウレタンフォームの物性や生産方法等に応じて様々な触媒が用いられる。

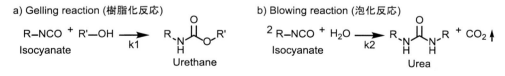

図1 ポリウレタンフォーム形成のための主要な反応
樹脂化反応と泡化反応

[*1] Yusuke Sesoko 東ソー㈱ 有機材料研究所 アミン誘導体グループ 副主任研究員
[*2] Ryohei Takahashi 東ソー㈱ 有機材料研究所 アミン誘導体グループ 副主任研究員
[*3] Hiroshi Fujiwara 東ソー㈱ 有機材料研究所 アミン誘導体グループ 主任研究員
[*4] Katsumi Tokumoto 東ソー㈱ 有機材料研究所 アミン誘導体グループ 主任研究員

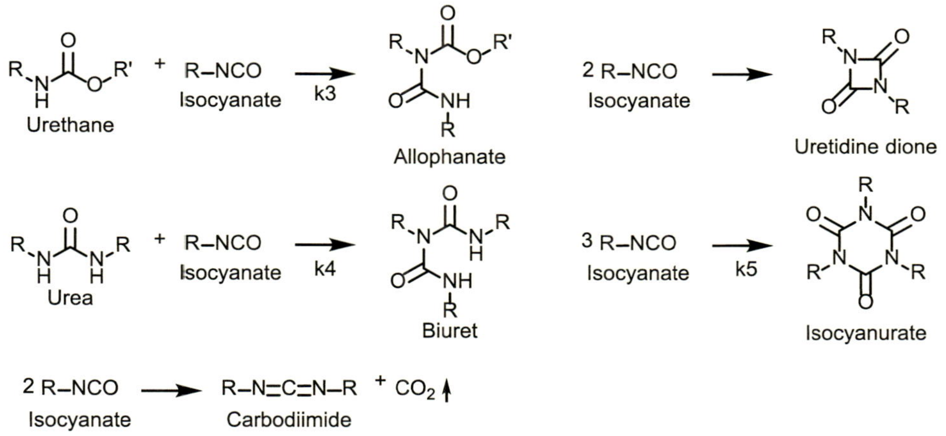

第8章 触媒

図2 架橋反応

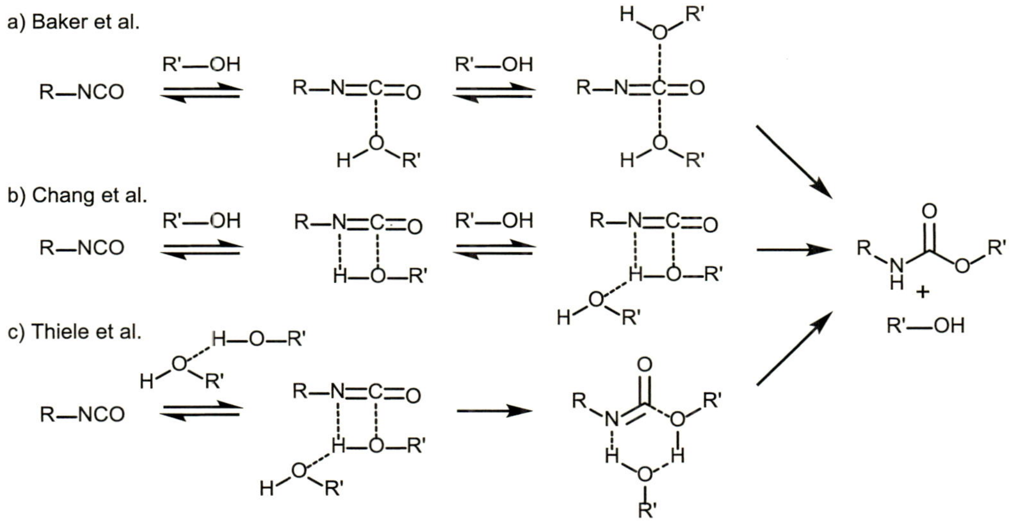

a) Baker et al.

b) Chang et al.

c) Thiele et al.

図3 反応速度論に基づく樹脂化反応の提唱機構

ここでは新しい知見を交えながら，これらの反応の機構[1~3]について解説する。

2. 1 無触媒系における反応機構

2. 1. 1 樹脂化反応

まずは無触媒条件での反応機構について述べる。樹脂化反応の機構は，反応速度論に基づいて古くから複数提案されてきた[4~6]。いずれも，アルコールとイソシアネートがコンプレックスを一旦形成した上でウレタン生成が起きるとされている（図3）。最近になり，染川ら[7]はフェニル

133

イソシアネートとメタノールの反応を，村山ら[8]はフェニルイソシアネートとエタノールの反応をそれぞれモデルとした計算化学的解析により，イソシアネート1分子とアルコール2分子が形成したコンプレックスが6員環遷移状態を経由してウレタンを生成する機構を提案している（図4）。

2.1.2 泡化反応

泡化反応は，図5に示すような素反応からなっていると考えられている[9]。村山らは，フェニルイソシアネートの反応をモデルとした計算化学的解析により，このうち素反応b1，b2，b3，b5が6員環遷移状態を経て進行し，b2とb5の経路に比べてb3の経路が有利であることを示した（図6）[10]。

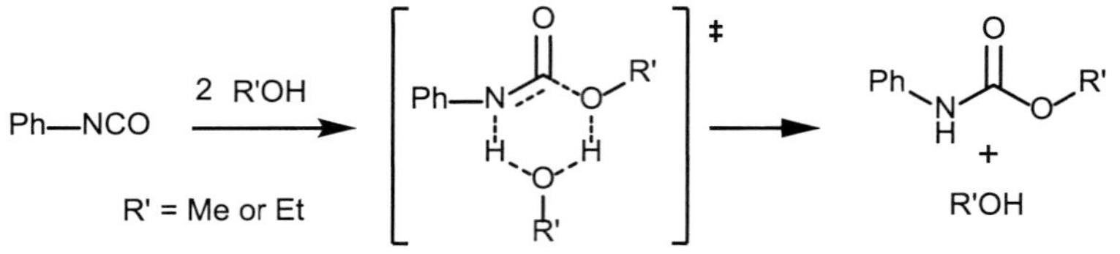

図4 樹脂化反応の機構
コンプレックス形成段階は省略。染川：R'=Me，村山ら：R'=Et

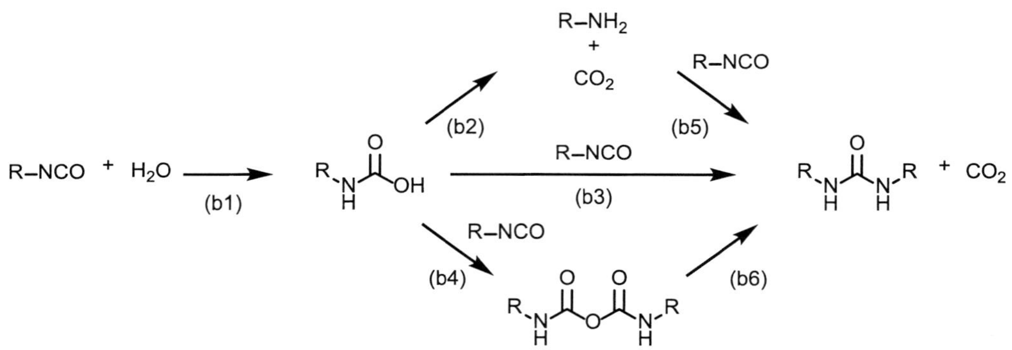

図5 泡化反応の素反応

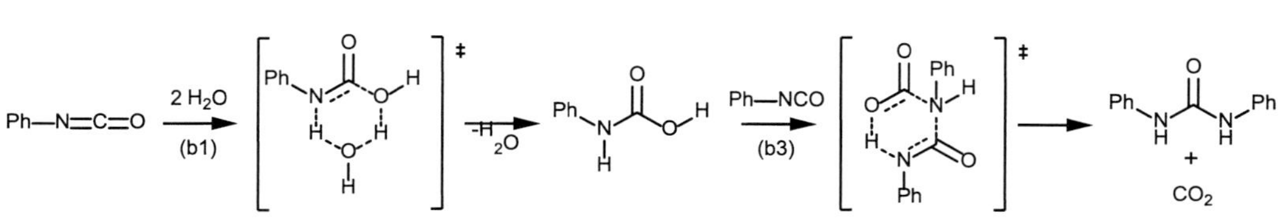

図6 素反応b1，b3の機構
コンプレックス形成段階は省略

第8章 触媒

2.2 触媒存在下における反応機構
2.2.1 樹脂化反応

樹脂化反応では，ポリオールとイソシアネートの反応によりウレタンが生成する。樹脂化反応を促進する主な触媒としては，大きく金属触媒とアミン触媒に分けられる。

金属触媒は，樹脂化反応においては主にルイス酸としてイソシアネートに配位し活性化する[11]（図7）。

アミン触媒は，一般に共役酸のpKaが高い強塩基のものほど樹脂化活性が高いことが知られている[12]。アミンはアルコールのプロトンを完全に引き抜くほど強い塩基ではないため，一般塩基触媒としてプロトンの移動を促進していると考えられる。染川らは，トリエチルアミン触媒存在下のフェニルイソシアネートとメタノールの反応において，イソシアネート及びアルコール2分子が会合した6員環にアミン分子が相互作用した遷移状態を経由する機構を計算化学的手法により提唱した[7]。また，畠中はTEDA触媒存在下メチルイソシアネートとメタノールの反応において，イソシアネート及びアルコールが会合した4員環にトリエチレンジアミン（TEDA）が相互作用した遷移状態を経由する機構を計算化学的手法により提唱した（図8）[13]。

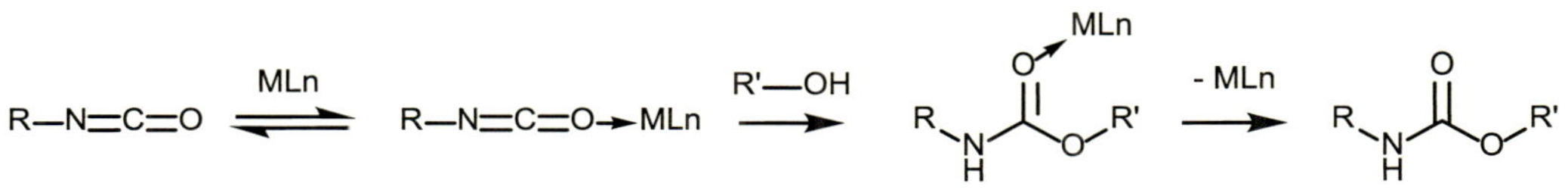

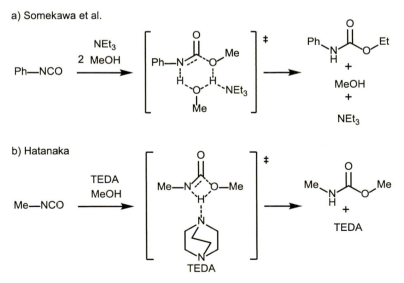

図7 金属触媒による樹脂化反応促進機構

図8 アミン触媒による樹脂化反応促進機構
コンプレックス形成段階は省略

樹脂化活性には，塩基性の強さだけでなく，窒素原子周辺の立体障害も影響する。TEDA及び2-ヒドロキシメチルトリエチレンジアミン（RZETA，結晶品）は，塩基性だけでは説明がつかないほど大きな樹脂化活性を有する（表1）。これらは窒素原子周辺の立体障害が小さく，プロトンとの相互作用を及ぼしやすいため，高い触媒活性を有すると考えられる。

2. 2. 2　泡化反応

一般に，金属触媒よりもアミン触媒の方が大きな泡化活性を有する。ここではアミン触媒の泡化反応促進機構について述べる。

単純なアミン触媒であるトリエチルアミン存在下では，泡化反応は図5の素反応からなることが確かめられている[9]。

村山らは，強泡化アミン触媒TOYOCAT-ETSをモデルとし，図5の素反応のb1及びb2が，ETSの配位により促進される機構（図9）を計算化学的手法によって提唱している[10]。

今日広く用いられている強泡化触媒は共通の部分構造を有しており（図10），アミン触媒の泡化活性はその構造に大きく依存していることがわかる。強泡化触媒でないアミン触媒は図9記載のような機構を取りえず，単純な一般塩基触媒としてのみ機能するため泡化活性が乏しいと考えられるが，泡化反応の機構については不明な点が多い。

2. 2. 3　イソシアヌレート化反応

イソシアヌレート化の触媒としては錫等の金属触媒[14]や酸触媒等も存在するが，広く用いられているのは金属カルボキシラートやアンモニウム塩である。

まずカルボキシラートアニオンがイソシアネートに求核攻撃し，続いて2分子のイソシアネー

表1　TEDA 及び RZETA の触媒活性

塩基	TOYOCAT-TE	TEDA	RZETA crystal
樹脂化活性 k1w x10	4.2	10.9	8.0
泡化活性 k2w x10	1.1	1.5	1.2

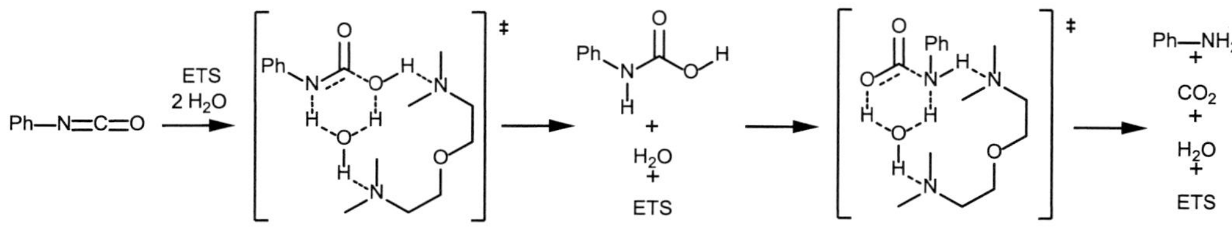

図9　アミン触媒による泡化反応促進機構
コンプレックス形成段階は省略

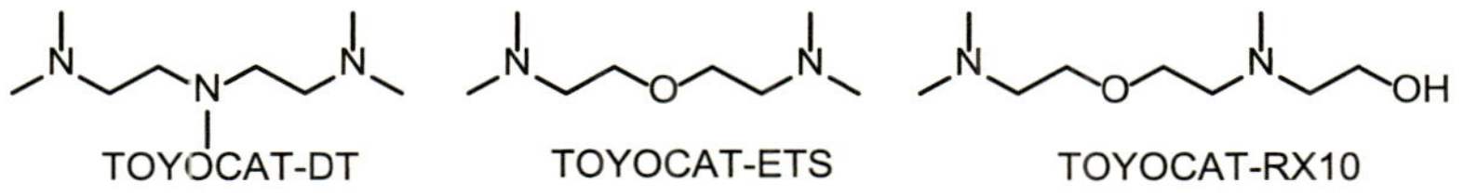

第 8 章　触媒

TOYOCAT-DT　　**TOYOCAT-ETS**　　**TOYOCAT-RX10**

図 10　強泡化触媒の構造

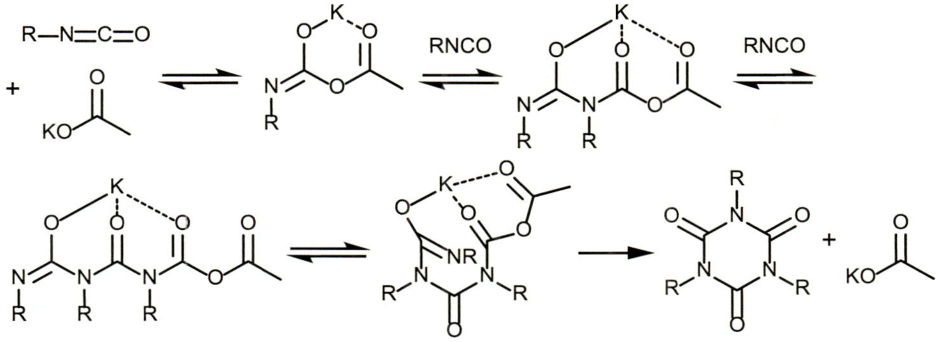

図 11　カルボキシラート触媒による三量化反応促進機構
コンプレックス形成段階は省略

トに順次求核攻撃した後，閉環とともにカルボキシラートアニオンが再生すると言われている[15]。村山は，酢酸カリウム触媒を用いた HDI（ヘキサメチレンジイソシアネート）の三量化反応を計算化学的手法により解析し，カリウムがイソシアネートのカルボニル基に配位しながら段階的に結合が生成する機構を提唱した（図 11）[16]。この反応ではカルボキシラートの最初のイソシアネートへの付加に律速段階が存在しており，カルボキシラートの求核性により反応速度が変化することが考えられる。

3　ポリウレタンフォーム用触媒の種類

　ポリウレタンフォームの形成は，前述のとおり，主に樹脂化反応（ポリオールとイソシアネートの反応によりウレタン結合を生成する反応）と泡化反応（水とイソシアネートの反応によりウレア結合と二酸化炭素ガスを生成する反応）から成り，これらの反応のバランスにより発泡挙動やフォーム物性が変化する。ポリウレタンフォーム用触媒としては，有機金属化合物や第三級アミン化合物が知られているが，有機金属化合物は主に樹脂化反応を促進するのに対して，第三級アミン化合物は樹脂化反応と泡化反応の両方を促進する。

3. 1　樹脂化反応活性と泡化反応活性
　樹脂化反応と泡化反応に対するアミン触媒の活性については，モデル反応系により求められており[17]，樹脂化反応活性と泡化反応活性の比を取ることで樹脂化触媒，泡化触媒，バランス型触

機能性ポリウレタンの進化と展望

媒と分類することができる。表2中のトリエチレンジアミン（TEDA）は，樹脂化反応活性が高く，樹脂化触媒として広く使用されている。一般に，樹脂化触媒はポリウレタン樹脂の硬化速度を高める作用がある。一方，N,N,N',N'',N''- ペンタメチルジエチレントリアミン（TOYOCAT-DT）やビスジメチルアミノエチルエーテル（TOYOCAT-ETS）は泡化反応活性が高く，泡化触媒として広く使用されている。概して，泡化触媒は初期反応性を高め（フォームの立ち上がりが早い），フォームの発泡倍率が高くなる傾向がある。

3．2　温度依存性

　ポリウレタン形成反応は発熱反応のため，触媒の温度依存性（活性化エネルギー）がフォームの内部及び表面の硬化速度に大きな影響を及ぼす。一般に直鎖状構造を持つアミン触媒は温度依存性が低く，環状構造を持つアミン触媒は温度依存性が高い傾向にある（表2中の ΔE 参照）。ポリウレタン発泡時は中心部ほど温度が高く，表面ほど温度が低くなるため，中心部の硬化改善には環状構造を持つアミン触媒，表面部の硬化改善には直鎖状構造を持つアミン触媒の添加が有効である。

3．3　架橋反応活性

　主反応以外では，アロファネート，ビウレット及びイソシアヌレート生成反応のような架橋反応も，発泡挙動及びフォーム物性に影響を及ぼすと考えられている。触媒の架橋反応活性に関しては，モデル反応系を用いた速度論的解析が成されており[18]，一般に泡化活性が高い触媒は，大きい架橋活性を示す傾向がある。特にカリウム塩や第4級アンモニウム塩はイソシアヌレート反応活性が高く，ポリウレタンフォームの難燃性や硬化性を改良するために広く使用されている。

4　開発動向

　近年，環境基準等の規制強化や差別化技術開発のため，ポリウレタンフォーム原料に対する要望は多様化している。特にアミン触媒はポリウレタンフォームの物性や生産効率に大きく影響するため，目的に合った選定が求められる。樹脂化触媒からは，軟質フォーム用の反応遅延型触媒（4.1項）及びエミッション低減触媒（4.2項），泡化触媒からは，硬質フォーム用 HFO 発泡剤対応触媒について紹介する（4.3項）。

4．1　軟質フォーム用反応遅延型触媒（TOYOCAT-CX20）
4．1．1　背景

　モールド工法のポリウレタンフォームは，原料液を金型（モールド）内で発泡・成形して製造される。原料を混合し，発泡するまでの液体状態を保つ時間が短すぎる場合には原料液がモール

第8章　触媒

表2　アミン触媒の活性及び用途

	構造	触媒活性								用途				
		樹脂化 ×10 k1w	泡化 ×10 k2w	活性化 ×10^{-1} k2w/k1w	ΔE 樹脂化	ΔE 泡化	アロファネート k3w	ビウレット k4w	イソシアヌレート k5w	軟質 スラブ	軟質 モールド	半硬質	硬質	CASE 靴底
DBTDL*	$(C_4H_9)_2Sn(OCOC_{11}H_{23})_2$	14.4	0.48	0.30			<0.01	0.06						●
TOYOCAT-F22	Special blend	26.1	0.83	0.32	25	15	1460	310	17		●	●		●
TOYOCAT-DM70	70% in Ethyleneglycol	2.67	0.20	0.77	5.8	7.5					●	●	●	●
DMEA*		2.91	0.36	1.23	2.6	3.9	0.12	0.1		●				
TEDA-L33	33% in Dipropyleneglycol	3.63	0.48	1.34	5.3	5.8	0.11	0.7		●	●	●	●	●
RZETA		7.97	1.16	1.45						●	●	●	●	
TOYOCAT-TE		4.19	1.14	2.72		3	0.69	3.8		●		●	●	●
TOYOCAT-MR		2.95	0.84	2.85	3.2					●		●	●	●
DMCH*		2.22	0.83	3.76	4.6	4.8	0.79	4.3						
TOYOCAT-NP		1.71	0.78	4.44	6.4	4.5	0.27	1.2						
DMAEE*		1.84	2.55	13.90			530	150	3					
TOYOCAT-RX5		2.89	4.33	15.00					54		●	●	●	
TOYOCAT-RX7	Special blend	3.26	6.07	18.60			380	410				●	●	
TOYOCAT-RX10		3.44	10.47	30.40							●	●	●	
TOYOGAT-DT		4.26	15.9	37.30	3.2	1.6	5	24		●	●		●	
TOYOCAT-ETS		2.99	11.7	39.13						●	●	●	●	

Gelling ← Balanced → Blowing

*東ソーでの取扱なし

機能性ポリウレタンの進化と展望

表3 評価処方

	水酸基価 [mgKOH/g]	使用量 [pbw]
ポリエーテルポリオール	34	60.0
ポリマーポリオール	28	40.0
トリエタノールアミン	1128	4.0
水	6228	3.0
シリコーン整泡剤-A	—	0.4
シリコーン整泡剤-B	—	0.3
アミン触媒	varied	varied
	NCO 含量（wt%）	インデックス
イソシアネート（TDI/MDI = 80/20）	44.8	105

ド内の隅々まで行き渡らず，目的の形状に成形できない，ポリウレタンフォーム製品に密度差が生じる等の問題が発生する。使用するアミン触媒を減量することで発泡を遅延させることは可能だが，硬化時間が遅くなる，フォーム物性（特に最終硬度）が低下する等の問題がある。酸ブロックアミン触媒は初期の反応性が遅延させ，かつ硬化時間は遅延しない特徴を持つため本用途では広く使用されているが，製造設備に対する酸の影響を考慮して，金属腐食性のない遅延型触媒が求められていた。

4．1．2 低腐食性遅延型アミン触媒の設計

酸ブロック型アミン触媒の欠点である金属腐食性を回避するため，酸を用いない新規遅延型触媒 TOYOCAT-CX20 を設計した。

4．1．3 評価処方

開発した TOYOCAT-CX20 を自動車シート等に用いられる軟質 HR モールド処方で評価した（表3）。比較用アミン触媒として汎用的に使用されている TEDA-L33 及び TEDA-L33/ET = 7/1 を用い，触媒間で比較した。

4．1．4 触媒活性とライズプロファイル

硬化時間（ゲルタイム）を 56 ± 1 秒に合わせ，ライズプロファイルを測定したところ TOYOCAT-CX20 に初期立ち上がりの遅延が確認された（図12）。また，表Bから TOYOCAT-CX20 は TEDA-L33 及び TEDA-L33/ET = 7/1 に対しクリームタイムのみが延び，ゲルタイム，ライズタイム，フォーム密度は同等となる特徴を持つことが示唆された。

4．1．5 物性

初期反応の遅延による物性の変化を確認するため，フォーム密度と硬度を測定した（図13）。一般に触媒活性が低いとフォーム中のウレタン結合が少なくなり硬度は低下するが，TOYOCAT-CX20 は TEDA-L33 及び TEDA-L33/ET = 7/1 に対し硬度が高くなり，ウレタン触媒活性が低下していないことが示唆された。

4．1．6 金属腐食性

金属に対する腐食性を確認するため，TOYOCAT-CX20 を TEDA-L33 及び酸ブロックアミン

第 8 章 触媒

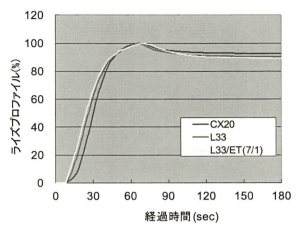

図 12 ライズプロファイル

表 4 CX20 の反応性評価結果

アミン触媒		CX20	L33	L33/ET = 7/1
添加量	[pbw]	1.14	0.72	0.60
クリームタイム	[sec]	15	12	10
ゲルタイム	[sec]	56	56	57
ライズタイム	[sec]	68	66	69
密度	[kg/m^3]	40	40	39

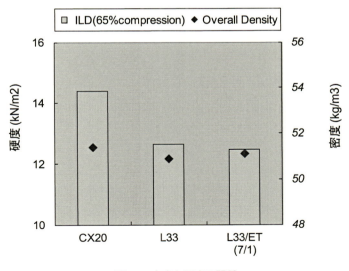

図 13 密度と硬度の関係

141

図14　金属腐食性試験（外観）

表5　金属腐食性試験結果

金属片：SS400（一般構造用圧延鋼材）		
評価液：10％アミン水溶液		
評価条件：50℃×2週間		
アミン触媒	CX20	L33	TF
腐食速度 [×10^{-5}mm/year]	16	9	324

触媒であるTOYOCAT-TFと比較した。金属片（SS400：一般構造用圧延鋼材）を10％アミン水溶液に液浸させ，50℃で2週間保管した結果，TOYOCAT-TFの溶液は金属片の腐食により液が濁ったのに対し，TOYOCAT-CX20は初期同様，無色透明を維持していた。また，試験後TOYOCAT-TFの溶液から取り出した金属片の表面は荒れているのに対し，TOYOCAT-CX20の金属片表面は初期の平滑な状態を保っていた。また，試験後の重量変化から腐食速度を計算した場合，TOYOCAT-CX20の腐食速度はTOYOCAT-TFの約20分の1となり，酸を含まないL33とほぼ同等であることが示された。

4.2　軟質フォーム用エミッション低減触媒（RZETA）
4.2.1　背景

アミン触媒は製造後のポリウレタンフォームから徐々に揮発し（アミンエミッション），臭気や眼への刺激，内装材の変色や白濁等の問題を引き起こすことが明らかとなり，現在，特に自動車分野で，これらの早期解決が求められている。

アミンエミッションに対する有効な解決策として，反応型触媒が提案されている[19,20]。反応型触媒は分子中にイソシアネートと反応する置換基（水酸基やアミノ基等）を持ち，製造時に触媒として働いた後は，ポリウレタンフォーム骨格に触媒が固定化される。これにより，アミンエミッションを抑えることができる。

しかし，既存の反応型触媒はイソシアネートとの反応性が低く，一部が未反応のままポリウレ

第 8 章 触媒

タンフォームに残存してしまう。また，触媒活性が低く，触媒の添加量が多くなるため，フォーム中のアミン残存量が増加する。これらの理由により，既存の反応型触媒ではアミンエミッションを完全に抑制することが困難であり，高活性な反応型触媒が市場から要求されていた。

4.2.2 高活性反応型触媒の設計

種々のアミン触媒の構造と触媒活性の関係を検証し，環状構造に代表される立体障害の小さい窒素部位が強力な樹脂化能を持つことを明らかにされている[21]。この結果を基に，強樹脂化能を持つトリエチレンジアミン（TEDA）を主骨格とし，反応性基の水酸基を導入した化合物を強樹脂化反応型触媒（RZETA）として設計した（図15）[22〜24]。

［RZETA：RZETA 結晶 / ジプロピレングリコール = 33/67］

4.2.3 評価処方

開発した RZETA を自動車シート等に用いられる軟質 HR モールド処方で評価した（表6）。アミン触媒として図16に示した化合物を用い，触媒間の比較を行った。

4.2.4 触媒活性

硬化時間（ゲルタイム）を60秒に合わせた際に，必要となる触媒部数を図16に示す。RZETA のアミン成分量は反応型触媒の中で最も少なく，RZETA はその強樹脂化性能からアミン使用量を大幅に低減することが可能であった。

4.2.5 アミンエミッション量

自動車分野で標準的な VDA278 法（昇温脱離法）によりポリウレタンフォームからのアミン

図 15 RZETA 結晶の構造

表 6 評価処方

	水酸基価 [mgKOH/g]	使用量 [pbw]
三官能ポリエーテルポリオール	28	100.0
連通化剤	29	2.0
水	6228	3.3
シリコーン整泡剤	—	1.0
アミン触媒	varied	varied
	NCO 含量（wt%）	インデックス
イソシアネート（MDI）	28.7	100

機能性ポリウレタンの進化と展望

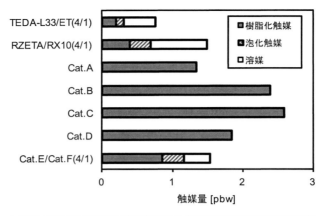

図16 アミン触媒の使用量比較（ゲルタイム60秒）

エミッション発生量を測定した（図17）。非反応型触媒であるTEDA-L33/ET系はVOC条件（90℃×30分）で多量のエミッションを排出した。また，既存の反応型触媒系は，VOC条件ではエミッションがほとんど無いものの，続くFOG条件（120℃×60分）ではエミッションが発生した。これらに対し，RZETA系はVOC, FOG条件共にエミッションが検出されず，アミンエミッション量を大幅に低減できることが明らかとなった。

4.2.6 臭気

ポリウレタンフォームから発生する臭気を臭気メーターにより測定した（図18）。RZETAフォームは発泡後5時間で臭気が消失した。一方，TEDAや他反応型触媒は15時間以上経過しても臭気が残り続けた。RZETAはアミンエミッションの発生がなく，発泡後のフォーム臭気を短時間で低減でき，養生時間短縮等の利点が期待できる。

4.2.7 樹脂汚染性

各触媒の樹脂汚染性を調べるため，密閉容器中にポリウレタンフォームと樹脂を共存させ，一

第 8 章　触媒

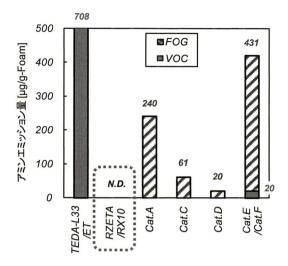

図 17　ウレタンフォームからのアミンエミッション発生量
VDA278 法：90℃ × 30 分［VOC 条件］後，続けて 120℃ ×60 分［FOG 条件］処理

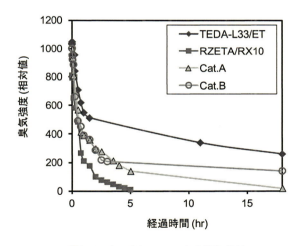

図 18　ウレタンフォームの臭気比較
臭気メーター：COSMOS XP-329，8×8×8 cm フォーム，23℃

定時間の加熱後，塩ビ（PVC），ポリカーボネート（PC）樹脂の様子を観察した。RZETA を使用したフォームは汚染が全く起こらず，樹脂はブランクと同じ状態であった（図 19）。一方，他反応型触媒や TEDA は PVC の変色，PC の白化や溶解を引き起こした。これは揮発アミン成分による PVC の脱塩酸，PC の加水分解が原因と考えられる。RZETA はアミンエミッションが発生せず，これが樹脂汚染の小ささに繋がったと考えられる。

機能性ポリウレタンの進化と展望

触媒	なし	RZETA /RX10 or Cat.F *	Cat.A	Cat.C	TEDA-L33 /ET
PVC	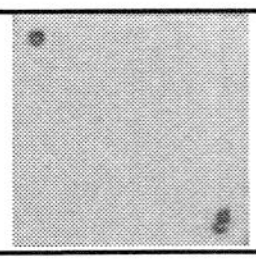	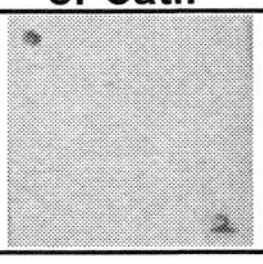	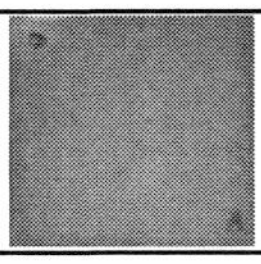	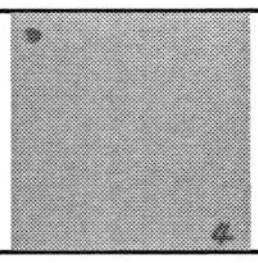	
変色度 (△E)	1.5	5.0	27.6	10.1	59.1
PC				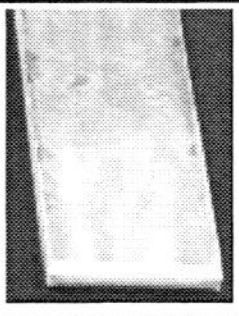	
状態	透明	透明	溶解	白化	溶解

* RX10 for PVC, Cat.E for PC test.

図 19 樹脂汚染性
PVC：フォーム：70 × 70 × 30 mm，100℃ ×72 時間
PC：フォーム：100 × 100 × 60 mm，水 5 g，100℃ ×24 時間

4．2．8 アルデヒドエミッション量

　近年アルデヒドに対する規制が自動車分野を中心に厳格化している。各触媒のアルデヒド含有量を DNPH による誘導体化法により測定した（図 20）。既存の反応型触媒系は，RZETA に比べ，アルデヒド含有量が非常に多かった。また，JASO-M902 法（日本自動車技術会制定）によりポリウレタンフォームからのアルデヒドエミッション発生量を測定した（図 21）。触媒のアルデヒド含有量と相関を示し，触媒に含まれるアルデヒドがポリウレタンフォームのエミッション量に影響を与えることが判明した。既存の反応型触媒系でアルデヒドが多い原因としては，触媒製造時にアルデヒドやアルデヒド源となる物質が用いられる点が推測される。一方，RZETAは製造時にそれらの物質を用いないため，アルデヒドエミッションを低減できることが明らかとなった。

4．2．9 耐久物性

　図 18 に各触媒で製造したポリウレタンフォームの湿熱劣化試験結果（HACS）を示す。RZETA は他反応型触媒よりも圧縮歪みが小さく，良好な耐久物性を示した。これは RZETA が高い触媒活性により触媒使用量を低減できた効果であると考えられる。また，さらなる検討の結果，RZETA 混合グレードである RZETA-HD が劇的に耐久物性を向上できることを見出した。

4．2．10 まとめ

　高い触媒活性を持つ反応型アミン触媒の RZETA は，アミンエミッションの発生を大幅に低減でき，ポリウレタンフォームの臭気を抑えられ，PC や塩ビ樹脂の汚染を軽減することが可能となった。さらに，アミン成分の使用量が少ないことから，高い耐久物性を達成することができ

第 8 章　触媒

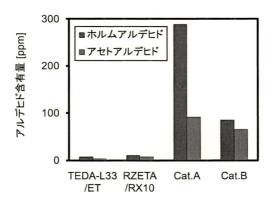

図 20　アミン触媒のアルデヒド含有量
DNPH による誘導体化後，HPLC 測定

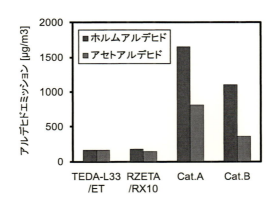

図 21　ウレタンフォームからのアルデヒドエミッション発生量
JASO-M902 法：10 × 10 × 8 cm フォームを 5L 窒素充填テドラーバッグ中で 65℃ × 2 時間加熱

た。自動車分野では，今後エミッション低減に対するニーズがますます高まると考えられ，RZETA はこの要求に対し貢献できると考えている。

4.3　硬質フォーム用 HFO 発泡剤対応触媒（TOYOCAT-SX60）

4.3.1　背景

　硬質ポリウレタンフォーム製造で使用される物理的発泡剤において，現在，先進国では地球温暖化係数（GWP）の高い HFC 類を全廃し，環境負荷の極めて小さいハイドロフルオロオレフィン（HFO）類へ転換する流れが加速している[25]。しかし，商業化されている HFO 発泡剤（HCFO-1233zd（E））を含む原料配合液は，その貯蔵期間中に泡化アミン触媒が HFO 分解を促進し，反応性や発泡倍率の低下が引き起こされ，HFO 分解が更に進むと，発泡反応が異常となりポリウレタンフォームのセル荒れや陥没を生じる問題が発生している（図 23）。

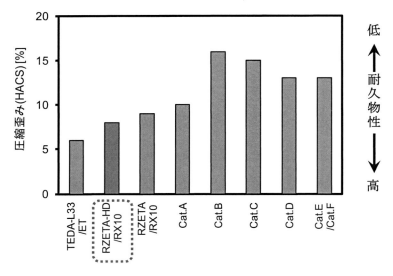

図22 ウレタンフォームの耐久物性比較（HACS）
条件：90℃，200時間，100%湿度処理後，50%圧縮を70℃，22時間

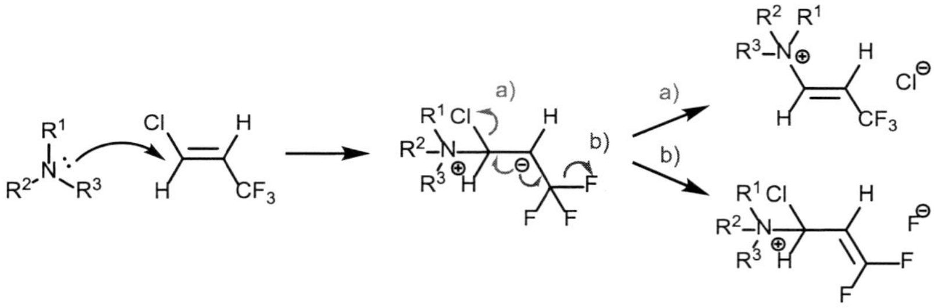

図23 HFO-1233zd(E)の推定分解機構量

これらを解決する手段として，立体障害アミンや酸ブロック型アミンの利用が提案されている[26, 27]。しかし，立体障害アミンは，貯蔵安定性に優れる反面，触媒活性は極めて小さく，大量に使用しても初期発泡性が遅い課題がある。第三級アミンを有機酸で中和した酸ブロック型アミンは，貯蔵安定性が改善するものの，触媒活性が著しく低下する課題がある。以上の背景より，触媒活性が高く且つHFOを含む原料配合液の貯蔵安定性に優れる泡化アミン触媒が市場から必要とされていた。

4.3.2 HFO発泡剤対応泡化アミン触媒の設計

酸ブロック型アミン触媒の欠点である初期発泡性の低下を回避するため，酸－塩基の中和反応に依存しない新規安定化剤（HFO分解反応阻害剤）を見出した。その後，新規安定化剤と第三級アミンの種類と量比を最適化して，新規な泡化触媒 TOYOCAT-SX60 を設計した[28]。

第8章　触媒

表7　評価処方、貯蔵試験条件

	水酸基価 [mgKOH/g]	処方A 使用量 [pbw]	処方B 使用量 [pbw]
ポリエーテルポリオール	447	100.0	—
芳香族ポリエステルポリオール	319	—	50.0
マンニッヒ系ポリエーテルポリオール	349	—	50.0
水	6228	2.0	1.0
シリコーン整泡剤	—	1.0	1.0
HFO-1233zd（E）	—	15.0	40.0
アミン触媒	varied	varied	varied
金属触媒	—	—	varied
	NCO含量（wt%）	インデックス	インデックス
イソシアネート（ポリメリックMDI）	31.0	100	110
原料配合液の貯蔵条件（SUS304、耐圧容器）			
温度 [℃]		40	50

4.3.3　評価処方

開発したTOYOCAT-SX60を表7に示す硬質ポリウレタンフォーム処方で評価した。

4.3.4　アミン触媒単独系における評価

所定量のポリオール，HFO，各種助剤に対して添加するアミン触媒のみを変化させた原料配合液を用いて，ハンド発泡試験を行い，反応性及びフォーム密度を測定した（表8，処方A）。触媒添加量は，ゲルタイム（硬化時間）が30秒となるように調整した。評価結果を表5に示す。TOYOCAT-SX60は，酸ブロック型触媒よりも約30%少ない添加量で，汎用の泡化触媒と同等のクリームタイム（発泡開始時間）を与え，初期発泡反応性は良好であった。

一方，酸ブロック型触媒は，クリームタイムが僅かに早く，フォームが低密度化する傾向を示した。これはブロック剤であるギ酸がポリイソシアネートと反応して，一酸化炭素及び二酸化炭素ガスを生じるためと推測する。

次に，反応性及びフォーム密度を測定した原料配合液を，40℃加熱条件で一定期間貯蔵後に反応性及びフォーム密度を再測定した。汎用の泡化触媒及び酸ブロック型触媒は，初期発泡反応性の遅延が大きかった。例えば，42日間貯蔵後のクリームタイムは，貯蔵前に比べ4倍以上となり，実用上の大きな問題と予想される（図24）。また，貯蔵期間が延びるに従い，セル径肥大等のフォーム外観に異常が観られ，最終的には発泡中にフォームが陥没を起すコラップス現象が観られた。一方，TOYOCAT-SX60の反応性遅延は僅かであり，フォームの外観変化も極めて小さかった。

4.3.5　金属触媒併用系における評価

実際の現場発泡硬質ウレタンフォーム処方では，反応性向上や難燃性改善等の目的から，アミン触媒と各種金属触媒を併用することが一般的である。従って，アミン触媒と金属触媒には良好

機能性ポリウレタンの進化と展望

表8 アミン触媒単独系の貯蔵安定性結果

	アミン触媒 添加量 [pbw]		汎用 4.5		酸ブロック型 20.7		TOYOCAT-SX60 14.6	
0日	クリームタイム	[sec]	5		3		5	
	ゲルタイム	[sec]	32		29		30	
	密度	[kg/m³]	33		17		31	
7日	クリームタイム	[sec]	7		4		5	
	ゲルタイム	[sec]	Collapse		Collapse		32	
	密度	[kg/m³]	106		28		33	
28日	クリームタイム	[sec]	14		13		8	
	ゲルタイム	[sec]	Collapse		Collapse		39	
	密度	[kg/m³]	86		41		35	
42日	クリームタイム	[sec]	22		20	フォーム形成されず	8	
	ゲルタイム	[sec]	Collapse		Collapse		38	
	密度	[kg/m³]	64		-		37	

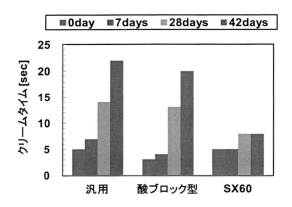

図24 クリームタイム（発泡開始時間）の経時変化

な相溶性が求められる．各種金属触媒（ビスマス，亜鉛，カリウム系）とアミン触媒を等量混合し，常温一週間放置し，両触媒の相溶性を確認した（表9）。

汎用の酸ブロック型触媒は，多くの金属触媒に対する相溶性が乏しく，ゲル化や析出物発生が観られた。一方，TOYOCAT-SX60 は評価した全ての金属触媒に対して均一に溶解した．即ち，TOYOCAT-SX60 は，金属触媒の選択や併用に制約が小さいことを確かめた。

次に，各種金属触媒と TOYOCAT-SX60 を併用した場合の初期発泡性と貯蔵安定性を評価した（表7，処方B）。触媒添加量は，ゲルタイム（硬化時間）が30秒同等となるように調整した．夏場等の厳しい条件を想定して，貯蔵温度は50℃に設定した．評価結果を図25に示す．触媒名称の下部に添加量［pbw］を記す。

TOYOCAT-SX60 の添加量を 7.00［pbw］から 2.00［pbw］まで減らした場合も，金属触媒

150

第 8 章　触媒

表 9　各種金属触媒との相溶性

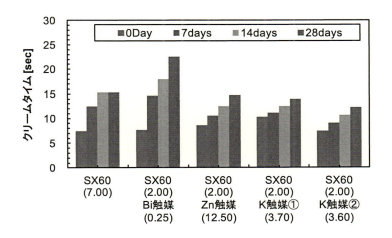

[各指標] OK：完全に溶解，Poor：濁りや浮遊物あり，NG：ゲル化や沈殿

図 25　各種金属触媒併用時のクリームタイム（発泡開始時間）の経時変化

を併用することで同等の初期発泡性が得られた。特に TOYOCAT-SX60 とカルボン酸カリウム塩触媒の併用系は，高温貯蔵条件でも，クリームタイムの遅延が小さく，HFO 発泡処方に最適な触媒系であることが示唆された。

4.3.6　まとめ

　HFO 発泡硬質ポリウレタンフォーム用に反応型アミン触媒 TOYOCAT-SX60 を開発した。高

い泡化活性を有する SX60 は，現場発泡ポリウレタンフォームに必要な初期発泡性に優れてい
る。さらに，従来のアミン触媒の課題であった原料配合液中での HFO 分解を大幅に抑制可能で
あり，高温貯蔵条件においても原料配合液の長寿命化を達成できた。今後，世界各国で環境負荷
の小さい HFO 発泡剤を用いた硬質ウレタンフォームの普及が進むと考えられ，TOYOCAT-
SX60 が大きく貢献できるものと考えている。

5　おわりに

　以上，ポリウレタンフォーム用触媒の活性機構，種類，開発動向について述べたが，ポリウレ
タンフォーム業界では，様々な環境問題が重要課題としてクローズアップされており，新しい時
代に適合した触媒の開発・改良，及び処方開発がより一層重要度を増している。

文　　　献

1)　横山哲夫，平岡教子，ポリウレタン化学の基礎，昭和堂，77-98（2007）

2)　Farkas, A., Mills, G. A., *Advances in Catalysis,* **13**, 393（1962）

3)　Sardon, H., Mecerreyes, D., Taton, D., Cramail, H., Hedrick, J L., *Macromolecules,* **48**, 3153（2015）

4)　Baker, J. W., Holdworth, J. B., *J. Chem. Soc.*, 713（1947）

5)　Chang, M. -C., Chen, S. -A., *J. Polym. Sci., Part A: Polym. Chem.*, **25**, 2543（1987）

6)　Thiele, L., Becker, R., *Advances in Urethane Science and Technology,* **12**, 59（1993）

7)　Somekawa, K., Mitsushio, M., Ueda, T., *J. Comput. Chem. Jpn.*, **15**, 2, 32（2016）

8)　Murayama, S., Yanagihara, Y., 東ソー研究・技術報告，**59**, 19（2015）

9)　Shkapenko, G., Gmitter, G. T., Gruber, E. E., *Ind. Eng. Chem.*, **52**, 605（1960）

10)　Murayama, S., Yanagihara, Y., Suzuki, T., Kiso, H., Proceedings of CPI 2010, 247（2010）

11)　Britain , J. W., Gemeinhardt, P. G. J., *Appl. Polym. Sci.*, **4**, 207（1960）

12)　Funatsu, M., Inada, M., Kita, H., 工業化学雑誌，**65**, 9, 106（1962）

13)　Hatanaka, M., *Bull. Chem. Soc. Jpn.*, **84**, 9, 933（2011）

14)　Wakeshima, I., Kijima, I., *Bull. Chem. Soc. Jpn.* **48**, 953（1975）

15)　Ashida, K., Polyurethane and Related Foams: Chemistry and Technology, CRC Press, 120-128（2006）

16)　Murayama, S., Proceedings of CPI 2014, 197（2014）

17)　Arai, S., Tamano, Y., Kumoi, S., Tsutsumi, Y., 東洋曹達研究報告，**28**, 23（1984）

18)　Okuzono, S., Kisaka, H., Tamano, Y., Lowe, D. W., Proceedings of Polyurethanes World Congress 1993, 473（1993）

第 8 章　触媒

19) Zimmerman, R. L., Grigsby, R. A., Felber, G., Humbert, H. H., UTECH（2000）
20) Wendel, S. H., Mercando, L. A., Tobias, J. D., UTECH（2000）
21) Kiso, H., Tamano, Y., *PU Magazine,* **1**, 32（2007）
22) Suzuki, T., Takahashi, Y., Tokumoto, K., Kiso, H., 東ソー研究・技術報告, **55**, 27（2011）
23) Suzuki, T., Tokumoto, K., Takahashi, Y., Kiso, H., Maris, R. V., Tucker, J., *TOSOH Research & Technology Review,* **57**, 13（2013）
24) Fujiwara, H., Takahashi, Y., Suzuki, T., Kiso, H., 東ソー研究・技術報告, **58**, 49（2014）
25) 岩崎和男, ポリウレタン 最新開発動向, 情報機構, 151-170（2009）
26) Vanderpuy, M., Nair, H. K., Nalewajek, D., WO 2009048807
27) Vanderpuy, M., Williams, D. J., WO 2009048826
28) Sesoko, Y., Tokumoto, K., Proceedings of CPI 2016, 121（2016）

第9章　界面活性剤

稲垣裕之[*]

1　はじめに

　ポリウレタンフォーム発泡系は，原料混合から発泡完了に至るまで，化学的・物理的にきわめて動的であり，その間種々の界面現象が重なり合いながら進行する。その進行の適正なバランスは，各段階で界面活性剤（シリコーン整泡剤）が介在し種々の界面現象をコントロールすることによって，達成されることが多い。したがって，ポリウレタンフォーム発泡系における界面現象は，シリコーン整泡剤の働きを考えながら理解することが好ましい。このバランスがよくない場合，フォームは陥没あるいは収縮するなど，正常なフォームが得られなくなってしまう。

　最初に，ポリウレタン発泡系におけるシリコーン整泡剤の構造および役割に関して述べ，次に各用途における整泡剤の特徴および選択基準，最後にウレタンフォームの技術トレンドと整泡剤に求められる機能について述べる。

2　ポリウレタン発泡系におけるシリコーン整泡剤の位置づけ

　表1に軟質スラブフォームの処方例を示す。この処方では8種類の原料が用いられているが，シリコーン整泡剤 SH 190 を除く他の原料は何らかの形でウレタン発泡系の化学反応に関与している。発泡剤塩化メチレンは直接には関与していないが，化学反応で発生した熱により気化し，フォーム形成に関与していると考える。しかし，シリコーン整泡剤はウレタンの反応には関与せ

表1　軟質スラブフォームの処方例

	部数
ポリエーテルポリオール（OH 価 56）	100
水	5.0
トリエチレンジアミン	0.06
N-エチルモルフォリン	0.6
オクチル酸スズ	0.32
塩化メチレン	8.0
シリコーン整泡剤（SH 190）	1.0
TDI-80	Index 105

---

　*　Hiroyuki Inagaki　東レ・ダウコーニング㈱　研究開発部門　応用技術4部　主任研究員

第9章　界面活性剤

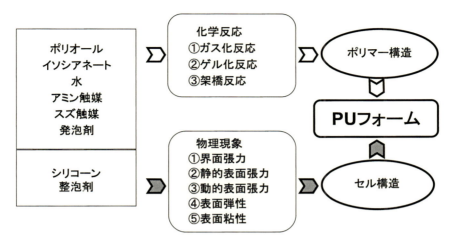

図1　ウレタンフォーム原料の役割分担

ず，別の働きをする。

　図1にポリウレタンフォーム原料の役割分担を模式的に示した。シリコーン整泡剤を除いた原料は，相互に複雑な化学反応（ガス化反応，ゲル化反応，架橋反応）を経由して主としてポリマー構造を決定し，フォームを形成する。求める性能を有するフォームを得るために，原料組成の最適化が検討されるが，一方，シリコーン整泡剤は物理的な現象（界面張力，表面張力，表面粘弾性）を経由して主としてセル構造を決定し，フォーム形成に関与する。なお，シリコーン整泡剤は，目的とするフォーム物性，ウレタン原料系・組成に適するものが選択される。

3　シリコーン整泡剤の構造

　図2にシリコーン整泡剤の構造式の例を示す。化学構造はジメチルポリシロキサン（ジメチルシリコーン）とポリオキシアルキレン（ポリエーテル）とのブロックまたはグラフトコポリマー（ポリエーテル変性シリコーン）であり，通常の有機系界面活性剤と同様に，疎水基（ジメチルシリコーン）と親水基（ポリエーテル）を同一分子内に有する界面活性剤である。ポリエーテル変性シリコーン分子中のシロキサンユニットが表面張力の低下に寄与し，ポリエーテルユニットがウレタン原料系，特に主原料ポリエーテルポリオールとの相溶性に関与する。系が水系の場合では，有機のノニオン系界面活性剤も界面活性効果を示すが，系がウレタン原料・ポリオール系の場合，有機のノニオン系界面活性剤はあまり界面活性効果を示さない。これは不溶部つまり疎水基の表面張力とポリオール系の表面張力に大差がないためである。一方，シリコーン系界面活性剤は不溶部がジメチルシリコーンであるため，ウレタン原料系と比較して表面張力が小さく，界面活性効果を示す。

　シリコーン整泡剤の構造は，図3に示すペンダント（グラフト）型が一般的であるが，直鎖

155

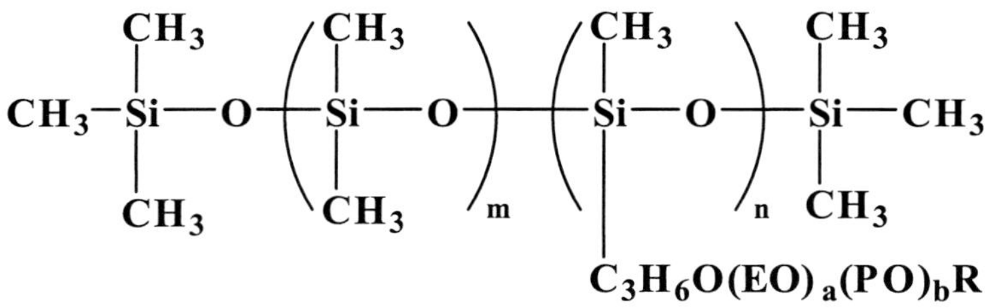

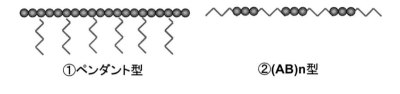

ポリエーテル変性シリコーン
（ポリオキシアルキレン・ジメチルポリシロキサン・コポリマー）

図2 シリコーン整泡剤の構造

①ペンダント型　　　②(AB)n型

シロキサン鎖
ポリエーテル鎖

図3 代表的構造タイプ

状の (AB)n 型もある。ペンダント型の構造式は図2で示されているが，シロキサン鎖長（m＋n），ポリエーテル変性基数（n），ポリエーテル鎖長（a, b）およびその末端基（R）を自由に設計でき，これら因子を変えることで，表面張力や相溶性を調整し，そのウレタン原料系に最適な構造を得ることが可能である。

4 シリコーン整泡剤の機能と役割

図4にポリウレタンフォームの製造プロセスおよびシリコーン整泡剤の役割を示す。このプロセスの中で，シリコーン整泡剤は界面現象のコントロールを行い，フォームの形成に寄与する。これらは図5に示すように，攪拌開始からクリームタイムまでの「攪拌力の補助」，その後のゲル化セル形成までの「泡の安定化」と分けて考えると理解しやすい。

①原料の均一混合・分散（乳化作用）
②気泡核の生成（巻き込みガスの分散）
③気泡の安定化（合一の防止）
④セルの安定化（膜の安定化）

第9章　界面活性剤

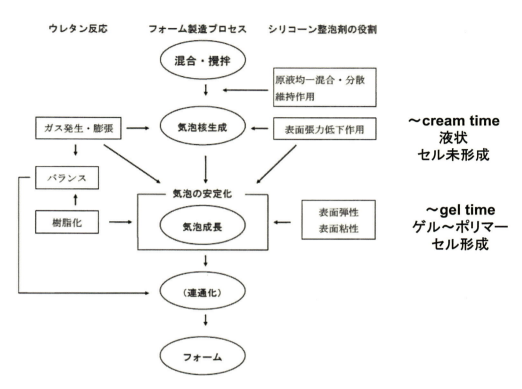

図4　ポリウレタンフォーム製造プロセスにおけるシリコーン整泡剤の役割

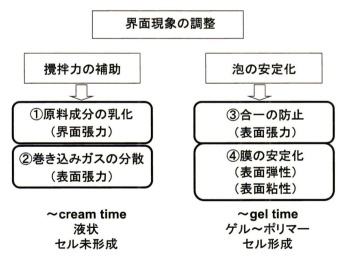

図5　シリコーン整泡剤の機能と役割

4. 1 原料の均一混合・分散（乳化作用）

原料ポリエーテルポリオールとイソシアネートは極性・表面張力も異なることから互いに相溶しづらい。仕事量の式を以下に示すが（2液間の界面積を dA だけ広げるのに必要な仕事量が dW），ポリオールとイソシアネートの界面張力 γ_{12} が小さければ，界面積 A を大きくすることができる。つまりよく混合できたことになる。同じ装置を使用し，撹拌力など条件が一緒の場合，界面張力が小さいほどよく混合できることを示している。

$$dW = \gamma_{12} \times dA$$

    W：仕事量（μJ）

    A：界面積（cm^2）

    γ_{12}：界面張力（μJ/cm^2）

なお，界面張力は成分1と成分2の表面張力の差で求められ，界面活性剤が存在する場合は，親和力を減じた値となる（Antonoff の法則）。親和力がある場合，界面張力の値はその分だけ小さくなり，界面積が大きくなり，つまりよく混合できこととなる。

$$\gamma_{12} = \gamma_1 - \gamma_2$$

    γ_{12}：界面張力

    γ_1：成分1の表面張力

    γ_2：成分2の表面張力

    $\gamma_{12} = (\gamma_1 - \gamma_2) - (a_1 + a_2)$ ⇐界面活性剤が存在する場合

    a_1：成分1と界面活性剤との親和力

    a_2：成分2と界面活性剤との親和力

水と油の場合を考えると解かり易いかもしれない。大きい仕事量（強い撹拌）を与えても，なかなか混合できない。しかし，洗剤のような界面活性剤（水および油と親和性の高い2種の官能基を一分子中に有する）を少量加えることで，乳化が起き混合をよくすることができる。

4. 2 気泡核の生成（巻き込みガスの分散）

ポリウレタンフォーム中のセル数は，原料混合時に巻き込まれた空気あるいは窒素の気泡数に依存する（フォームの発泡成長過程では増加しない。発生するガスは，気泡核を成長させるのみ）。したがって，セル構造の細かさは最初に導入される空気などがどの程度細かく多く分散することができるかが重要となる。

仕事量の式を以下に示すが，たとえばポリエーテルポリオールを撹拌しガスを分散させる場合を考える（液体の表面積を dA だけ広げるのに必要な仕事量が dW，ポリオール原料の表面張力を γ とする）。撹拌する場合（仕事を加える），この γ の値が小さければ，液体の表面積 A を大きくすることができる。つまり多くの気泡核を生成できることになる。同じ装置を使用し，撹拌力など条件が一緒の場合，表面張力が小さいほどよく多くの気泡核が得られることを示している。この場合も界面活性剤を添加することで，系の表面張力を下げることができ，多くの気泡核

第9章　界面活性剤

を得ることができる。

　　dW = γ × dA
　　　W：仕事量（μJ）
　　　A：表面積（cm^2）
　　　γ：表面張力（μJ/cm^2）

　水の攪拌を考えると解かり易いかもしれない。水は表面張力が高いために，大きい仕事量（強い攪拌）を与えても，なかなか泡立たない。しかし，洗剤のような界面活性剤を少量加えることで，系の表面張力が下がり，泡立つ。つまり多くの気泡核を得ることができる。

4.3　気泡の安定化（合一の防止）

　ポリウレタンフォームの製造過程で，気泡の成長過程がある。これは水とイソシアネートの反応により発生した二酸化炭素，反応熱により気化した発泡剤，反応熱により膨張したガスにより気泡が成長していく。気泡が大きくなっていくにつれ，薄い膜をはさんで互いに隣接し始める。この段階になると，セルの安定化が問題となってくる。セルの安定化には，泡の合一防止と膜の安定化がある。合一防止は，内圧の抑制と隣接する気泡の内圧の均等化によって達成される。

　気泡の内圧は，Laplaceの式で表され，気泡の半径に反比例する。つまり，径の小さい気泡は内圧が高い。また，気泡間の内圧差は，隣接する気泡の内圧の差である。

　　気泡の内圧　　P = Pa + 4γ／R
　　　P：気泡内圧
　　　γ：気泡を囲む液面の表面張力
　　　R：気泡半径
　　　Pa：大気圧
　　気泡間の内圧差　ΔP = P$_1$ − P$_2$
　　　　　　　　　　　 = (Pa + 4γ／R$_1$) − (Pa + 4γ／R$_2$)
　　　　　　　　　　　 = 4γ (1／R$_1$ − 1／R$_2$)

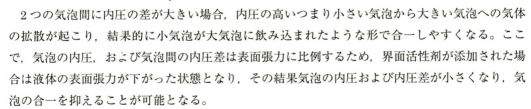

　2つの気泡間に内圧の差が大きい場合，内圧の高いつまり小さい気泡から大きい気泡への気体の拡散が起こり，結果的に小気泡が大気泡に飲み込まれたような形で合一しやすくなる。ここで，気泡の内圧，および気泡間の内圧差は表面張力に比例するため，界面活性剤が添加された場合は液体の表面張力が下がった状態となり，その結果気泡の内圧および内圧差が小さくなり，気泡の合一を抑えることが可能となる。

4.4　セルの安定化（膜の安定化）

　気泡が成長する段階でのセルの安定化には，気泡の合一防止以外に膜自体の安定化も必要になる。気泡が膨らむにつれ液膜（セル膜）が引き伸ばされることになる。このとき，液膜の表面張力を一定に保とうとする表面弾性効果や，界面活性剤分子の配向により液表面粘度を増加する表

面粘性効果もセル膜の安定化に寄与していると考えられる。膜の安定化に関していくつか理論があるので簡単に紹介する。

1つ目は表面弾性効果が挙げられる。Gibbsは膜が引き伸ばされたとき，そこに生じる局部的な表面の界面活性剤の濃度差（表面張力の勾配）によってゴム膜と類似の挙動で膜の厚みを元に戻そうとする力が働くというメカニズムを提案した。すなわち，膜を引き伸ばすと単位面積当たりの界面活性剤の量が減少しその部分の表面張力が上昇する。表面張力の上昇は表面がさらに膨張することに対して縮めるような力として働き，膜ははじめの状態に戻ろうとする，というものである（図6）。

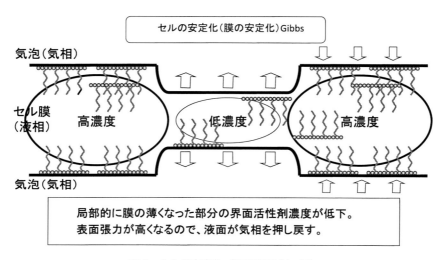

図6　セルの安定化（膜の安定化）(1)

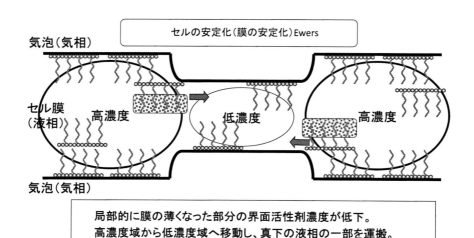

図7　セルの安定化（膜の安定化）(2)

第9章 界面活性剤

　これに対して，Ewersら は Gibbs とは異なるメカニズムを報告している。これによると，膜が引き伸ばされたとき，一時的に膜の厚みの差と界面活性剤の表面濃度の差が生じることがあるが，このとき，高濃度表面（膜の厚い部分）から低濃度表面（膜の薄い部分）への界面活性剤の移動が起こる。この移動には表面からの移動と内部からの移動があるが，このうち表面からの移動に伴って，そのすぐ下にある液相の一部も一緒に搬送され，これによって薄くなった部分の厚みを復元する働きが生じる。これは，Marangoni 効果と呼ばれている（図7）。

4.5　まとめ

　ここまでポリウレタン発泡系には，各段階において界面活性剤が大きく関与していること，特に表面張力の寄与が大きいことを示してきた。ここでもっとも表面張力が小さいフッ素系界面活性剤を考えてみる。確かにフッ素系界面活性剤の表面張力は低いが，ウレタン原料と相溶する部分が界面活性剤分子内に少ない場合が多く，またシリコーンに比べ分子量が小さく粘弾性効果も期待できない。一方，シリコーン系界面活性剤は，ポリウレタン原料系の表面張力を下げることができ，また原料系との相溶性にも優れることから，シリコーン系界面活性剤がポリウレタン発泡系に多く応用されているのであろう。シリコーン系界面活性剤の構造を図2に示してあるが，各要素シリコーン，ポリエチレンオキサイド，ポリプロピレンオキサイドの比率により，界面活性剤の特性が異なってくる（図8）。ポリウレタンフォームの原料あるいは要求させるフォーム特性により，最適なシリコーン界面活性剤が選択されることとなる。

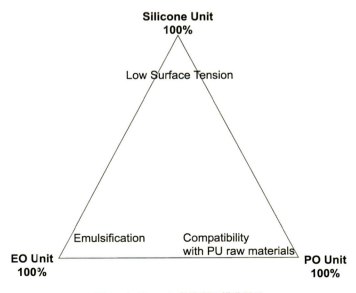

図8　シリコーン整泡剤の構造因子

5　シリコーン整泡剤の選択

シリコーン整泡剤は前述したように多種多様の構造をとりうる。そのため最適なシリコーン整泡剤を，それぞれの処方・原料・装置条件等を考慮して選択する必要がある。

5. 1　軟質スラブおよびホットモールドフォーム用整泡剤

軟質スラブフォームはウレタン原料系の粘度が比較的低く，かつ発泡倍率が高いためセル膜の安定化が重要となる。シリコーン整泡剤は分子量が高いものが選択され，このものは表面弾性効果，表面粘性効果も強いと考えられる。また，3000番ポリオールとの相溶性も必要なため，ポリプロピレンオキサイドの比率が高めの構造となっている。さらに末端を封鎖したポリエーテル（多くはメトキシキャップ）を適用することで，セル膜の連通化を容易にしている。

ホットモールドフォームはスラブフォームに近い原料系が使用されるが，ゲル化反応が早いこと，型にオーバーパックされることから，フォームの通気性が低くなる傾向にある。そのため，整泡剤の構造はスラブフォーム用に類似しているが，やや整泡力が弱く通気性を高くするタイプが選ばれる。

難燃性を強く要求されるフォームに対しては，いくつかの種類の整泡剤が提案されている。燃焼時ポリウレタンフォームが液状に溶融した場合，シリコーン整泡剤は，その界面活性剤効果により液表面に存在しウレタンフォームの炭化を阻害してしまう。つまり助燃剤のような働きをする。したがって難燃用途向けには，難燃剤の添加部数を下げられ，表面活性効果の比較的弱い，シリコーン比率が比較的低めのシリコーン整泡剤が選択される。

炭酸ガス発泡系においては，すでにクリームタイムを迎えた発泡液がフロス状に吐出されるプロセスと考えられる。炭酸ガス自体が系に対して相溶性が良くなく，またセル膜の合一防止・安定化が重要となり，その目的にあった整泡剤が選択される。

一般的には，低密度フォームを得るためには高活性の整泡剤が選択されるが，中〜高密度フォームには中〜低活性の整泡剤が使用される。高活性の整泡剤を適用すると，通気性が低くなったり，あるいはフォームが収縮してしまう。そのため，フォーム密度や発泡剤などを考慮して最適な整泡剤が選択される。

5. 2　高弾性モールドフォーム

高弾性フォームシステムは，原料系の粘度が高いこと，反応性が高いことからセル膜の安定化は比較的容易である。逆に，連通化が進まないことによりガスがフォーム内に留まり，脱型時に割れや収縮を起こすことがある。このため，整泡力が弱く破泡効果（連通化）のある整泡剤が使用される。

ポリエーテル変性シリコーンが多くの場合配合されているが，比較的分子量の小さいジメチルポリシロキサンを含む整泡剤も用意されている。これは低分子量のジメチルポリシロキサンが気

第9章　界面活性剤

泡核の生成に有効に寄与するためである。この組合せにより，整泡性・通気性付与のバランスのことなる各種整泡剤も準備されている。

TDI ベースのフォーム処方には整泡力の強いタイプ，MDI ベースには整泡力が弱めで通気性の高いタイプが一般的に選択される。整泡性の高い整泡剤と通気性を高くするタイプを併用する場合も多く，高弾性フォームシステム特有の手法である。

5. 3　硬質フォーム

硬質フォームシステムは，原料系の粘度が高いこと，架橋度の高い系であることから泡の安定化は比較的容易である。硬質フォームは断熱用途に用いられることが多く，断熱性を向上させるためにセルサイズをできるだけ細かくすることが重要である。フォームのセル数は，原料攪拌時に同時に分散される巻き込みガスの数にほぼ等しいことから，初期乳化力を高め，巻き込みガスをできるだけ細かく，多く分散させることが必要である。

断熱用途向けの整泡剤は，シリコーン比率を高めた表面張力が低めのタイプ，あるいは原料ポリエーテルとの相溶性を向上させる，乳化力を高めるためポリエチレンオキサイド比率の高いものが選択される。整泡剤のポリエーテル末端は，未キャップの方がキャップタイプより独泡性が高くなる傾向にある。また，寸法安定性を重視する用途では，セル膜を厚くするためシリコーン比率を低めに設定し，かつポリエーテル末端がキャップタイプのものがよく使用されている。

以前は，発泡剤が原料系の相溶化剤としても機能していたが，第3世代以降は相溶性があまりよくない。ハイドロカーボン系や水処方でも同様に相溶性がよくない。この場合は，整泡剤に対して相溶化剤としての要求が来ることが多い。相溶性を上げるために，シリコーン比率を下げたり，あるいはポリエチレンオキサイド・ポリプロピレンオキサイド比率を変えた，最適なシリコーン界面活性剤が選択されることとなる。原料系あるいは要求させるフォーム特性により，整泡力の高いタイプでポリエーテル末端がキャップタイプのものが使用されることがある。イソシアネートとの相溶性を良くしたい場合にも末端キャップのタイプが選択される。

難燃性を重視する用途においては，シリコーン比率が低く，あるいは末端未キャップ（水酸基）のタイプの整泡剤が使用されている。これは，水酸基がイソシアネートと反応しウレタン骨格中に取り込まれることで，燃焼初期にフォーム表面にシリコーンが出てこないためと考えられている。

5. 4　その他のフォーム

健康枕等使用される低反発フォームでは，(AB)n 型と呼ばれる直鎖状の高粘度シリコーンが使用されている。このシリコーンでは，低通気でありながら独泡性になりにくいという特徴がある。

止水フォームなどに見られる低通気フォームには，軟質スラブ用の特殊な整泡剤が用いられている。これは，ポリエーテル変性シリコーンの構造に特徴がある。

163

機能性ポリウレタンの進化と展望

表2 ポリウレタンフォームの種類と整泡剤の役割の関係

	軟質スラブフォーム	HRモールドフォーム	硬質フォーム
原料の均一混合・分散	Medium	Medium	High
気泡核の生成（巻き込みガスの分散）	Medium	Medium	High
気泡の安定化（合一の防止）	Medium	Medium	Medium
セルの安定化（膜の安定化）	High	Low	Medium

　エステルフォームでは原料系の粘度が高いなどエーテル系とは異なるため，エーテル系の整泡剤とは異なるものが使用される。比較的低分子のポリエーテル変性シリコーンや有機系の界面活性剤が使用されている。

　自動車天井材などの半硬質フォームでは，原料の反応性が高いためセル膜の安定化は容易である。フォームの連通化を助けるため，破泡効果が期待できる整泡剤が選ばれる（高通気タイプのスラブ用あるいは直鎖状シリコーン）。

　メカニカルフロス向けには，泡保持力が高い高粘度の直鎖状シリコーンが使用される。低密度用・高密度フォーム用の整泡剤が準備されている。

5.5 整泡剤の選択基準
　以上のように説明したとおり，シリコーン整泡剤は種々の界面現象のコントロールを通して，フォーム物性・製造条件の安定化に寄与している。この調整機能はシリコーン整泡剤の構造により異なるため，同一用途向けの整泡剤であっても，構造や組成，あるいは添加量の違いにより性能に微妙な差が出ることが多い。したがって，そのウレタンフォーム処方に合った整泡剤を選択することが，目的とする物性を持つフォームを得るキーポイントとなる。

　発泡評価を通して選択することが望ましいが，スクリーニング評価をする上で，シリコーン整泡剤の表面張力の値や，HLB値も参考になる。表面張力は原料系の表面張力を下げる能力，HLBは親水性の目安となるものである。原料系あるいは主原料のポリオールに，0.1〜1％程度の整泡剤を添加し，その表面張力低下効果を調べるもの有効である。

6　今後の動向

　軟質フォーム用途では，高弾性モールドフォームの分野で自動車シート向けに乗り心地改善（振動吸収，異音防止，重量感）や軽量化のテーマがあり，その要求に合った整泡剤の開発が進められている。また，家具用途向けも含め，従来のシックハウス対策のほかに低VOC（Total VOC）の要求もあり，シリコーン整泡剤に関しても低VOCに取り組んできている。さらに最近では，低臭の要求も来ている。

　硬質フォームでは，第4世代の発泡剤に置き換わりつつあり，相溶性や安定性に優れる整泡

第9章　界面活性剤

剤の要求が来ている。住宅向けオール水発泡のスプレー処方も伸びてきている。これらに関しても，整泡剤への要求にこたえるべく開発が行われている。

文　　　献

1) Lee, S.T., & Ramesh, N.S. Polymeric Foams: Mechanisms and Materials, p 81. New York: CRC Press LLC（2004）
2) Herrington, Ron, & Hock, Kathy. Dow Polyurethanes: Flexible Foams, p 3.12 and 3.17. USA: The Dow Chemical Company（1997）
3) 東レ・ダウコーニング社内技術資料

第10章　難燃剤と難燃化技術

植木健博*

1　はじめに

　高分子材料は，一部のスーパーエンプラを除き一般的に燃えやすい材料であり，燃焼時に有害ガスを発生させるといった問題がある。その中でもウレタンフォームは密度が低く表面積も大きいことから特に燃焼しやすく，難燃化が非常に難しい材料の一つである。ここでは，ウレタンフォームの燃焼と難燃化機構，難燃剤の種類と特性，および難燃評価方法等について説明する。

2　ウレタンフォームの燃焼と難燃化機構

　高分子材料は非常に燃えやすい材料であるが，高分子材料自体が直接燃焼しているわけではなく，高分子が熱分解して発生した低分子量の可燃性ガスが燃焼している。模式図を図1に示す。
　高分子材料に熱源（＝炎）が近づくと，炎からの輻射熱が高分子に伝わり温度が上昇し，熱分

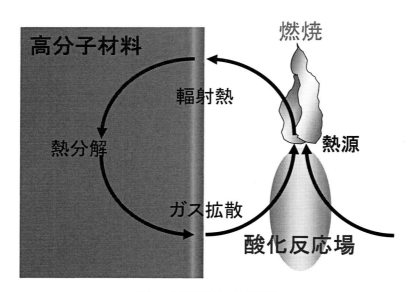

図1　高分子材料の燃焼機構

＊　Takehiro Ueki　大八化学工業㈱　技術開発部門　商品開発部　難燃剤グループ
　　グループリーダー

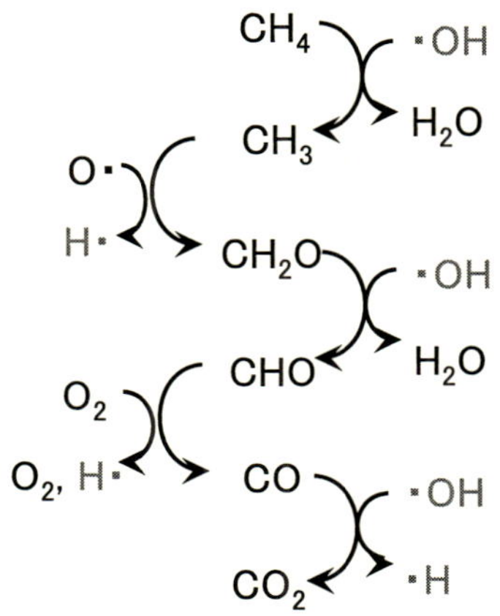

第 10 章　難燃剤と難燃化技術

図 2　メタンの燃焼機構

解温度以上になると高分子が分解し低分子量の可燃性ガスが発生する。この可燃性ガスが空気中で酸素と混合されて火源により燃焼し，熱を発生するというサイクルを形成することによって燃焼が継続している。また，この燃焼は図 2 に示すようにラジカル反応により進行する。主な反応種は水酸基ラジカル，酸素ラジカル，水素ラジカル等である。

　難燃化は，このサイクルを遮断することによって燃焼を止めることで達成される。燃焼サイクルのどこを遮断するかによって難燃化のアプローチは異なる。一般的に用いられる主な難燃化方法を以下に説明する。

　① 熱分解時に吸熱反応を起こす水酸化金属化合物等を高分子材料に添加することにより，高分子の熱分解を抑制する方法

　② 高分子材料をより高耐熱なものにすることにより熱分解を抑制する方法

　③ 添加剤により燃焼時の高分子表面における炭化を促進し断熱層やバリア層を形成することで，高分子への輻射熱の伝達を阻止したり分解ガスの空気中への拡散を抑制する方法

　④ 燃焼時に不活性ガスを発生させるような添加剤を加えることで，可燃性ガスや酸素を希釈し濃度を燃焼可能範囲以下にする方法

　⑤ 熱分解によりラジカル反応を引き起こす化合物を添加することで，可燃性ガスの燃焼反応を起こすラジカル種をトラップし燃焼反応を停止する方法

　このうち，高分子内部または表面で難燃性を発揮する上記 ①～③ を固相効果，燃焼場で難燃性を発揮する上記 ④ および ⑤ を気相効果と呼ぶ。

　上記の難燃化方法のうち，添加剤による難燃化方法について以下で説明する。

2. 1　吸熱反応による難燃化

　水酸化金属化合物は熱により酸化金属と水に分解するが，この反応は吸熱反応である。このよ

167

うな吸熱反応を起こす化合物を材料に添加することで難燃化することができる。燃焼時に吸熱反応を起こすことで熱源から高分子材料への輻射熱をある程度吸収し，材料の熱分解が抑制されて可燃性ガスの発生を抑えることができる。このような化合物としては，水酸化アルミニウム，水酸化マグネシウム，ホウ酸亜鉛等が挙げられる。

2. 2　炭化促進による難燃化

　高分子材料にリン酸エステル系難燃剤が添加される場合，このリン酸エステルが燃焼の際に熱分解してポリメタリン酸を生成する。このポリメタリン酸が高分子材料を脱水炭化させることで，材料表面にグラファイト状のチャーを形成する。これによって輻射熱による高分子材料の熱分解を抑制したり，可燃性ガスの放出を防ぐことで燃焼を抑えることができる。

2. 3　希釈効果

　熱分解時に不活性ガスを発生させる化合物を材料中に添加することでも難燃化することができる。例えば，ハロゲン系難燃剤を添加すると熱分解時にハロゲン化水素を発生させる。このハロゲン化水素が不燃性であるため，高分子の分解による可燃性ガス濃度を低下させることで燃焼を抑制することができる。また，ハロゲン系難燃剤以外にも，メラミンシアヌレート等の窒素含有化合物の場合も窒素系ガスを発生させることで同様の希釈効果をもたらす。

2. 4　ラジカルトラップによる難燃化

　可燃性ガスの燃焼はラジカル反応により進行する。燃焼場に存在する反応種は99％以上が安定な化合物（可燃性ガス，酸素，二酸化炭素，水）であり，実質的に反応を進行させるラジカル種の濃度は全体の1％未満とわずかである。そこで，このラジカル種と反応しやすいハロゲン化水素等を発生させる化合物を材料中に添加しておくことで，燃焼反応を抑制することができる。このようなラジカルトラップを発揮する難燃剤としては主にハロゲン系難燃剤やリン系難燃剤が挙げられる。

3　難燃剤の種類と特徴

　難燃剤は，添加型と反応型の2種類に分けられる。添加型難燃剤はベース樹脂と反応することなくブレンドされるもので，現在の難燃剤の主流となっている。ウレタンフォームに用いられる難燃剤も大部分が添加型である。添加型は，発泡の際にポリオール等の原料に均一に混合するだけで効果を発揮するため，手軽に利用できる点がメリットである。一方，反応型は樹脂と反応することで樹脂骨格に組み込まれる難燃剤である。ウレタン原料と反応させるため，それぞれが適切な反応性基を有することが必要であるため，処方の組み合わせが限定されてしまう。また，反応後の樹脂骨格が変わってしまうことで物性へ与える影響も大きいことから，手軽には利用で

第10章　難燃剤と難燃化技術

表1　主な難燃剤種別と難燃機構

	気相		固相			化合物
	希釈効果	ラジカルトラップ	吸熱脱水	炭化促進	酸素遮断	
ハロゲン系	○	○				臭素化合物，塩素化合物
リン系	○	○		○	○	赤リン，リン酸エステル，ポリリン酸アンモニウム
水酸化金属系			○	○		$Al(OH)_3$，$Mg(OH)_2$
窒素系	○					メラミン誘導体等
シリコーン系					○	シリコーンエラストマー，シリコーン整泡剤
金属塩	○			○	○	パーフルオロブタンスルホン酸カリウム塩

きないのが現状である。

　一般的に用いられる添加型難燃剤は，表1に示すように大きく分類することができる。効果的に作用する難燃剤は，複数の難燃化機構を複合的に作用させて高い難燃性を発揮している。

　ここでは，難燃剤としてよく使用されるハロゲン系難燃剤，リン系難燃剤，水酸化金属系難燃剤の特徴について説明する。

3.1　ハロゲン系難燃剤

　難燃剤として最も広範に使用されているのがハロゲン系難燃剤であり，主な難燃化機構はラジカルトラップと希釈効果である。難燃剤の熱分解によりハロゲン化水素が生成し，これが燃焼反応を実質的に引き起こす水酸基ラジカルや水素ラジカルと反応する。その結果，より反応性の低いハロゲンラジカルやアルキルラジカルに変換され燃焼の連鎖反応が抑制される（図3）。ハロゲンの中では，水素との結合エネルギーの関係から塩素より臭素の方が高い効果を示す。特に臭素系難燃剤については，三酸化アンチモンと併用することでより高い難燃性を得ることができる。また，生成したハロゲン化水素自体が不燃性であるため，酸素や可燃性ガスの濃度を低下させる希釈効果もある。

　燃焼反応中に存在する水酸基ラジカルや水素ラジカルは少量であるため，高分子材料に添加するハロゲン系難燃剤は比較的少量で効果を発揮する。また，ラジカルトラップや希釈効果が燃焼反応に直接作用するため，高分子材料の種類にかかわらず効果を発揮するといったメリットがある。一方，デメリットとしては，燃焼反応を途中で強制的に止めるため，通常の燃焼に比べて一酸化炭素やハロゲン化水素といった毒性の強いガスや煙の発生量が増加することが挙げられる。臭素系難燃剤の種類によっては環境問題から一部は使用が規制されており，以前に比べると使用量は減少している。また，助剤として使用される三酸化アンチモンは国内では特定化学物質として規制されることとなり，今後の臭素系難燃剤の使用量に影響を与えると考えられる。

機能性ポリウレタンの進化と展望

希釈効果

$$RX \quad + \quad H\cdot \quad \rightarrow \quad HX \quad + \quad R\cdot$$
$$X\cdot \quad + \quad RH \quad \rightarrow \quad HX \quad + \quad R\cdot$$

ラジカルトラップ

炎中の連鎖反応

$$HO\cdot \quad + \quad CO \quad \rightarrow \quad CO_2 \quad + \quad H\cdot$$
$$H\cdot \quad + \quad O_2 \quad \rightarrow \quad HO\cdot \quad + \quad O\cdot$$

ラジカルトラップ

$$HO\cdot \quad + \quad HX \quad \rightarrow \quad H_2O \quad + \quad X\cdot$$
$$X\cdot \quad + \quad RH \quad \rightarrow \quad HX \quad + \quad R\cdot$$

$$X = Cl, Br$$

図3　ハロゲン系難燃剤の難燃効果

3. 2　リン系難燃剤

　リン系難燃剤は，ノンハロゲン難燃剤の代表例として多くの分野で幅広く利用されている。リン系難燃剤には無機リン系と有機リン系があり，無機リン系としてはポリリン酸アンモニウム（APP）やポリリン酸メラミン（MPP）が挙げられ，有機リン系としてはリン酸エステル系が挙げられる。ここではウレタンフォーム用難燃剤の主流であるリン酸エステル系難燃剤について説明する。

　リン酸エステル系難燃剤は，熱分解してポリメタリン酸を生成し，これが高分子材料表面で保護被膜を形成し酸素を遮断する。また，ポリメタリン酸による樹脂の脱水反応により高分子材料表面に炭化層であるチャーを形成する。このチャーにより熱伝達を抑制して樹脂の分解を抑制し，可燃性ガスの空気中への拡散を防ぐことで燃焼を止める（図4）。さらに，一部のリン系化合物ではラジカルトラップの効果も認められている。

　このように複数の難燃機構を持つリン酸エステルは高い難燃性を示すが，チャーを形成するには材料となる樹脂と脱水反応する必要があるため，酸素を含有しない樹脂では効果がうまく発揮されず材料が限定されてしまうことが大きな課題である。

　チャーを形成しにくい樹脂に対しては，多価アルコールのような化合物を炭素源として添加することでチャーを形成することが可能になる。ただし，燃焼時にドリップしやすい樹脂の場合では形成したチャーが流れ落ちてしまうため十分な難燃性を得ることができない。この場合には，窒素系化合物のように分解時に不燃性ガスを発生させる添加剤をさらに添加することで，ドリップしにくい発泡体状のチャーを形成することも可能である。炭化発泡に必要な材料を全て添加するため，対象樹脂を選ばず，リン酸エステル単体では効果を示さない樹脂にも効果が期待でき

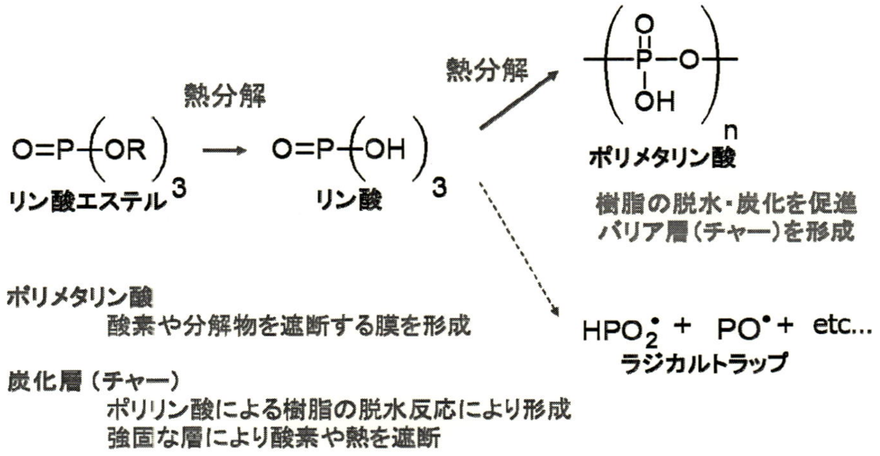

第 10 章　難燃剤と難燃化技術

図4　リン酸エステル系難燃剤の難燃効果

る。デメリットとしては，使用できる窒素化合物は塩のタイプが多いので耐熱性が低く，耐水性も良くない。また，難燃剤以外にも種々添加するため，トータルとして添加量が増えてしまうことも課題である。

3. 3　水酸化金属系難燃剤

水酸化アルミニウムや水酸化マグネシウム等の水酸化金属系難燃剤もよく使用される。難燃機構は分解時の吸熱反応による樹脂の熱分解の抑制，空気と比較して熱容量の大きい水蒸気を分解時に発生することによる材料への熱伝達抑制，発生した水蒸気による可燃性ガスの希釈効果の複合効果である。金属水酸化物は，比較的安価で化合物自体の安全性も非常に高いが，十分な難燃効果を発揮させるためには多量の添加が必要となる。その結果，樹脂が重くなったり，樹脂物性が低下することが課題である。

4　ウレタンフォームの難燃規格と評価方法

ウレタンフォームは，その用途毎に難燃規格が定められている。この規格に合格するため種々の難燃剤が用いられているが，主に用いられる難燃剤は含ハロゲンリン酸エステル系難燃剤である。ここでは，用途毎の難燃規格と試験方法，および主に使用される難燃剤について説明する。

4. 1　自動車

自動車には，シート，ヘッドレスト，アームレスト，インパネパッド等多くのウレタンフォームが使用されており，その中で最も使用量が多いのはシート用途である。シートは，内側にモー

171

ルドフォームが使用され，表皮材と張り合わせた厚さ数 mm～十数 mm のスラブフォームがこのモールドフォームを覆う形で形成されている。内側のモールドフォームは，ほとんどの場合そのままで難燃規格に合格するため，難燃剤を添加していないケースが多い。外側のスラブフォームは，フォーム単体または表皮材と張り合わせたラミネート材として難燃規格に合格する必要がある。難燃規格としてはアメリカの自動車向け規格である FMVSS（Federal Motor Vehicle Safety Standard）302 試験が用いられる。

　FMVSS302 試験は図 5 に示す試験機を用い，試験片を横向きに置き燃焼した際の燃焼距離および燃焼速度によって合否判定を行う。自動車の場合，火災の際に搭乗者が逃げるのに十分な時間を稼ぐという観点から燃焼速度も判定基準となる。ただし，多くの車メーカーでは判定基準のうち最も厳しい燃焼距離 38 mm 以下であることを自主基準としている。ドリップの有無は問われないため，難燃剤の可塑性や処方により火種ごと落として燃焼を止める方法が可能である。

　また，添加する難燃剤に VOC 成分が多く含まれると揮発した成分により自動車の窓が曇ることから，難燃剤の選択にはフォギング性も重視される。試験方法としてはウレタンフォームを 80℃×20 時間加熱した際のガラス板の霞度で評価する TSM0503G 法，または 100℃×16 時間加熱しアルミ箔への付着量で判断する DIN75201 B 法が用いられる。合格基準はメーカーや車種毎に様々である。海外の高級車向けにはドイツ自動車産業協会の難燃規格である VDA（Verband der Automobilindustrie）278 法が用いられることが多い。この試験は，車室内内装材料から放散する有機化合物を加熱脱離法で分析する規格であり，車室内の非金属材料である繊維，接着剤，発泡プラスチック，人工革等から放散される有機化合物が分析対象である。VOC 成分をトルエン換算値で，C16-C32 までの沸点の高い FOG 成分をヘキサデカン換算値でそれぞれ算出し，個々の化合物の同定・定量も行う。さらに，近年では特に欧州や中国で低臭気ウレ

図 5　FMVSS302 試験機

第10章　難燃剤と難燃化技術

タンフォームのニーズが高まりつつあり，ウレタン臭気に影響を与えない難燃剤が求められている。

　自動車用軟質フォームに使用される難燃剤は，海外ではトリス（ジクロロプロピル）ホスフェート（TDCP）が使用されることも多いが，国内ではポリオキシアルキレンビス（ジクロロアルキル）ホスフェート（CR-504L）が多く使用されている。20 kg/m^{3}のフォームの場合，難燃規格に合格するには22部ほどの添加量が必要になるものの，フォギング性，スコーチ性等の性能も加味した上で最もバランスの良いCR-504Lが長年にわたり使用されている。

4.2　家具

　家具には，ベッドやソファー向けにクッションやマットレス用途として軟質ウレタンフォームが多く使用されている。日本国内では家具用ウレタンフォームの難燃規制は特にないが，欧米では難燃規格があるため輸出品を中心に難燃性が重視される。

　米国の難燃規格はCAL117であり，寝タバコを想定した燻り試験であるスモルダー試験が要求される。この試験は，イス型にセットしたウレタンフォームにタバコを置き，その上にかぶせた布の燃焼具合，燻り具合によって判断する試験である。試験開始45分後も煙の発生がある，布が垂直方向に38 mm以上焦げる，炎が上がる，の3つのうちいずれかに該当すると不合格となる。

　欧州での難燃規格はBS5852試験である。これはアメリカのCAL117よりさらに厳しい試験内容であり，イス型に組んだウレタンフォームに表皮材をかぶせ，その上にアルコールに浸した木片を組み，火をつけた際の燃焼挙動により判定を行う。燃焼後のウレタンフォームの重量ロスが一定量以下であり，10分以内に消火することが求められる。

　CAL117スモルダー試験の様子を図6に，BS5852試験の様子を図7に示す。

　家具用途として用いられる難燃剤としては，主にトリス（クロロプロピル）ホスフェート

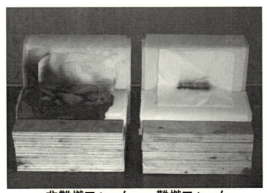

非難燃フォーム　　　難燃フォーム

図6　スモルダー試験

機能性ポリウレタンの進化と展望

図7　BS5852 試験

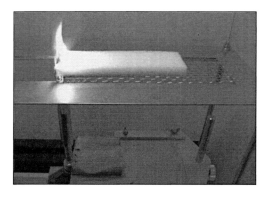

図8　UL-94 HF 試験

(TCPP) が使用されている。

4.3　電子材料

　電子材料においても，その高い吸音性，遮音性，断熱性，シール性，防振性等の特徴を生かして多くの部位にウレタンフォームが使用されている。電子材料に用いられるフォームの難燃化に関しては，ドリップで周りを汚さずに自消すること，使用中にハロゲン化水素が発生しないようにノンハロゲン系であることの2点が求められる。

　難燃規格としては，UL規格が中心であるが，他にも IEC 規格，CSA 規格，ISO 規格，EN 規格などがあり，海外への輸出製品の場合はこれら規格への合致が義務付けられている。

　図8に示す UL-94 HF 試験はアンダーライターズラボラトリーによって取り決められた難燃試験方法であり，自動車用の FMVSS302 とほぼ同様の試験であるが，試験片の下に置いた綿への着火の有無も重視される。燃焼距離 60 mm 以下で綿着火無しが HF-1，綿着火有りが HF-2 となる。主に使用される難燃剤としては，ノンハロゲンのリン酸エステル系難燃剤である

第 10 章　難燃剤と難燃化技術

DAIGUARD-880 が挙げられる。DAIGUARD-880 は，設計上炭化し易くたれ落ちが少ないため，少ない添加部数で HF-1 合格となる。

4.4　建材

ウレタンフォームは住宅用の建材としても多く使用されている。主に硬質フォームが用いられており，高い断熱性および耐湿性が特徴である。

建材に関する燃焼試験は，建築基準法に基づいてコーンカロリーメーターでの発熱性試験（ISO 5660-1）が用いられる（図 9）。10 cm 四方のサンプルを輻射熱強度 50 kW/m^2 で加熱し，最大発熱速度 200 kW/m^2 かつ総発熱量 8 MJ/m^2 以下を，加熱時間 20 分にわたり維持できるものを不燃，10 分以上維持できるものを準不燃，5 分以上維持できるものを難燃材料としている。また，同時に発生ガスの有毒性試験も求められ，マウスの行動が停止するまでの時間で判断する。一般的に難燃剤としては TCPP が用いられることが多い。

4.5　その他

上記用途以外で難燃規格があるものとしては，鉄道車両用の A-A 基準や，航空機用の AR25.853（b, c）などが挙げられる。A-A 基準は，斜め 45 度にセットしたウレタンフォームの下に置いたアルコール入りカップに火をつけ，消火後の残炎時間，炭化面積などにより判定を行う。鉄道では一度火災になると多くの乗客に被害が及ぶことから，自動車用の FMVSS302 試験より厳しい試験内容となっている。

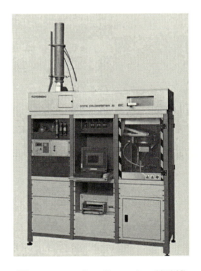

図 9　コーンカロリメーター試験機

5　難燃剤の選択

現在は多くのウレタンフォーム用難燃剤が上市されているが，用途に応じて適切な難燃剤の選択が必要である。

難燃機構の項でも触れたように，リン酸エステル系難燃剤は熱分解により保護被膜やチャーを形成するが，それが適切なタイミングで行われることが重要である。具体的には，対象とする高分子材料の分解温度よりもやや低い温度で分解することが好ましい。各種樹脂の分解温度を表2に示す。ポリウレタンの分解温度はおよそ150～250℃であるため，ウレタンフォーム用の難燃剤はそれより30～50℃低い温度で分解するものがよい。

難燃剤の選択において，コスト，VOC，フォーム物性などの面から，当然ながら少量の添加

表2　各種樹脂の分解温度

ポリマー	分解温度 /℃
ポリエチレン（PE）	340～440
ポリプロピレン（PP）	330～410
ポリスチレン（PS）	300～400
塩ビ（PVC）	200～300
ポリメチルメタクリレート（PMMA）	170～300
ポリカーボネート（PC）	350～400
ポリエチレンテレフタレート（PET）	285～305
ポリウレタン	150～250

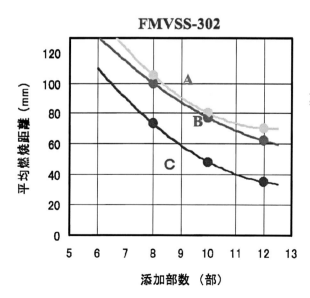

図10　難燃剤のリン・塩素含有量とそのFMVSS302試験結果

第 10 章　難燃剤と難燃化技術

で効果が高いものが望ましい。一般的には，難燃元素であるリンとハロゲンの含有量が多い難燃剤の方がより高難燃である。しかし，実際にはそれだけではなく，化合物の構造や難燃試験方法との相性も考慮する必要がある。例として，自動車用の試験である FMVSS302 試験での各種難燃剤のリン・塩素含有量とその難燃効果を図 10 に示す。横軸が難燃剤の添加部数，縦軸が平均燃焼距離であり，グラフがより左下にあるほど低添加量で燃焼距離が短く高難燃であることを表す。リン・塩素の含有量に反して難燃剤 C が最も高難燃であり，その構造や分解温度も大きく関係していることが確認できる。

　また，難燃剤と燃焼試験との相性も重要である。例えば，A 試験ではある難燃剤より他方の難燃剤の方が優れていても，B 試験では逆の結果となるケースもある。具体的には，自動車用難燃規格である FMVSS302 試験では火種ごと落として燃焼を止めるタイプの難燃剤が選択できるが，電子材料用の UL 規格 HF 試験ではドリップした火種が下の綿を燃焼させてしまうと低グレードと判定されてしまうことから，ドリップしやすい難燃剤は用いられない。同様に，家具用フォームのスモルダー試験（たばこ試験）は，フォーム表面でのくすぶり試験であるため気相で効果を発揮するハロゲン系では効果が乏しく，FMVSS302 で効果があっても家具用試験では効果が小さくなる。このように要求される物性や難燃試験方法を吟味した上で，より良い難燃剤を選択し，最小限の添加量で性能を満足させることがコスト的にも物性的にも重要なファクターとなる。

6　おわりに

　ウレタン用に限らず，難燃剤に関しては環境問題による法規制や臭気といったユーザーからの要望が年々厳しくなっている。しかしながら，ウレタン用難燃剤として使用されるリン酸エステルは比較的合成が容易であり，選択される原料によっては各種規制に適応可能な化合物を得ることは可能である。また，環境安全面からも低濃縮性であることから環境残留性が極めて低く安全性が高いという特徴がある。リン酸エステル系難燃剤には，更なる分子構造の改良や他の難燃剤との併用など検討する余地も多く，今後もより効率的かつ環境に配慮した難燃剤の開発に取り組んでいきたい。

第11章　添加剤

八児真一*

1　はじめに

ポリウレタンの添加剤を担当することになったので，ポリウレタンの劣化と劣化防止を出来るだけメカニズムも含め何故そうなるかという観点から解説する。

2　高分子の劣化

先ず一般的な高分子の劣化現象と劣化機構から解説する。表1は劣化因子と劣化現象を整理したものである。高分子材料の劣化因子として，熱，紫外線，γ線，酸素，重金属イオン，機械的剪断力，NO_xガス，水分等がある。ここでいう高分子材料は既に添加剤等が配合されている市販の高分子材料を指す。これらの劣化因子が製造時，加工時，使用時に複雑に絡み劣化するのであるが，劣化現象としては，引張物性，衝撃強度などの物性低下と，変色，亀裂（クラック），

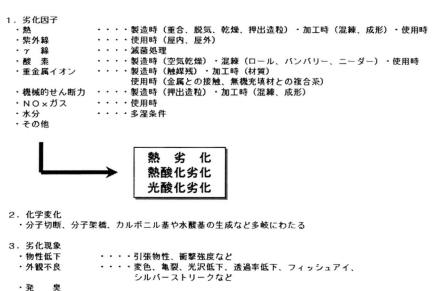

表1　劣化因子と劣化現象

---

*　Shinichi Yachigo　第一化成㈱　顧問

第11章　添加剤

光沢（グロス）低下，透過率低下（ヘーズ），フイッシュアイ，シルバーストリーク等の外観不良，更に酸化劣化が極度に進むと嫌な酸化臭になる。物性低下で品質クレームになる事は少ないが，外観不良による品質クレームや品質トラブルは時々見受けられる。品質クレームや品質トラブル対策上，外観不良の原因や対策は重要である。ポリウレタンは特に変色しやすいポリマーであり，変色問題は第5章で詳しく解説する。化学反応としては，分子切断，分子架橋，カルボニル基や水酸基の生成など多岐にわたる。高分子材料の劣化は熱劣化，熱酸化劣化，光酸化劣化に大別される。

高分子材料の劣化機構の基本は，図1に示すラジカル連鎖からなる自動酸化機構（熱酸化劣化機構）である。詳細は割愛するが，炭化水素ポリマーのPEやPPなどのポリオレフィンは図1の自動酸化機構に従って熱酸化劣化が進むので，劣化防止の対策も立てやすい。

ポリエステル，ポリアミド，ポリウレタンのようなC，Hの他OやNからなるポリマーの熱酸化劣化は図1の自動酸化だけでなく，加水分解の要素も加わり複雑である。これらのエンプラやポリウレタンの劣化防止が難しいのはこのためでもある。

太陽光線はオゾン層でガンマ線，X線，一部の紫外線が吸収され，地表には290 nm以上の波長の紫外線，可視光線，赤外線が降り注いでいる。290 nmから400 nmの紫外線は約6％であるが，エネルギーが強くポリマーの光酸化劣化を考える上で重要である。図2にポリマーの光酸化劣化機構を示した。RHからの右半分は自動酸化機構そのものである。光酸化劣化の特徴は

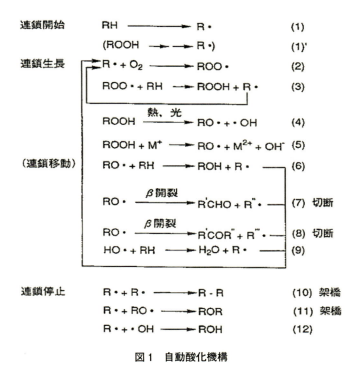

図1　自動酸化機構

機能性ポリウレタンの進化と展望

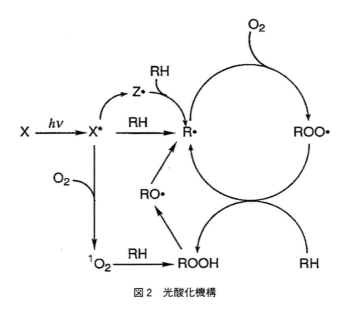

図2　光酸化機構

左半分で，Xの存在である。XはChromophoreと称し，ここでは得体の知れないものとしておく。Xは太陽光線中の紫外線$h\nu$により励起状態のX*になり，分解してZ・になりRHからH・を引き抜きR・を生起したり，X*はRHに作用し，R・を生起させたり，X*はO_2に作用して一重項酸素$^1O_2$になり，RHに対してダイレクトに入りROOHになると言われている。

表2はChromophoreを示したもので，触媒残渣やROOH，C=O，不飽和基，ROO・，微量金属，多環芳香族化合物，活性酸素，CT錯体，顔料等の添加剤と多岐にわたっている。光酸化劣化を引き起こすkeyになるものはChromophore Xであるが，光酸化劣化を引き起こしやすいポリマーを大きく二つに分類する事ができる。PPやPE等は不純物としてXが存在するものであるが，PA（ポリアミド），PBT（ポリブチレンテレフタレート），PC（ポリカーボネート）等のエンジニアリングプラスチックス（エンプラ）やポリウレタンは構造単位や官能基にC=O，フェニル基などを有しており，Xの塊である。PPやPEは不純物としてXを含有しているの

表2　Chromophore

重合・造粒工程時	成型加工・保存時	Chromophore	ポリマー例
触媒残渣，ROOH，C=O 不飽和基　等	ROOH，ROO・，C=O，不飽和基，微量金属，多環芳香族化合物，活性酸素，高分子と酸素の電荷移動錯体（CT錯体），顔料等の添加剤	不純物 ROOH，C=O 不飽和基，金属　等	ポリプロピレン（PP） ポリエチレン（PE）
		構造単位や官能基 C=O，フェニル基　等	ポリアミド（PA） ポリブチレンテレフタレート（PBT） ポリウレタン（PU）

で，HALS や紫外線吸収剤などの光安定剤を少量添加するだけで，光劣化を効果的に防ぐ事が出来る。一方，エンプラやポリウレタンは X を沢山有しており，光劣化し易く，光安定剤も効きにくい。一般的に，ポリウレタンの耐光（候）性改善が難しいのはこのためである。

3　高分子の安定化

　表3は安定剤を機能別に分類した表である。安定剤は大きく分けて，劣化の初期過程で作用する連鎖開始阻害剤とラジカル連鎖禁止剤（ラジカル捕捉剤），過酸化物分解剤の3つに大別することが出来る。連鎖開始阻害剤は金属不活性化剤，光安定剤の紫外線吸収剤（UVA），クエンチャーが属し，ラジカル連鎖禁止剤はヒンダードフェノール系，アミン系一次酸化防止剤や光安定剤の HALS 等である。Sumilizer GM は厳密にはラジカル連鎖禁止剤ではないが，無酸素下の R・ラジカル捕捉剤であり，ここに分類した。過酸化物分解剤としては，リン系やイオウ系の二次酸化防止剤が分類される。代表的な製品を一例として示した。

　図3に安定化機構の概略を示した。UVA，Quencher，HALS は光安定剤であるが，UVA は己自身が紫外線 *hν* を吸収して，X が励起状態の X* になるのを防ぐもので，Quencher は X* に作用し，基底状態の X に戻すものである。これらはラジカル連鎖の前に作用するものであり，連鎖開始阻害剤に分類される。HALS は Hindered Amine Light Stabilizer の略号でラジカル連鎖中の R・と ROO・を捕捉，安定化するものである。Hindered Phenol 系，Arylamine 系の Primary Antioxidant（一次酸化防止剤）は ROO・の捕捉剤で，Phosphites や Thiopropionates 等の Secondary Antioxidant（二次酸化防止剤）は ROOH を ROH に還元する過酸化物分解剤である。

表3　安定剤の機能分類

機能大分類	機能小分類		構造分類	商品名
連鎖開始阻害剤	金属不活性化剤		ヒドラジン系	Irganox MD 1024
	光安定剤	紫外線吸収剤（UVA）	ベンゾトリアゾール系	Tinuvin 326
			ベンゾフェノン系	Cyasorb UV-531
			ベンゾエート系	Tinuvin 120
			トリアジン系	Cyasorb UV-1164
		クエンチャー	有機ニッケル系	Cyasorb UV-1084
		HALS	ヒンダードピペリジン系	Sanol LS-770
ラジカル連鎖禁止剤	耐熱加工安定剤		フェノール，アクリレート系	Sumilizer GM Sumilizer GS
	一次酸化防止剤		ヒンダードフェノール系	Irganox 1010
			アミン系	Irganox 5057
過酸化物分解剤	二次酸化防止剤		イオウ系	Cyanox STDP
			リン系	Irgafos 168

181

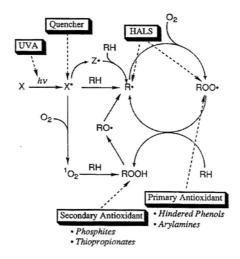

図3　安定化機構

4　ポリウレタン用添加剤

スパンデックス（ポリウレタン弾性繊維）は酸化防止剤（AO），紫外線吸収剤（UVA），HALSなどの安定剤だけでなく，無機化合物も含めた色々な添加剤が細かい繊維の中に配合され，高度な添加剤配合技術が要求されるので，スパンデックスの添加剤配合特許から有効なポリウレタン用添加剤を紹介する。

4.1　スパンデックスの特許例

スパンデックスの代表的な添加剤配合特許例を下記に示す。

1) 東洋紡績の特許

  特公昭62-61612（1987年12月22日）
   出願日　　1979年7月9日
   出願人　　東洋紡績㈱
   発明の名称　ポリウレタン組成物
   発明の目的　耐光性，耐熱性，耐塩素性，燃焼ガス変色性の改善
   発明組成物　ポリウレタン（PU）
       フェノール系酸化防止剤（例；Cyanox 1790）
       ベンゾトリアゾール系紫外線吸収剤（例；Tinuvin 328）
       HALS（例；Sanol LS770）
       セミカルバジド体を含有するヒドラジン誘導体

2) 日清紡績の特許

第 11 章　添加剤

特許公報　第 2625508 号（1997 年 4 月 11 日）

　　出願日　　　1988 年 7 月 12 日

　　出願人　　　日清紡績㈱

　　発明の名称　安定化されたポリウレタン

　　発明の目的　耐光性，耐 NO_x 性，耐塩素性，耐熱性の改善

　　発明組成物　PU

　　　　　　　　フェノール系酸化防止剤（例；Sumilizer GA-80）

　　　　　　　　ベンゾトリアゾール系紫外線吸収剤（例；Tinuvin P）

　　　　　　　　HALS（例；Sanol LS770）

　　　　　　　　セミカルバジド系化合物（例；HN-150）

3）日清紡績と共同薬品の共同出願

　　特開 2005-213710（2005 年 8 月 11 日）

　　　　出願日　　　2004 年 2 月 2 日

　　　　出願人　　　日清紡績㈱　&　共同薬品㈱

　　　　発明の名称　ポリウレタン弾性繊維

　　　　発明の目的　耐熱性，耐候性，耐 NOx 性，耐塩素性の改善

　　　　発明組成物　PU

　　　　　　　　　　Irganox245（フェノール系酸化防止剤）

　　　　　　　　　　Tinuvin622（HALS）

　　　　　　　　　　ベンゾトリアゾール系紫外線吸収剤（例；Tinuvin 328）

　　　　　　　　　　セミカルバジド系化合物（例；HN-150）

　何れも発明の目的は耐光（候）性，耐熱性，耐塩素性，耐燃焼ガス変色性（耐 NO_x 性）の改善である。耐塩素性は水着などに使用されるからであり，耐燃焼ガス変色性（耐 NO_x 性）はスパンデックスに限らずポリウレタンは非常に変色しやすいポリマーである為である。

　発明組成物は，ポリウレタン（PU）／フェノール系 AO ／ベンゾトリアゾール系 UVA ／ HALS ／セミカルバジド系化合物と共通している。

4. 2　スパンデックス用添加剤の特徴

4. 2. 1　基本配合

　スパンデックスの添加剤の基本配合は上記特許にあるように，酸化防止剤＋光安定剤＋ NOx 変色防止剤が基本であり，この他目的に応じて，耐塩素剤や艶消し剤，膠着防止剤，染色向上剤などが配合される。

4. 2. 2　酸化防止剤（AO）

　AO としてフェノール系 AO が用いられているが，PP や PE 等に一般的に用いられている Irganox 1010，Irganox 1076 のような両ヒンダードフェノール系 AO ではなく，Cyanox

1790，Sumilizer GA-80，Irganox 245 などの片ヒンダードフェノール系 AO であるのは興味深い。事実，これらの片ヒンダードフェノール系 AO はスパンデックスの AO としては主流である。その理由として，片ヒンダードフェノール系 AO は耐 NO_x 変色性に優れている為ではないかと考えている。

4. 2. 3 紫外線吸収剤 (UVA)

PU は Choromophore の塊で光劣化しやすく，UVA としてベンゾフェノン系，ベンゾエート系やベンゾトリアゾール系などがある中で，ベンゾトリアゾール系に限定されているのは290 nm から 400 nm の太陽光線中の紫外線を効果的に吸収するためである。Tinuvin 328，Tinuvin P，Tinuvin 326 等がよく用いられていたが，重合溶媒の Dimethylacetoamide (DMAC) を蒸留回収する際に，蒸散して DMAC に溶け込んだ添加剤が結晶化しフィルターや冷却コンデンサーの目詰まりを引き起こしプラントを停止させるというトラブルが発生する事があり，これを回避する為に，蒸散しにくい分子量の大きい Tinuvin 234 が用いられる傾向にある。

4. 2. 4 HALS

PU は Choromophore の塊で光劣化しやすく，PP，PE などと比べて HALS の効果が出にくい。それだけに，HALS の短所を如何に抑えるかを考えるべきである。すなわち，HALS はフェノール系 AO の変色を促進させる作用があり，NH HALS（例：Tinuvin 770）＞N メチル HALS（例：Chimassorb 119）＞N アルキレン HALS（例：Tinuvin 622）の順に変色しやすいので，耐変色重視から Tinuvin 622 が好ましい。

4. 2. 5 NO_x 変色防止剤

スパンデックスの添加剤として，セミカルバジド体を含有するヒドラジン誘導体やセミカルバジド系化合物が用いられているが，これらは燃焼ガス変色性や NO_x 変色性を改善するためである。セミカルバジド系化合物として HN-150 が比較的簡単に入手できることから多くのスパンデックスメーカーで使用されているが，中には独自のセミカルバジド化合物をノウハウとして使用しているスパンデックスメーカーもある。

4. 2. 6 染色向上剤

3 級アミンを有する化合物で，アクリル系とウレタン系があり，染色性はアクリル系（Metacrol 2138F）が優れるが，染色堅牢度と耐熱性はウレタン系（Metacrol 2462B）が優れると言われ，使い分けがなされているようである。

4. 2. 7 無機系添加剤

耐塩素剤（ハイドロタルサイト，酸化亜鉛）や艶消し剤（酸化チタン），膠着防止剤（ステアリン酸マグネシウム）等の無機系添加剤が用いられる事があるが，これらは紡糸の際に糸切れの原因になる事から，ビーズミルにより超微細化して用いられている。また，製法，粒径，表面コーティングなど，各社のノウハウがあることから，慎重な選定が求められる。

第 11 章　添加剤

4.2.8　ゼネリック品

AO, UVA, NOx 変色防止剤, 染色向上剤は, 特許切れにより韓国, 中国などでゼネリック品が開発され, 添加剤コストの低減化が進んでいる。異物のコンタミが糸切れの原因になる事から, 切り替えについては慎重な対応が求められる。

以上, スパンデックスに用いられている添加剤を紹介したが, これらはポリウレタンの添加剤配合設計に十分参考になると考える。

5　高分子の変色問題

ポリウレタンは特に変色しやすいポリマーであり, 外観不良の中でも変色問題は目につきやすく, 品質クレーム, 品質トラブルになりやすいので, 一般的な変色の原因とメカニズムを詳しく紹介する。

5.1　変色原因

図 4 に示す通り, 高分子材料の倉庫保管時（暗所）の黄変やピンキング, 赤変は熱, 酸素, 湿気, PH, NOx 等が絡み合って起こるが, これらの変色は大きく分けて, ポリマー自体が変化して変色する場合と添加した添加剤が変化して変色するケースがある。

ポリマー自体が変化して変色するケースは稀であって, そのほとんどは添加剤が変化して変色するのであるが, ポリウレタンはその稀なケースに当てはまり, ポリウレタンの変色防止が容易でないのは添加剤による変色とポリウレタン自体の変色とダブって起こるためである。

添加剤が原因の場合, 高分子材料の倉庫保管中などの暗所変色（黄変, ピンキング, 赤み変色など）は,

1) BHT などのフェノール系 AO,
2) NO₂ ガスなどの酸化剤,

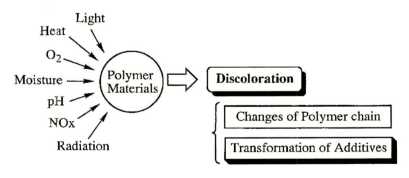

図 4　高分子材料の変色

機能性ポリウレタンの進化と展望

3）pH, 特に塩基性
4）湿気

の4つの条件が揃った時に起こりやすい。

5. 2　変色メカニズム

図5にBHTの変色メカニズムを示す。BHTがNO_2と反応し，フェノキシラジカルO・になるが，これは共鳴によりC・となり，二つ目のNO_2がアタックし，キノンナイトロールという化合物になる。このキノンナイトロールは水と反応して，キノンメチド（QM）と亜硝酸（HNO_2）になる。

QMは，融点が48～50℃の黄色の固体であるが，室温で安定期が10分以下という不安定な化合物である。QMは黄色の化合物であるが，これが黄変物質ではない。図6の通り，QMが二量化不均化反応し，無色のジフェニルエタン誘導体と赤レンガ色のスチルベンキノン誘導体（SBQ）になるが，このSBQがBHTの変色物質である。

この様に考えると，変色の4つの条件の内，BHT，NO_2，湿気（水）は直接反応に関与しており分かりやすい。pHの問題は次のように考える事ができる。図5のBHTの変色メカニズムで，2つ目のNO_2のアタック反応と，キノンナイトロールと水との反応は平衡反応である。キノンナイトロールは水と反応し，QMと亜硝酸（HNO_2）になるが，この系にアルカリ性（塩基性）のものがあれば，亜硝酸は例えば水酸化ナトリウムと反応すれば，亜硝酸ナトリウムと水になる。アルカリ性（塩基性）のものがあれば，亜硝酸が消費され，平衡反応はQMの方向に進み，二量化不均化反応によりSBQとなって，変色するのである。

よくBHTの黄変が問題にされるが，BHTを1076，1010等のフェノール系AOに替えると，変色問題は解決するか？　筆者の経験ではそんな事はなく，フェノール系AO共通の問題と考えた方が良い。4つの条件の内，1つでも避ける方法も変色防止の一つの考え方である。

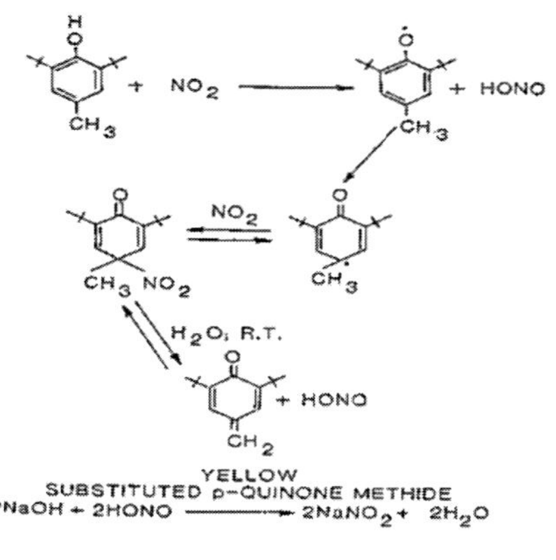

図5　BHTの変色メカニズム

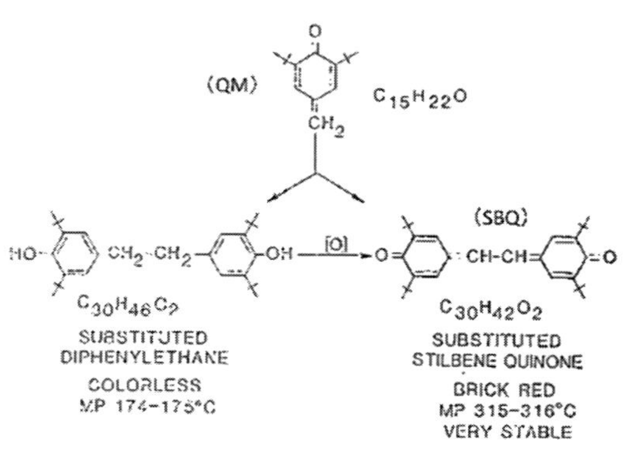

図6　QMの二量化不均化反応

第 11 章　添加剤

5.3　何故片ヒンダードフェノール系 AO が変色しにくいか？

写真 1 は BHT，1010，GA-80 の粉末に 3% の NO_2 ガスを 25℃ 30 分暴露した写真である。BHT や 1010 は黄褐色に強く変色しているが，GA-80 は微黄色でほとんど変色していない。BHT の黄変やピンキングはよく知られており，その対策として 1076 や 1010 への代替を奨められる事があるが，1010 も BHT 同様に変色しやすい事に留意する必要がある。

GA-80 は写真 1 のように耐 NOx 変色性に優れるという特長を有しており，その理由を化学的に明らかにする為，図 7 のモデル実験を行った。即ち，四塩化炭素中でフェノール系 AO と NO_2 ガスを反応させ，反応溶液を LC の 280 nm と 450 nm の波長で検出し，図 8 の結果を得た。280 nm はどの程度反応したかを調べるためで，450 nm は BHT の SBQ の λ max が 450 nm であり，着色物質を検出するためのものである。反応生成物をカラムクロマトで分離単離し，構造解析した結果，図 9 の化合物 (A)，(B)，(C) の構造式を特定した。GA-80 は NO_2 と反応すると最終的には着色しにくい化合物 (C) になることで，BHT からの SBQ と違って，

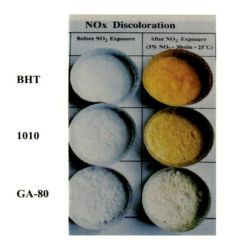

写真 1　BHT，1010，GA-80 の NOx 変色性

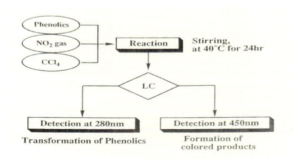

図 7　NOx ガス変色モデル実験

機能性ポリウレタンの進化と展望

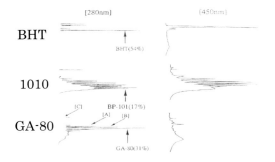

図8 NOxとの反応液のLCチャート

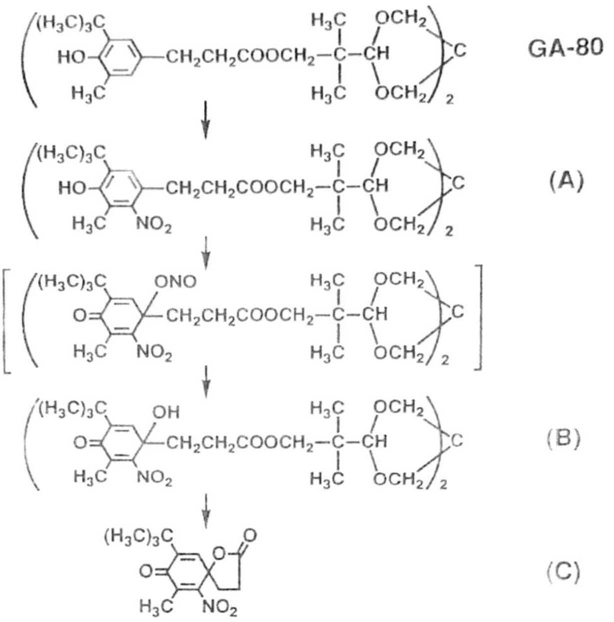

図9 GA-80とNOxとの反応経路

着色しにくい事が分った。GA-80とNO$_2$との反応経路を図9に示した。

　これがスパンデックスにGA-80などの片ヒンダードフェノール系AOが好んで用いられている理由と考える。

第11章　添加剤

6　ポリウレタンに用いられている添加剤の例

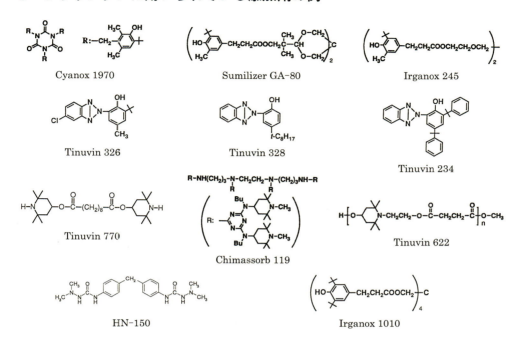

7　まとめ

①ポリウレタンが劣化しやすいのは，ラジカル連鎖からなる自動酸化だけでなく，加水分解などの要素が入っている為で，劣化防止も単純ではなく，PP, PE 等に比べて難しい。

②ポリウレタンは芳香環やエステル結合，アミド結合を持ったエンプラ同様 Chromophore X の塊であるが，エンプラよりも更に光劣化しやすいのは，ウレタン結合のため X の作用がより強いためと考えられる。

③ポリウレタンが非常に変色しやすいのは，添加した添加剤（フェノール系酸化防止剤）が変化して変色するだけでなく，ポリウレタン自体も変化して変色する為である。

④ポリウレタンの耐熱性 UP という観点からは，ラジカル連鎖からなる自動酸化以外の対策が十分進んでいない為に，PP, PE 同様にフェノール系酸化防止剤などに頼らざるを得ない。両ヒンダードフェノール系よりも Sumilizer GA-80 のような片ヒンダードフェノール系が耐変色性という観点から好ましいと考える。

⑤ポリウレタンの耐光性 UP は太陽光線を広範囲に吸収するベンゾトリアゾール系 UVA が好んで用いられている。HALS との相乗効果は PP, PE などと比べると顕著でない。

⑥加水分解防止剤としてカルボジイミド化合物が開発されているが，まだ十分なレベルとは言い難く，今後の更なる研究開発を期待したい。

第12章　成形加工プロセス～ポリウレタン
コンポジット成形について～

外山　寿[*]

1　はじめに

ポリウレタンの複合材料の歴史は古く，特にガラス繊維，無機材料との組み合わせによるポリウレタン複合材料は多岐に渡って使用されている。近年，炭素繊維による複合材料が脚光をあびるに至ってポリウレタンの複合材料にも関心が高くなっている。

炭素繊維を使った製品はスポーツ用品（釣り具，ゴルフシャフトなど）から始まり，近年では航空機で多用されるようになったが，通常の製品からはいわばニッチと言われる限られた分野の高機能材料であった。そこにご存知の様にカーボンカーと言われる骨格をCFRPで製造されたニューコンセプトの自動車が販売されるようになった。2014年はヨーロッパにおけるCFRP量産自動車販売元年ということでCarbon Fiber Reinforced Plastic（CFRP）について関心が持たれている。過去に自動車における炭素繊維の使用は軽量化と強靭なボディー構造を要求されるFormula 1などのレーシングカーなどでは部分的に導入されてきたが，そのプロセスはVaRTM（バキューム　レジン　トランスファー　モールデイング），PrePreg（プレプレグ）などであった。

車両用構造体に使用される材料は鉄と同等またはそれ以上の機械的物性，温度安定性など過酷な使用条件をみたさなければいけない。また品質の安定性，材料コスト，生産コストを満足する条件の複合材料の組み合わせが必要となる。したがって炭素繊維との接着性がよく樹脂自体が強靭で熱安定が高い樹脂が必要となる。残念ながらポリウレタン樹脂の性格上この条件を満たすには機械強度，硬度など構造材として難しい点がある。この場合の代表的な樹脂となると熱硬化性のエポキシ樹脂ということになる。

反面ポリウレタンの弾性特性を活かした特質ある製品として軽量化バネなどがすでに大量生産に入っている。ここではこれから国内でも注目されるRRIM（Reinforced Reaction Injection Molding）ポリウレタンRTM（Resin Transfer Molding）を中心に説明する。

2　RRIM（Reinforced Reaction Injection Molding）

日本に最初にRRIMが導入されたのは1980年代，ポリウレタンのエラストマー（マイクロセルラーRIMエラストマー）でバンパーをRIM成形し始めた頃，粉砕ガラス粉やガラス繊維

---

[*]　Hisashi Toyama　Cannon S.p.A

第 12 章　成形加工プロセス〜ポリウレタン コンポジット成形について〜

（グラスチョッパー）をポリオールに 10〜15％混合して成形していた。プロセス装置については非常に厳しい条件下での使用となり，ガラス繊維やガラス粉をポリオールに計量，混合するのは作業者によるもので，良い環境ではなかった。また成形機は混合されたポリオールをイソシアネートと衝突混合させるための高圧ポンプ，配管，ミキシングヘッドは常時，フィラーとして混合されたガラス繊維，粉によって摩耗される状態のため，メンテナンスコストがかかるものであった。主なアプリケーションは自動車用バンパーやオートバイカウルなどのエクステリアパーツであったため，熱可塑性樹脂の PP，PPE などが改質されて表面性が良くなり塗装が可能になるにつれて，ポリウレタン RIM RRIM から置き換わっていった。1990 年代前半には国内では絶滅したと思われる。

　しかしヨーロッパでは少量生産の高級車に根強く使われ続けており，特に少量生産車において熱可塑樹脂のインジェクションモールディングではツールコスト，特に金型コストが高く採用できないという問題点があることで RRIM が細々ながら使われてきた。ここでいう少量生産とは日当たり 100 から 150 台ぐらい，年間 2 万台から 3 万台ぐらいの生産量以下を言う。表 1 のヨーロッパでの PURRIM と TP インジェクションモールディングの投資比較を見るとわかるように全体投資（初期投資）で約半分，追加製品における金型費の比較では 1/4 という結果である。半面生産性という面ではサイクルタイムが 6〜7 分とインジェクションモールディングに比べ 20〜50％ぐらい長い為，よって生産量は前にあげた 100〜150 個 / 日ということになる。この辺りが日本で使われなくなった理由の一つだと考える。

表 1　RRIM と TP の投資比較

	RRIM	TP
MOULD	200	800
PRESS	600	1200
DOSING UNIT	600	1200

機能性ポリウレタンの進化と展望

約 30 年の間でヨーロッパでは少しずつではあるが，材料，プロセスが進化するとともに生産装置においては流量計や耐摩耗処理，制御技術の進化により問題点が克服され，従来の RRIM からは大きく進化して採用されるようになってきた。その一つの理由に軽量化が挙げられる。従来のガラス繊維による RRIM では比重は 1.17〜1.20 g/cm^3 以上とガラス強化された PP と同じくらいか PPS よりは軽いが PPE の 1.06 g/cm^3 に比べれば重く，原料価格からすると高価という状態であった。

自動車車両におけるここ最近の要求はより軽さが求められる中，新しい RRIM ではガラス繊維に代わって炭素繊維を使うことにより従来よりも軽くすることが可能になった上，引っ張り強度を向上させることもできるようになり，マトリックスとしてのポリウレタンは熱可塑性樹脂に比べ炭素繊維との濡れ性，接着強度も高く，形状復元性にも優れる特性があり，バンパーやフェンダーなどの大型外装部品として使われる様になった。特に最近のバンパーの大型傾向に対してインジェクション成形ではホットランナーなどを組み込んだ高価な金型と大型成形が必要となるが，RRIM 成形では注入される原料状態が液状のため金型にかかる圧力も低く抑えることができ，反応速度を調整することによりインジェクション成形では難しい大きさまで成形が可能になる。

軽量化のもう一つの手法としてインジェクション成形でも試みられているグラスバブルをポリオールまたはイソシアネートに混合して比重を軽くするという方法である。グラスバブルの密度は 0.125〜0.60 g/cm^3 と非常に軽いのが特徴となっている。インジェクションの溶解した熱可塑樹脂に比べポリウレタンの場合は粘度が低いため，容易に大量のグラスバブルを混合することができるので，より軽量化が可能となる。グラスバブルはインジェクション成形で使われるグレードのもので，近年耐破損性が向上したものが上市している。

また同様に炭素繊維の短繊維（繊維長 100〜500 μm ぐらいのリサイクルカーボンファイバー）は容易にポリオールに分散することが可能である。カーボンファイバーの使用については多くの研究がなされているが，それは主に熱可塑樹脂のペレットにバージンのカーボンファイバーを 100 μm ぐらいにカットして混練りして使用するもので，混入量も 15〜20% ぐらいであり，インジェクション成形時にファイバーが破損してより短繊維になる場合もある様である。ポリウレタン RRIM の場合，過去の経験から 100 μm ぐらいの繊維を混合して使用できることはわかっており，また現在はより長い繊維 500 μm でも使用できる。他の樹脂，特に熱可塑樹脂と大きく違う利点はポリウレタンの原料が液体 2 成分で粘度の高いポリオールでも常温で 2000 Mpas 以下であること，これは炭素繊維を容易に大量に混合することが可能で 40，50% でも混合することができる。また混合によって増粘した場合も，原料温度を 60〜80℃にあげることによって使用可能な粘度にすることができる。

価格の高いバージンのカーボンファイバーをカットして使用するだけではなく，リサイクルとして回収されたより安価なリサイクルカーボンファイバーの中で，使用に難点の多い短繊維のファイバーを使用できることはコストの上でも大きなメリットといえる。

第 12 章　成形加工プロセス～ポリウレタン コンポジット成形について～

表 2　RRIM のバリエーション

	HS-RRIM	HSLW-RRIM	HT-RRIM
	High Speed	High Speed Light weight	High Tensile
フィラー	短繊維ガラス	ガラスビーズ・カーボンファイバー	低密度フィラー
対衝撃性	高い耐摩耗性		非常に良い
成型厚み	2.5～4 mm	2.5～4 mm	2.3～4 mm
成型材料温度	30～40℃	30～40℃	130～190℃
比重	＞ 1,17	＞ 0.98	＞ 1.18
主な特徴	タフ　硬い　エラスティック	－ 12% 軽量	非常に丈夫
アプリケーション	エクステリア	エクステリア	フェンダー，サイドパネル

　強度アップのための炭素繊維と軽量化のためのガラスバブルを混合した原料はミキシングヘッドによって衝突混合され型内に注入されるが，ここでもインジェクション成形に比べグラスバブルの破損率は極めて低く保たれ，結果，上市されている RRIM 製品の比重は 0.98 g/cm^3 と極めて低い値を確保できている。この新しい RRIM によるアプリケーションは大型で軽量且つ形状保持性が高い製品を生み出すことができる。

　軽量化以外にも大きく分けて 3 種類の RRIM が存在するので表 2 に示す。HS-RRIM は従来の RRIM のウレタン原料をより高速反応にし生産能力を高くしたものである。HSLW-RRIM は先に述べたガラスバブルと炭素繊維による軽量且つ強靭性を持たせたものである。

　HT-RRIM はポリウレアによるものである。

3　成形装置

3. 1　フィラープレミックス装置

　30 年もの間に機器環境は大きく変化し，粉体や短繊維を自動計量するシステムは飛躍的に進化し作業者はホッパーにフィラーを投入すればあとは自動で計量・攪拌・調整まで行われる。

3. 2　エアローデイング

　以前の RRIM ではフロンなどを添加して微発泡にするとともに原料の型内流動性をよくしていたが，昨今の環境問題でこれらの有機発泡剤は使われなくなり，新しい RRIM 成形では主にエアーニュークリエーション（一般に言われるエアローディング）をポリオール，フィラーサイドに行い発泡剤と同様の効果を得ている。エアローデイング装置についても，以前は機械式デンシメーター（密度測定装置）を使って制御していたが，現在ではコリオリ式マスフローメーター

機能性ポリウレタンの進化と展望

写真1　プレミックスユニット

写真2　エアローディング

第 12 章　成形加工プロセス〜ポリウレタン コンポジット成形について〜

写真 3　成形機

などを使ってより早く，正確にエアローデイング量を調整できるようになった。エア量は処方によって変わりるが 20〜40 v%ぐらいで使用されている。機器としての能力は 50 v%まである。

3.3　RRIM 注入機

最も大きく変わったのは注入機である。以前より高生産性を求められることからサイクルタイムの短縮のため，硬化時間短縮，原料の反応性は非常に早くする必要があり，当然ゲル化時間も短くなるので短時間に注入を完了しなくてはならない。製品形状は以前より大きくなって注入量はより多くなり，結果注入機の吐出能力は吐出量最大 10 kg/sec ととても大きな流量を発生することができるものになった。製品重量が 3〜10 kg ぐらいなので実際の注入時間は 0.3 秒〜1 秒と非常に短く，この短い注入を正確に制御できるのもクローズループ制御の進化によるものである。

3.4　金型

RRIM の利点は金型費用と工期にある。インジェクションモールディングに比べ金型材質は鉄だけでなくアルミも使用でき，またごく少量のトライアルなどの場合には ZAS 型，樹脂型でも成形することができる。鉄の塊から切削加工することに比べればアルミにおける切削速度は速く仕上げることができるため，昨今の開発時間の短納期にはより対応しやすくなる（表 1）。これは RRIM 成形がインジェクションモールディングに比べて成形時の内圧が低いためで，注入機の最大注入圧＝吐出圧でも 12〜20 MPa で実際には先に述べた様に微発泡になっているので型内圧力はより低くなる。

3. 5 成形プレス

　金型の開閉を含めて成形は縦型の油圧プレスが使用される。このプレスもインジェクションモールデイングに比べて，低い圧力のプレスで対応できる。以前は 600 トンぐらいだったが，現在は成形品の大型化に伴い 600〜1000 トンぐらいのプレスが主流で使われる。

　以上の様に RRIM 成形はプレミックスユニット，高圧 RRIM 注入機，金型，油圧プレスで構成されており，初期投資の比較ではインジェクションモールディングに比べ半分以下で，モデルチェンジなどの新規金型を追加する際の比較であれば金型の費用は 1/4 と非常に安くできる（表1）。初期投資だけでなくランニングコスト，材料コスト，生産性を含めトータルで考えなければならないが，最初にあげた様に少量生産，大型製品，軽量化ということを考えると RRIM は今後国内でも脚光を浴びる成形方法である。

4　ポリウレタン RTM （Resin transfer Molding）

　ポリウレタン材料と繊維との複合材料の歴史は長く，特にガラス繊維と発泡硬質ウレタンは補強，断熱と 2 つの利点を持つため，浴室周りの製品など産業用として使われている。また過去には SRIM （ストラクチュアル RIM）としてガラス長繊維マット（コンティニアスストランドマット）と組み合わせて軽量化ドアパネルなども存在した。天然繊維（ハンプ，ケナフ）などと硬質フォームを組み合わせたパネルも存在している。いずれも硬質フォームをマトリックスとするもので構造体としての強度としては決して高いものではなく，主に軽量化を目的とするものだった。また成形についても RIM というよりは成形面積の大きなパネルを成形するためにロボットなどで繊維マットの上に直接注入するオープン注入方法だった。

　最近，炭素繊維複合材料の成形方法の一つとして HPRTM （高圧レジントランスファーモールディング）はヨーロッパで車両用構造部品の成形工法として使われている。それは金型内にセットされた炭素繊維に樹脂（マトリックス強度の高いエポキシ樹脂）を注入するという方法で，その工程は補強剤となる炭素繊維を成形に合わせて予備成形（プリフォーム）を行い，成形金型にセットした後に高圧注入機によってレジン＋ハードナーを衝突混合しながら注入していくというものである。

〈HP-RTM プロセス〉
　①炭素繊維のプリフォーム
　②プリフォームのトリミング
　③プリフォームを成形型にセット
　④樹脂の注入　硬化
　⑤成形品の取り出し
　⑥成形品のトリミング
　炭素繊維，特に HP-RTM ではテキスタイル（織物），ノンクリンプファブリックなどを使用

第 12 章　成形加工プロセス～ポリウレタン コンポジット成形について～

するため成形品の形状に合わせてあらかじめ予備成形（プリフォーム）をする必要がある。HPRTM で問題となるのは，金型内にセットされた炭素繊維はすでに容積率で 40～60％ありその中に通常 80～100℃に加温し粘度を低くしたエポキシ樹脂を注入していくため，従来の注入機にない特性を求められることである。また金型内の圧力に対応するために高圧プレスが必要とされる。熱硬化性樹脂の特性として 2 液以上の原料の混合反応により硬化する時間（硬化時間）が必要とされるなどが挙げられる。

　ここでも主に使われるマトリックスはエポキシ樹脂で，ウレタンとカーボンファイバーの組み合わせはアプリケーションとして難しいところがあった。ウレタン樹脂の利点の一つは弾性で非常に硬い分子結合を持ちながら，その構造からフォームなどの弾性が得られることである。その特徴を生かすために軽量化バネがヨーロッパでは市販車に採用されている。ただしこの場合はカーボンファイバーではなくガラス繊維との組み合わせになる。これはコストのためではなく，炭素繊維とガラス繊維の弾性特性の違いで，炭素繊維は制振性が高く，バネとして使用した場合，制振が早すぎて非常に乗り心地の悪いバネとなってしまうためである。

ガラス繊維＋ポリウレタン製バネ

写真 4　バネサンプル

5　ウレタンRTM成形装置

5.1　ガラス繊維プレカットおよびプリフォーム

バネ用としてガラス繊維のUD（ユニダイレクション），ノンクリンプ，テキスタイルを成形形状に合わせてカットしたのち，必要レイヤー数に積層してから，形状に合わせたプリフォームを行う。RTMの場合繊維のVF（Fiber Volume Content）繊維体積含有率（％）は30％以上あるので，ほぼ金型の中に圧縮されて収まるぐらいになる。そのため事前に製品形状に合わせて繊維をプリフォームする必要がある。

5.2　高圧RTM注入機

RTMの場合，通常のウレタン成形と大きく違うのは発泡しない，発泡させてはいけない点である。補強材である繊維の間に隈なくマトリックスであるウレタン樹脂を浸透させる必要がある。マトリックス内に発泡または空間ができれば複合材料としての機能は著しく損なわれてしまうので，RTM注入機は発泡機とは似ているが全く違った性能を必要とする。

原料タンクは原料内のエアを取り除くためにデガス（脱泡）ユニットを持っている。これは撹拌によってできたエアや高圧循環によって発生したエアを取り除くためにある。ウレタン原料は比較的低粘度の原料だが，より粘度を下げて繊維の間に浸透しやすくするためと成形時間を短縮するため，通常より高い原料温度で使用する。

写真5　ウレタンRTM注入機

第 12 章　成形加工プロセス～ポリウレタン コンポジット成形について～

したがって注入機は加温が可能で，より正確に注入できる必要がある。特に注入制御は時間，体積，重さではなく金型の中に完全に充填するため，金型に取り付けられた圧力センサーによって樹脂充填状況を確認しながら制御される。これは金型キャビティー内にエアを残さないように加圧注入する必要があるためである。

5. 3　成形金型

高圧 RTM 用の金型は注入圧がそのままかかるため，鉄製の耐圧型であるとともに注入時にエアをバキュームするため，減圧にも対応する金型になる。したがって従来のウレタンの RIM 型に比べ高価な金型となる。板バネの様な形状の成形ではマルチキャビティー（多数個取り）で成形するため，より精密な原料フローのゲートとセンサーによる管理が必要となる。また金型は成型品の脱型のためのエジェクターも必要とされる場合が多く，通常の RIM 型に比べインジェクションモールディングの様に複雑な構造のものになる。

5. 4　成形プレス

金型を用いたウレタン成形はそのほとんどが発泡を伴う。金型の締め付け圧は対発泡圧で，一般的には低圧の型締機（クランピングマシン）や低圧プレスによるもので，大型のものでもバンパーなどの RIM 成形に用いられていた 600 トンぐらいであった。それに対して RTM では発泡をともなわず，注入圧がそのまま型締め圧となるため 15～20 MPa に対応する油圧プレスを使用することになる。当然成形品の金型における投影面積によって総トン数は決まるが，少なくとも 1000 トンぐらいの油圧プレスを必要とする。

ポリウレタン HPRTM についてはまだまだこれから色々な分野で使われる可能性が多くあるプロセスで，それはポリウレタンの原料特性として材料処方によって弾性や吸収性を変えることができる。この特性と補強材である天然繊維，ガラス繊維，炭素繊維との組み合わせによって，色々な用途に対応して行くことが可能である。

今回挙げた RRIM，HPRTM については基礎的なプロセスや技術はすでにあったものであるが，近年の機器，材料開発，加工技術の進化によって新しいものとして覚醒したと言っていいと思う。

同様に今回取り上げなかったポリウレタン複合材料の加工プロセスについても過去の問題を解決して新しいアプリケーションが出てくると思う。これはポリウレタンが複合材料のマトリックスとして非常に良い特性（接着性，樹脂強度）を持っているからで，今後の材料開発に期待したい。

データ出典

CANNON Afros Data base
SGL Carbon

【ポリウレタンの応用製品　編】

第13章　ポリウレタンフォームの最新技術動向

佐藤正史[*]

1　はじめに

Otto Bayer博士がポリウレタンを1937年に発明，MTP化成（現㈱イノアックコーポレーション）が同技術をBayer社から輸入，日本（アジア）で1954年に初めて生産が開始され既に60年以上が経過し，様々なポリウレタンフォームが開発，製造，販売され，我々の生活に密着した代表的な材料の一つとして，現在の主産業での必要不可欠な地位を築いてきたと言える。

約60年前に製造が開始されたポリウレタンフォームは，ポリオールとイソシアネートを反応させ，二酸化炭素を発生させることによる化学反応を用いた発泡法となる。

この化学反応法に工法を組み合わせ，軟質スラブウレタンフォーム，軟質モールドウレタンフォームが開発され，自動車や家具，雑貨，衣類といった産業の発展の一因を担ってきたと言える。

一方この発泡法以外にも開発が進められ，二酸化炭素を使用しないウレタンフォームの開発も進み，気体混入法（物理発泡）による微細セルウレタンフォームの開発，製造も行われてきた。また，化学反応法を利用し硬質ウレタン（またはイソシアヌレートフォーム）の開発も活発化し主に建築用途の断熱材や自動車の天井材として工業化されてきている。

上記発泡方法と工法の組み合わせ，且つ原料自体の配合の組み合わせにより，発泡時のセル形状，サイズのコントロールと様々な機能付与を可能としてきた。下記にポリウレタンフォームに関する発泡方法，製造方法（工法），特性，代表的な用途を列記する。

表1　ポリウレタンフォームの発泡方法

発泡方法	製造方法（工法）	セル構造	特性	用途
化学発泡法	スラブ	連続気泡	吸音，遮音，シール性，防振，クッション性，フィルター	自動車，家具，衣類，雑貨
	モールド	連続気泡	クッション性，衝撃吸収性	自動車用クッション・各種部材，靴，雑貨
	押し出し	連続気泡	止水性	土木
	シート	独立気泡	断熱，不燃	建材
気体混入法	シート	半連続気泡	マイクロセルラー，シール性，衝撃吸収性，薄肉化	エレクトロニクス，靴，雑貨
	モールド	半連続気泡	マイクロセルラー，耐久性	OAロール

---

[*]　Tadashi Sato　㈱イノアックコーポレーション　常務執行役員　イノアック技術研究所所長

第13章 ポリウレタンフォームの最新技術動向

2 軟質スラブウレタンフォーム

ポリウレタンフォームの工業化，開発の歴史は，軟質スラブウレタンフォームの目覚ましい開発の歴史と言っても過言ではない。多種多様な用途からの要求に対して，発泡技術と配合技術によるによる特性付与（密度，セルサイズ，硬度等）と機能付与（吸音，断熱，難燃，フィルター，難黄変，防振等）により，これまでに様々なポリウレタンフォームが開発，工業化され，マットレスやソファといった寝具，家具類，自動車や電車，航空機の移動媒体のシートクッションといった具合に，我々の生活に密着し，快適な暮らしを陰で支えてきた材料と言えるだろう。

しかし 1980 年代に入ると世界中で環境問題が大きく取り上げられ，ポリウレタンフォームにおいても発泡助剤として使用されてきたフロンの代替に端を発した環境規制が厳しくなり，以後は様々な分野からの安全面，環境面の規制が強化されることになる。現在の代表的な規制を下記に示す。

表2　各用途の安全性，環境規制

認定規格	用途	規制物性
Oeko-Tex	衣類	芳香族アミン，ホルムアルデヒド，重金属類，フェノール類他
CertiPUR	家具	TDA，ホルムアルデヒド，スチレン他
Proposition 65		TDCPP 等の難燃剤成分等
FDA	医療用素材	細胞毒性，感作性，炎症反応試験等
VDA-278	自動車	VOC≦100，FOG≦250
VDA-277（PV-3341）		≦50 μgC/g
GB27630		ホルムアルデヒド等

これらの規制以外に国や地域，顧客によって更に細分化された規格が施工され，今後のウレタンフォームの開発と工業化はこれらの規格に準じた形が必須となり，ウレタン製造メーカーのみではなく，原料メーカーを巻き込んだ形での開発が増々加速すると予測されている。現在の代表的用途における開発案件としては，以下の表に示す。

表3　代表的な用途への軟質スラブウレタンフォームの開発動向

用途	内容	要求値	備考
自動車	低 VOC，低臭	VOC＜100，FOG＜250 ホルムアルデヒド等成分規制	
	耐熱性付与	150℃	
衣類	無黄変 / 難黄変	ISO105-B2 ISO105-G1, G2	洗濯性
寝具	放熱性	熱がこもらない	
雑貨	フィルター	花粉補修率，BFE 等	マスク用途

2. 1　自動車用途

　車室内の揮発性有機化学物質，臭いを抑える必要があり，ポリオール成分内の添加剤やモノマー成分の低減が必須となる。またEV化が進めばより静寂性と保熱性，軽量が求められるため，天井材やフロアー材，といった部位には吸音，遮音，断熱といった機能付与が必要不可欠となり，上記の低臭，低VOC化と併せた開発が活発化してきている。

2. 2　衣類用途

　ウレタンの課題の一つである黄変性の対応と皮膚に触れることからの安全性に考慮した開発が必要となってくる。また，肌に触れる用途から蒸れ感の低減を如何に実現するかが今後の課題の一つと言える。

2. 3　寝具，家具用途

　通気性の高い材料開発のニーズが高まりつつあり，現在は熔解処理での対応が必須となってきているが，環境面から脱熔解処理が加速し，発泡時でのセルコントロール技術が今後強化されると予想される。また，寝具においては，低反発，高反発の二極化が進むであろうが，併せて，より快適性を上げるための機能として，上記の様な，放熱性や通気性のコントロールが加速するであろう。

2. 4　フィルター用途

　フィルター用途での使用では，捕集する対象物に対して物理的，化学的な捕集技術が要求されてきている。例えば，マスク用途では，粒径が比較的大きな花粉から，より微細なウィルス捕集の要求が為されている。

3　軟質モールドウレタンフォーム

　前述の軟質スラブウレタンフォームの双璧的な存在として，モールドタイプのウレタンフォームが登場する。近年の自動車の快適性の向上は，モールドウレタンフォームの目覚ましい発展が大きく貢献している。ウレタンシートパッドは表4に示すようにホットキュアフォームとコールドキュアーフォームに分類され，いずれもモールド発泡により生成する。

　良好な座り心地を得るために，走行時の振動伝達を低減し長時間走行時においてもヘタリの少ないシート用ウレタンフォームの開発が進められてきている。高弾性のポリウレタンとセルコントロール技術を併せ，低ヒステリシス且つ高減衰特性を得ることにより，共振周波数での振動伝達率及び乗員の内臓の共振点にあたる6 Hz周辺を含めた全周波数域における振動伝達率を低減させる技術が確立されてきている。加えて，EV化が進むにつれ優れた座り心地性能を確保したうえで，軽量化，薄肉化の要求が強まっており，初期着座時にはソフトであるが走行中は乗員の

第13章　ポリウレタンフォームの最新技術動向

表4　シートパッド向けウレタンフォームの種類と一般的な特徴

項目		単位	ホットキュアフォーム	コールドキュアーフォーム
概要	製造時高温の キュア条件	—	必要	不要
フォーム 特性	密度	kg/m^3	24-40	30-70
	硬さ（25%圧縮）	N/314 cm^2	100-250	70-400
	反発率	%	30-50	30-75
	伸び率	%	150-250	90-120
生産条件	注入時金型温度	℃	35-45	50-70
	キュア時金型温度	℃	100-130	50-70
	サイクルタイム	分	15-20	5-10
	オーバーパック	—	不可能	可能
ウレタン 材料	ポリオール	分子量	3000-5000	5000-8000
	1級 OH 化率	—	低い	高い
	イソシアネート	—	TDI	TDI，MDI， TDI/MDI ブレンド
	その他	—	スズ触媒使用	架橋剤使用
特徴	密度調整	—	低密度化が容易	密度 / 硬さの 対応レンジが広い
	その他	—	薄肉，複雑形状の 金型充填性が良好	高弾性対応が可能
				生産歩留まり， 作業環境が良好
				製造時のエネルギー消費量少
最近の 動向		—	国内，欧州等で 少量使用されている	世界的に見ても主流

ぐらつきを抑制する特性を付与するなど，今なおウレタンフォームによる新たなチャレンジが続けられている。

　最近では，自動車メーカー各社が環境面での規制を強化しつつある，特に揮発性有機化合物の成分やその揮発量，臭いの規制が非常に厳しくなってきている。表5に代表的な自動車メーカーの規制と試験方法一覧を示す。

　この様に規制が強化される化合物が各自動車メーカー別に設定され始めている。中でもウレタンフォームに対して低減に迫られている成分としては，アルデヒド化合物（アセトアルデヒドやホルムアルデヒド）が代表格であると言える。加えて，車室内に及ぼすウレタンフォームの影響度は小さくないとされているため，生産環境，成型条件の見直しに加え，原料（ポリオール，触媒，添加剤）からの見直しや吸着剤等の開発も急務とされてきている。

　EV の普及に伴い，静音化のニーズが高くなってきている。設計及び成形自由度をもつモールドフォームは，各種静音用途に適した材料であり，多くの使用実績があるとともに今なお多くの用途展開がなされている。騒音の要因は，タイヤロードノイズ，エンジン・トランスミッションからの騒音，ウインドノイズなど，音響透過やボディー・パネル振動（固体音放射）などの音響

表5 自動車メーカーのVOC規制と試験方法

OEM	VOC	Odor	Fogging	Aldehydes&Ketones
Daimler	90℃ + 120℃ ThermodesorptionVDA 278 VOC + specialproductlist 65℃ -full list / Samples-16mg Part-ChamberTest	VDA270	From Chamber	Chamber Test
Hyundaï Kia	65℃ -special list of product to look for / Samples 4cmx9cmxthickness	Kia test	special test	Samples 4cmx9cmxthickness
BMW	65℃ -5hVOC + special product list / Part-Chamber Test	VDA270	Gravimetry + Chamber	Part-Chamber test
Toyota	65℃ -special list of product to look for / Samples 8cmx10cmxthickness	Toyota test	Toyota special test	Samples 8cmx10cmxthickn.
Renault	90℃ -type VDA278 with changes 65℃ -special list / Samples-16mg Chambertest on completeseatw/ocover	Renault odor panel	Reflect + gravi	2g samples
PSA	90℃ -type VDA278 with changes / Samples16mg	PSA dedicated test	Reflectance	—
FORD	120℃ -VDA277 / Samples	Same as VDA270	Specialtest	2gsamples
VOLVO	120℃ -VDA277 65℃ -special list / Samples Chambertest on completeseat	VDA270	Gravimetry	2gsamples
VW	120℃ -VDA277 65℃ -special list / Samples Chambertest on completeseat	VDA270	Gravimetry	2gsamples
Audi	120℃ -VDA277 65℃ -special list / Samples Chambertest on completeseat	VDA270	Gravimetry	2gsamples

第 13 章　ポリウレタンフォームの最新技術動向

エネルギーの伝達により発生するとされている。これらの静音化においては、通気性を有し且つ軽量であるウレタンフォームが適材の一つとされており、音響エネルギーを①振動減衰、②粘性損失、③摩擦損失により熱変換することによって吸音効果を導く。一般的には、路面・エンジン・駆動系のこもり音は、20-200 Hz、エンジン・ギアノイズ・風切音は、200〜2 kHz 以上とされており、フォームのセル構造、通気度、樹脂の粘弾性の制御により、特定周波数を効果的に静音化する技術が確立されてきている。ダッシュインシュレーター、エンジンカバー等に、吸遮音を目的としたウレタンフォームが広く採用されているが、最近では更なる静音化の為に、フェンダーライナーとボディーの間などの隙詰めにモールドウレタンが多く採用されている。

また、車外騒音規制への適合対応も急務である。車外騒音規制は、定められた試験方法により実走行中の自動車の騒音レベルを規制するものであるが、2016 年（phase1）の 72 dB 比、2020 年（Phase2）には − 2 dB、2025 年（Phase3）には、更に − 2 dB と車外騒音低減の規制が課せられており、タイヤ騒音に加え、エンジン・トランスミッションからの騒音についても大幅に低減することが必要とされている。エンジン周辺で使用できる耐熱性など複合特性を有したモールドフォームは、成形自由度が高いという特徴と併せて、音の発生源を隙間なく覆うことにより遮音ができるなど静音化のニーズに対しても大きく期待されている。

4　硬質ウレタンフォーム・硬質イソシアヌレートフォーム

近年、建築・住宅における断熱材として高断熱性能の樹脂ボード系断熱材の需要が増加している。この背景には、地球温暖化やエネルギー問題に端を発した省エネルギー政策がある。

国土交通省は省エネ基準の適応範囲を拡大し、2020 年から床面積 300 m² 未満の戸建住宅についても義務化とする。また、経済産業省及び環境省も ZEH（ネットゼロエネルギーハウス）、ZEB（ネットゼロエネルギービルディング）の普及に向けた活動が盛んである。また、省エネルギーへの寄与のみならず、建築物の断熱特性が高いことにより、居住空間の快適性が確保され、健康増進への寄与も大きいことが各研究から明らかになっている。

硬質ウレタンフォームおよび硬質イソシアヌレートフォームは外気温から熱を遮断、または内部からの熱の拡散防止、空調設備による温度コントロールを容易にし、結果、省エネルギーおよび健康増進に大きく寄与することが出来る。下記に、建築用断熱材としての JIS 規格分類上の断熱特性の概要を示す。

樹脂系断熱材として断熱性能を高める方策として、①軽量化（固体の熱伝導寄与率を低減）②独立気泡のセルサイズの微細化（対流防止および熱放射による熱移動の低減）③発泡剤の選定（気体の熱伝導率低減）といった方法がとられている。

軽量化と独立気泡の担保は背反の関係にあり、ボード系の断熱材では、現状、密度25〜40 kg/m³ に設定されることが多い。セルサイズの微細化については、一般的には、溶存空気などの発泡核体を液状の原料中に多く存在させ、各分子構造に適した整泡剤・触媒の選定・検討が

205

機能性ポリウレタンの進化と展望

表6　各素材の断熱特性（JIS A 9521, JIS A9526）

断熱材名	熱伝導率 W/m・K	一般製品の JIS 記号	熱伝導率 W/m・K
グラスウール断熱材	0.031〜0.050	GWHG 20-34	0.034
ロックウール断熱材	0.034〜0.045	RWMA	0.038
ビーズ法ポリスチレンフォーム断熱材	0.034〜0.041	EPS2	0.036
押出し法ポリスチレンフォーム断熱材	0.022〜0.040	XPS3bA	0.028
硬質ウレタンフォーム断熱材	0.019〜0.029	2種2号A I	0.024
吹付硬質ウレタンフォーム	0.026〜0.040	A種 I	0.034
フェノールフォーム断熱材	0.018〜0.036	1種2号CⅡF☆☆☆☆	0.020

行われる。

　また，発泡剤の選択は断熱性能の大きな因子であるが，近年，第4世代の発泡剤として，ハイドロフルオロオレフィン（HFO）の商用販売が開始され，一段と断熱性能が向上した断熱材が実用化されている。建築用途への普及のためには，価格と断熱性能のバランスを取る必要があり，炭化水素系発泡剤との複合使用検討が，今後の課題となっている。発泡剤の変遷と性能について表7に記す。

　一方，2016年糸魚川火災，2017年のロンドン高層タワーマンション火災など，相次ぐ大火により，建築用断熱材には「高い断熱性」はもとより「高い難燃性」への要求が高まってきている。

　このような背景から，建築用断熱材用途として，難燃性の高い硬質イソシアヌレートフォーム（Poryiso）の需要が欧米を中心に広がりを見せている。イソシアヌレートは，ウレタンの配合中のイソシアネート基の割合を高め，触媒の選択によりイソシアヌレート環を分子設計に導入したもので，接炎時にフォームの表面が瞬時に炭化することで，難燃性が向上する仕組みとなっている。硬質イソシアヌレートフォームのヌレート化率による酸素指数の関連，及び材料固有の断熱特性を示す熱伝導率を他素材も含め表8に示す。

　また，各素材の熱重量（TG）曲線を図1に示す。

　高いヌレート化率を保有するPolyiso（1）は400℃以上においても重量減少が少なく，熱による安定性を確保している。

　表9に各国の建築用途の難燃規格の一部を示す。

　EUでは燃焼性能等級の統一化が図られ，2007年にEN 13501-1が施行され，燃焼の程度によってA1〜Fにランク分けされ，更に煙の発生量，及び燃焼ドリップにより区分された。

　この中で硬質ウレタンフォームは最も難燃性の低いランクFに位置付けられるケースが多く，硬質イソシアヌレートフォームはランクCまたはDに区分けされるケースが多い。中国の燃焼性評価はランクの名称は異なるがEN 13501-1とある程度の相関があり，英国の燃焼性評価は，試験方法・評価ともに異なるものの難燃性能の大枠の位置づけとして併記しておく。

第 13 章　ポリウレタンフォームの最新技術動向

表 7　発泡剤の変遷と性能

発泡方式	化学発泡							物理発泡
世代	第1世代	第2世代	第3世代		第4世代			
	CFC	HCFC	HFC		HFO			
主な発泡剤	CFC11	HCFC-141b	HFC-245fa	HFC-365mfc	HFO-1233zd	HFO-1336mzz	CP（シクロペンタン）	水
組成	CCl3F	CCl2FCH3	CHF2CH2CF3	CF3CH2CH2CH3	(E)CF3CH=CCl	CF3CH=CHCF3	C5H10	—
沸点 ℃	23.8	32.2	15.3	40.2	19	33	49.3	—
熱伝導率 mW/mK (25℃)	8.4	9.7	12.7	10.6	10.2 (20℃)	10.7	13	14.5 (0℃)
オゾン破壊係数 (ODP)	1	0.11	0	0	0	0	0	0
温暖化係数 (GWP100)	4750	725	1030	794	1	2	11	1
大気寿命	45年	9.3年	7.6年	8.6年	26日	22日	3日	—
備考	1996年 全廃	2004年 全廃	2020年 全廃目標		ノンフロン品として今後も使用可能			

207

機能性ポリウレタンの進化と展望

表8　ヌレート化率と酸素指数，及び熱伝導率

試験体		POLYISO（1）	POLYISO（2）	PF	XPS
ヌレート化率	%	37.5	13.4	–	–
酸素指数	%	26.2	21.8	28.8	26
熱伝導率	W/m・K	0.020	0.020	0.020	0.028

PF：フェノールフォーム
XPS：押出法ポリスチレンフォーム

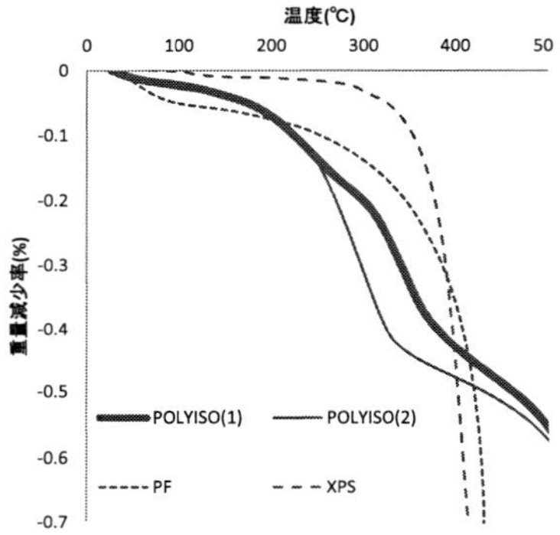

温度(℃)

重量減少率(%)

POLYISO(1)　　POLYISO(2)

PF　　　XPS

図1　大気雰囲気下の温度-重量曲線

表9　各国の難燃規格

地域	規格	ランク						
EU	EN 13501-1	A1	A2	B	C	D	E	F
UK	BS476	Non-combustible	Material of limited combustibility	Class 0	Class 1	Class 3		
中国	GB-8624	A1	A2	B1	B1	B2	B2	B3
該当材料（一般品）		グラスウール	石膏ボード	塩ビシート	PF POLYISO	POLYISO	XPS EPS	PUR

第13章　ポリウレタンフォームの最新技術動向

5　気体混入法

先に述べた化学反応法とは異なり物理的に発泡体を形成する発泡方法にて，物理発泡やメカニカルフロス法とも呼ばれる方法である。

その発泡の特徴は，イソシアネート，ポリオール，添加剤（触媒，整泡剤等）に不活性なガスをミキサー内で注入し，高速攪拌することで液状の原料中に気体を分散させた後に硬化させる方法である。

一般的に密度は化学反応法に比べ重く $150〜500$ kg/m^3 程度，またセル形状は軟質スラブウレタンフォームに比べ微細で且つ，半連続気泡の構造を有する。

そのセルサイズは約 $100〜300$ μ 程度となる。

代表的なセル構造を以下に示す。

表 10　ウレタンフォームのセル構造

SEM 写真		
発泡方法	化学反応法	気体混入法
セル構造	連続気泡	半連続気泡
セルサイズ（μ）	300-5000 μ	100-300 μ

（倍率：100 倍）

この発泡方法で且つシート成型されたウレタンフォームは，微細セル構造を有し，半連続構造を有することから，エレクトロニクス分野のシール材用途に使われる頻度が高い，特に携帯電話やゲーム機器といった液晶ディスプレイの防塵シール材兼，液晶保護のための衝撃吸収材として多く使用され，コピー機のトナーのシール材，高硬度品の成型が可能にてテレビや電話機等の足ゴム用途にも多く採用されている。

また，衝撃吸収性や反発弾性（低反発，高反発）をコントロールした結果，各種シューズのインソールへの用途も拡大してきている。

最近ではエレクトロニクス関連の製品が小型化，薄型化が急速に進み，この分野の材料への要求は薄く，且つ機能（衝撃吸収性，導電性等）を付与することのニーズが増加してきている。

現在では，気体混入法により厚み 60 μ，密度 320 kg/m^3 の発泡体の開発，製造は完成し，更なる薄肉化も検討されている。

通常，厚みが薄くなると衝撃吸収性が劣るという現象を改良すべく 100 μ 前後の厚みの発泡

体を対象に樹脂組成の粘弾性をコントロールし，衝撃吸収性を付与した発泡体の開発も着手され始め，今後のエレクトロニクス分野への進出が期待されている。

更に，これまで発泡体では達成が困難であった，熱伝導性や電気導電性の付与も新規の薄物発泡体として開発されている。

以下に導電性を付与したシート状の発泡体の導電性のデータを記載する。

これまで有機材料，特に発泡体では到達が困難とされた領域密度：300-400 kg/m^3 体積抵抗値：1-10 Ω の材料も開発され，発泡体の特性を活かして低応力での圧縮可能な導電材料と注目をされ始めている。以下に厚み：0.3 mm，密度：350 kg/m^3 の導電フォームの導電性に関した図を示す。

図2は導電のフォームの圧縮率と導電性を示す。初期厚み0.3 mmから約85％圧縮した0.05 mmまでの体積抵抗値を示す。圧縮に伴い導電性が高くなることが示されている。

また，図3は印加電圧による導電性を示しているが，低い印加電圧でも導電性を有していることを示している。

上記の様に発泡体の特徴である，圧縮が可能であることと低い印加電圧にて高導電を発現する新しい発泡体の登場と言えるであろう。

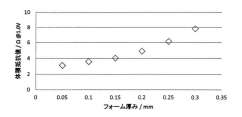
図2　圧縮による導電性の影響

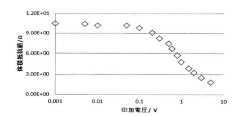
図3　印加電圧による影響評価

6　まとめ

前述の様にポリウレタンフォームが開発，製品化されてから既に80年が経過しているにも関わらず，現在でも発泡技術，配合技術，原料開発，工法開発が活発に行われている。

ポリウレタンフォームの開発に限らず全ての材料開発や製品開発は，その時代を反映させた製品開発，工業化がこれまで行われてきているが，昨今のポリウレタンフォームの開発は，環境，安全に配慮し，また省エネルギーといったニーズに対しての開発が活発化してきている。各用途において，安全性に関する規制はより厳しさを増し，ウレタンの開発にも多大なる影響を及ぼすことは間違いなく，安全性を考慮した製品開発がより活発化するであろう。

しかし，その一方でこれまで以上にウレタンフォームは，我々の生活に密着し，必要不可欠な

第 13 章　ポリウレタンフォームの最新技術動向

材料の位置づけが更に強くなることも予想され，快適，安全，環境，健康に考慮した製品開発が活発化するであろう，最後に本章のまとめと今後の意気込みとして，今後もウレタンフォームによる豊かな生活を確保出来るようにウレタン技術に関わる一員としてのその責務を果たしていきたいと思う。

第14章　自動車用内装材料

佐渡信一郎*

1　はじめに

現在世界では約9,700万台の自動車が生産されている。今後も世界生産台数はさらに伸び2020年ごろまでには1億台を上回る数になると考えられる[1]。自動車生産台数統計を図1に示す。

自動車に求められる安全性，快適性向上に対応するための部品の増加により，自動車の重量は年々増加傾向にある[2]。乗用車平均重量の推移を図2に示す。

一方環境面では地球温暖化防止のため，二酸化炭素排出量削減が望まれており自動車も例外ではない。日本の二酸化炭素排出量において輸送機関が占める割合は全体の約17％となっており，輸送機関の中で自動車は約90％の排出量を占める[3]。自動車の燃費改善が課題となっており，国

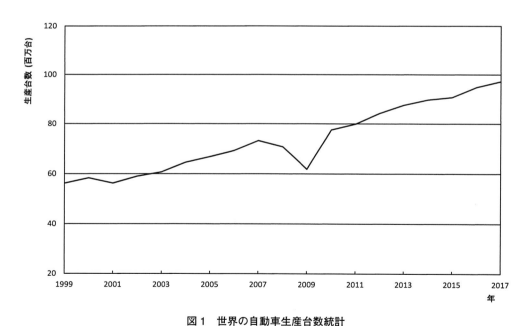

図1　世界の自動車生産台数統計
出典：International Organization Motor Vehicle Manufacturers「Production Statistics」

＊　Shinichiro Sado　住化コベストロウレタン㈱　ポリウレタン事業本部　材料開発本部
　　自動車材料開発部　主任研究員

212

第 14 章　自動車用内装材料

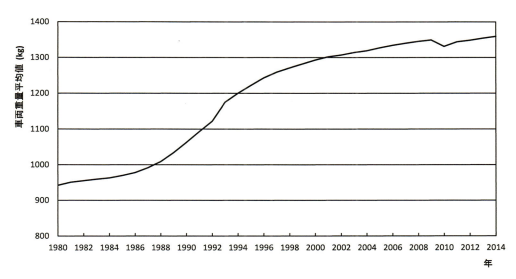

図 2　乗用車平均重量推移
出典：環境省「平成 28 年版環境統計集」

土交通省は 2020 年度の燃費目標を 20.3 km/L としている[4]。欧州では日本よりさらに高い目標（95 g/km ［＝約 24.4 km/L］）が設定されている[5]。したがって，自動車メーカーにはさらなるエンジン効率の向上や車両軽量化が求められている。その中で，1997 年に世界初の量産ハイブリッド車が市場に登場して以来[6]，プラグインハイブリッド車や電気自動車を含めた次世代自動車の販売台数が増加を続けている[7]。車両の電動化は，新たに搭載される電池・モーターによる重量増加がもたらされるため，その影響を相殺するためにも各部品の軽量化がさらに重要となる。

自動車のより快適な車室内環境を構築するために，疲れにくいシートやさわり心地（触感）のよい内装材の検討も進められている。

この章では，自動車に求められているこのような要求に対するポリウレタンのアプローチについて述べる。

2　ポリウレタンの特徴

ポリウレタンは，1937 年にドイツ・バイエル社（現在のコベストロ社）のオットー・バイエル博士によって発明され，原材料であるポリオールとイソシアネートの種類・配合を調整することにより，下記のようなユニークな特徴を有する。この材料は 80 年以上経過した現在でも自動車用途を含む多くの産業分野で用いられている。

・柔軟性を持つものから硬いものまで任意の硬度で設計可能

213

機能性ポリウレタンの進化と展望

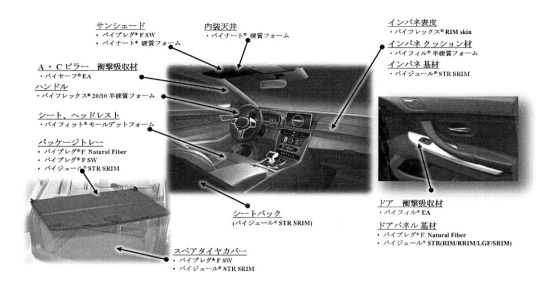

図3　自動車内装部品へのウレタン採用例
（住化コベストロウレタン㈱　資料）

・発泡させることにより，樹脂の密度を調整することが可能
・自己接着性により他材料と接着による複合材を作ることが可能
・発泡したセル状態のコントロールにより，吸音特性を付与することが可能
・骨格・セル状態のコントロールにより，エネルギー吸収特性を付与することが可能
・断熱性能を付与することが可能

自動車用内装材料ではこれらの特性を生かし，主にシート・インストルメントパネルの表皮やコア層・ハンドル・天井材・衝撃吸収材・ロードフロアに用いられている。自動車内装部品へのウレタン採用例を図3に示す。

これらに使用されるポリウレタンについて代表的なものを紹介する。

3　シート・ヘッドレスト

自動車用内装材において，シートはポリウレタンが最も多く使用される部品である。その製造方法は，主にシートの形状をしたモールドに注入発泡するコールドキュアのHRフォームであるが，一部の後部座席ではホットキュアフォームが使われることもある。通常，クッション層のみ独立して成形し，表皮を後からかぶせる方法で製造されるが，ヘッドレストやフォームと表皮の密着性が要求されるスポーツシートにおいては表皮一体成型で製造されることがある。また乗り心地をよくするために，中心部と左右側部で配合を調整する2色成形により左右側部の硬度を高くする手法が行われている。イソシアネートには，主にTDI／ポリメリックMDIの混合物

第 14 章　自動車用内装材料

表 1　シートクッション・ヘッドレスト用ウレタンフォーム物性例

物性項目		物性値
密度 ［Overall］	(kg/m³)	40-65
［Core］	(kg/m³)	35-55
圧縮硬さ		
25％圧縮時	(N/314cm²)	150-340
65％圧縮時	(N/314cm²)	440-980
引張強度	(kPa)	140-180
伸び率	(%)	90-140
引裂強度	(N/cm)	7-10
圧縮永久歪		
乾式（50％圧縮，70℃ × 22 時間）	(%)	3-5
湿式（50％圧縮，50℃，95 RH％ × 22 時間）	(%)	8-15
反発弾性率	(%)	60-70

（住化コベストロウレタン㈱ 資料）

が用いられる。HR フォームの代表的な物性例を表 1 に示す。

　最近は，シートヒーターやパワーシート以外にもベンチレーションやマッサージ機能，安全装置であるエアバッグ等，様々な付加機能が設けられている。また自動車の電動化により，バッテリーがシート下に設置される場合や，車室内空間をより広くするために，シートの容積を小さくする傾向がある。またシートを支える金属の代替およびコスト削減のため，他樹脂材料と組み合わされることもある。このような場合，ポリウレタンフォームの厚みは必然的に薄くなる。一方でシートに対する要求特性（すわり心地，ぐらつき性，振動吸収性）に変化はない。従来のTDI／ポリメリック MDI の混合物を用いた処方においては，このような目標を達成することが難しく，変性ポリメリック MDI へシフトする動きが活発となっている。TDI と比べて立体的な架橋点の少ない MDI の特徴を生かし，そのフォームは初期の柔らかさを有し，かつ少ない変位量でかかった荷重を支えることが可能となる。結果として，体の横ずれを少なくすることにつながると考えられる。しかし，変性ポリメリック MDI を用いた処方のシートは，TDI／ポリメリック MDI 混合物を用いた処方のシートと比べ密度が高くなる傾向がある。そのため部品メーカーでは，シートとして軽量化するような設計がなされている。

　今後当分野で使用されるイソシアネートは，変性ポリメリック MDI と，TDI／ポリメリックMDI の混合物が共存していくものと考えられる。

4　インストルメントパネル

　一般的にポリウレタンが用いられる 3 層インストルメントパネルは，表皮・パッド材・基材（主にポリプロピレン）で構成される。その表皮には主にポリ塩化ビニルや熱可塑性ポリウレタ

215

ンが用いられ，パッド材にはクローズ注入あるいはオープン注入で成形される半硬質ポリウレタンフォームが用いられる。ここでは，クローズ注入で成形されるパッド材について述べる。このポリウレタン原料には，その成形方法から原料の反応性を高くすることが可能で通常60秒で脱型される。また複雑な形状の中を充填できるすぐれた流動性を持ち，型締め中にデガス処理を行うことによりセル状態をクローズからオープンに調整している。その結果，成形品は適度な弾性感を持ち，人は振れた時に触感の良さが感じられる。

　最近のパッド材の開発の方向性は次の2種類が挙げられる。一つは，より触感の良いもの（高級感）を目指すことであり，もう一つは部品としてのポリウレタンの重量を下げる（軽量化）ことである。

　高級車に用いられる本革巻きのインストルメントパネルは，押えた時の荷重が低く人に柔らかい印象を与える。また指を離すと手に合わせて即座に戻る特性を有する。これをベンチマークとしてパッド材の改良検討が進められている。その方法はひずみに対する応力を小さくすることで，これがインパネを触れた時の柔らかさの数値化につながると考えられる。

　一方ポリウレタンの重量を下げる方法は，従来品よりポリウレタンの密度を下げることや，フォーム厚みを薄くする検討が行われている。密度を下げることは，通常発泡剤である水の添加量が増えることを意味する。この場合ポリウレタンフォーム中のウレア結合が増加することを意味し，結果としてウレタンの柔軟性の低下，ひいては触感の低下につながることになる。ゆえに低密度化を検討する際には，水により生成されるウレア結合のコントロールがカギとなる。

　フォームの厚みを薄くする方法は，触感を維持することに対する有効性は高いが，ウレタン原料を端末まで十分に流動させることが難しくなる。これらの要素を比較しながら，インストルメントパネルの部品設計されていくことになる。

　薄肉で感触の良いポリウレタンフォームの3層インストルメントパネルへの導入は，従来の製品と比べて，部品としてのコストアップが抑えられることになる。これは，今後3層インストルメントパネルを使用した車種が，さらに幅広い車種へ展開されることにつながると考えられる。インストルメントパネルパッド材の代表的な物性例を表2に示す。

表2　インストルメントパネル用ウレタンフォーム物性例

物性項目		物性値
密度	(kg/m^3)	150-250
引張強度	(kPa)	250-400
伸び率	(%)	30-60
引裂強度	(N/cm)	8-15

（住化コベストロウレタン㈱ 資料）

第 14 章　自動車用内装材料

表 3　内装天井用ウレタンフォーム物性例

物性項目		物性値
密度	(kg/m^3)	30-35
引張強度	(kPa)	250-350
伸び率	(%)	15-25
圧縮強度	(kPa)	140-170
オープンセル率	(%)	＞ 70

（住化コベストロウレタン㈱ 資料）

5　内装天井

　ポリウレタン製の内装天井には硬質ウレタンフォームが用いられる。主な製造方法は，バッチプロセスでスラブフォームを作る方法である。それを必要な厚み（数 mm）にスライス，その両面に接着剤を塗布したガラスマットと面材で挟み，熱プレスにより目的とする形状に成形する方法が用いられる。

　その特徴は，軽量，高温下での自立性，高い寸法安定性，吸音効果，かつ折り曲げ・裂けに強いフォームであることが挙げられる。この特徴を生かし，低密度で，絞りの深く複雑な形状をした意匠性の高い天井部品を成形することが可能である。それが他材に対するアドバンテージとなっている。

　製造されたスラブフォームは，サイズがメーター角と大きいため，ブロックの中心部で反応熱が蓄熱されやすく，その熱に起因したスコーチを起こさないような処方設計にする必要がある。さらにブロック位置によってセル状態にバラツキが出ないようにする必要がある。セル状態のバラツキは，フォームの硬さや吸音性能へ，ひいては天井部品としての性能に影響を与える。したがってこれを小さくなるような処方設計も求められる。

　自動車の軽量化において内装天井も例外ではなく，ポリウレタンやそれ以外の構成部品を含めて部品の軽量化検討が続いている。内装天井用ウレタンフォームの代表的な物性例を表 3 に示す。

6　ステアリングホイール

　ステアリングホイールには，半硬質ウレタンフォームが用いられる。その成形方法は，金型に芯金をセットし，閉じた金型内に原料を注入する RIM 成形が用いられる。脱型時間は 90〜120 秒程度である。このポリウレタンは握り心地の良い弾性感と，衝突時には乗員を保護する機能を有する。

　製品は，ステアリングホイール表面に型内塗装されたポリウレタンのみで構成されるシボステアリングホイールとポリウレタンが成形されたステアリングホイールに本革や人工皮革を巻いた

機能性ポリウレタンの進化と展望

表4　ステアリングホイール用ウレタンフォーム物性例

物性項目		ステアリングホイール
密度	（kg/m³）	400-500
引張強度	（kPa）	2000-2500
伸び率	（％）	110-130
引裂強度	（N/cm）	40-60
表面硬度		Shore A50-60

（住化コベストロウレタン㈱ 資料）

革巻きステアリングホイールの2種類に分類される。

　ステアリングホイールは，常に乗員の手が触れる，視界に入る環境であることから，高い意匠性が求められる。

　成形時に起こりうる不良としては，主にステアリングホイールの端末で型内の空隙部の空気が抜けきらずに発生するピンホール，端末までの流動性が不足することにより発生するウレタン樹脂の充填不良，キュアが不十分によるウレタンフォームの膨れが挙げられる。また市場に出た後では，乗員の手汗や整髪剤によるポリウレタンフォームの膨潤や芯金からフォームが浮いてしまうことが起こりうる。処方設計時には，これらに対応できる処方にしなければならない。

　また，運転の際にステアリングホイールから運転手へのフィードバックが非常に重要な情報となる。その指標は慣性モーメントとして表される。慣性モーメントは車両設計時に決められ，それに伴いステアリングホイール重量が規定され，結果としてポリウレタンフォームの密度も決定されることになる。ステアリングホイール用ポリウレタンフォームも低密度化の検討は行われているが，即座に低比重化が進まない要因となっている。大きな流れで考えると，現在約450〜550 kg/m³ の密度で成形されているポリウレタン原料の低密度化が今後進んでいくものと推測される。ステアリングホイール用ウレタンフォームの代表的な物性例を表4に示す。

7　ロードフロア

　日本においてロードフロアには，主にポリプロピレンを用いた製品が使われている。一方欧州や中国では，ポリウレタンを用いた製品が多く使用されている。ポリウレタンが使われるロードフロアには，薄肉の鋼板を面材として低密度の硬質ウレタンを RIM 成形する方法と，ペーパーハニカムを芯材として両面をガラスマットで挟み，その両面にウレタンを塗布，熱プレスで成形する方法の2種類ある。その特徴は，前者が製品形状の自由度は限られるものの，製品の剛性は非常に高いこと，後者がペーパーハニカムの潰し量を任意に変化できる特徴を生かした自由度の高い成形性と，製品は軽量，高剛性，熱安定性・寸法安定性・衝撃吸収性の良さを持つことが挙げられる。

　海外ではペーパーハニカム／ガラスマット／ポリウレタンで構成されるロードフロアが大きな

第 14 章　自動車用内装材料

表 5　ロードフロアー材物性例［製品構成：面材（上面）／芯材（中央）／面材（下面）］

物性項目		No.1	No.2	No.4	No.5
ガラスマット重量	(g/m²)	300	450	300	450
ウレタン重量	(g/m²)	300	450	300	450
芯材重量	(g/m²)	530	530	840	840
基材厚	(mm)	5	5	8	8
平米重量	(kg/m²)	1.7	2.4	2.1	2.6
密度（見かけ）	(kg/m³)	330	450	260	320
曲げ最大荷重	(N)	260	580	550	610
曲げ弾性勾配	(N/cm)	1100	1800	3100	3300
曲げ弾性率	(MPa)	3900	6100	2800	3400
曲げ強さ	(MPa)	30	60	25	30

（住化コベストロウレタン㈱ 資料）

市場を持っているが，日本においては他の熱可塑性樹脂製の製品のシェアが大きく，ポリウレタンを使った製品のロードフロアは一部にすぎない。製品として剛性も高く，自動車の軽量化に貢献できうる材料ではあるが，他材に対してコスト競争力の面でアドバンテージを見出しにくい状況であるため，日本市場でのポリウレタンの伸びは期待しにくいものと考えられる。ロードフロアー材の代表的な物性例を表 5 に示す。

8　衝撃吸収材

　衝撃吸収材用のポリウレタンには，硬質ポリウレタンが用いられる。その成形方法は，発泡機でポリウレタンの混合液を金型内に注入し成形するモールド成形法が用いられる。その特徴は，衝突時の衝撃が加えられた際に，衝撃の方向に関係なくウレタンフォームが座屈しながら変形することができ，高いニネルギー吸収特性を持つところである。ポリウレタンは自在な形状に成形できる自由度があり，寸法安定性が良好で，エネルギー吸収特性の温度依存性が小さいという特徴を有する。また，ポリウレタンの自己接着性を活かし，組み付け部品の一体成型が可能である。さらに一種類の原料で幅広く成形品密度や硬度を変えることができるため，使われる部位に

表 6　衝撃吸収材用ウレタンフォーム物性例

物性項目		物性値
密度	(kg/m³)	40-120
圧縮強度	(kPa)	80-1300
圧縮永久ひずみ（70℃ × 22 h，50％圧縮）	(%)	40-50
伸び率	(%)	3-30

（住化コベストロウレタン㈱ 資料）

より異なる要求（荷重）にあわせることが容易であることも特徴として挙げられる。

　ポリウレタン製の衝撃吸収材は，他の熱可塑性樹脂製の衝撃吸収材よりも高い吸収力が必要な部位に使われることが多い。今後，衝撃吸収材についても他部品同様，要求される物性を保ちながら，低密度化の検討が進められていくと考えられる。衝撃吸収材用ウレタンフォームの代表的な物性例を表6に示す。

9　ドアトリムパネル

　日本におけるドアトリムパネルの市場は，ほぼポリプロピレンを用いた製品で占められている。ポリウレタン製のドアトリムパネルには，ガラス繊維補強された硬質ポリウレタンを用いるソリューションがある。その特徴は，表皮・組み付け部品の一体成型，製品の高い寸法安定性，ウレタンの密度調整により製品の平米重量を容易に変えることができる（$\geqq 1,500 \text{ g/m}^2$）ことが挙げられる。しかし現在では他の汎用熱可塑性樹脂製の製品（$\geqq 1,200 \text{ g/m}^2$）と比べ軽量化に対する優位性が認められなくなっている。さらなる軽量化のためのソリューションとして，ポリウレタンの優れた流動性・接着性と天然繊維を組み合わせる方法がある。この製品の特徴は，軽量化と強度の両立である。その一例が，住化コベストロウレタン㈱が提案するバイプレグ®F NFである。

　バイプレグ®F NFは，ジュート等の天然繊維とバイプレグ®F NFウレタン原料を組み合せることで，軽量で剛性をもつドアトリムパネルを成形することができる。その製造方法は，乾燥さ

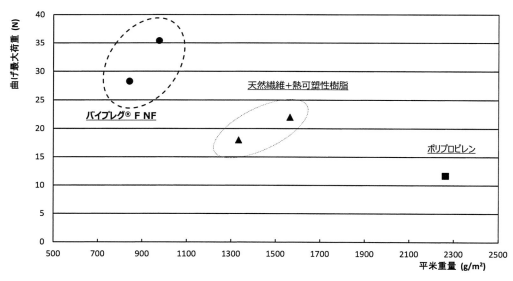

図4　バイプレグ®F NF 内装用基材　物性例 – 高温（100℃）
（住化コベストロウレタン㈱ 資料）

第14章　自動車用内装材料

せた天然繊維の両面にポリウレタン原料をスプレーで塗布し，熱プレスにより任意の形状に成形される。この製品は，平米重量が 1,000 g/m^3 以下での成形が可能であり，自動車の軽量化へさらなる貢献が期待される。ドア内装用基材の代表的な物性例を図4に示す。

　また，ハイブリット車を含むバッテリーを用いたモーター駆動車が販売数量を伸ばしている今，例えばエアコンのようにモーター以外に使用される電力消費をいかに抑えることができるかが，航続距離の面から重要な課題となっている。冬場に冷えた車内を想定した場合，エアコンの暖気により車室内の空気および内装部品を暖められる。この時，内装部品が熱容量の大きい材料で作られている場合には，それ自身を暖めるために，より多くのエネルギーが消費されることになる。逆に，内装部品が熱容量の小さい材料で作られた場合には，それ自身を暖めるために必要なエネルギーは熱容量の大きなものと比べて少ない量になる。また，熱容量は比熱と重量を掛け合わせたものであるため，比熱が同じ程度の材料であれば，軽量の部品の熱容量が小さくなる。ポリウレタンは，熱容量・熱伝導率の小さな材料であるため，弊社の試算ではドアトリムパネルに用いることにより，汎用熱可塑性樹脂に比べてエネルギー消費量を約3.6%低減できる結果が導かれた[8]。今後自動車の電動化が進むにつれ，重要となる熱マネジメントへポリウレタンの貢献も期待される。

10　おわりに

　ポリウレタンは自動車部品用材料として既に長い歴史を持つ。本章で述べたように，内装材用途にもポリウレタンはその特性を生かし，多岐にわたる部品の材料として用いられている。その一つの特性である発泡による製品の低密度化は，自動車の軽量化へ貢献してきた。ポリウレタンはその軽量化にプラスの機能を加え，自動車部品の高機能化に貢献していくことが可能な材料である。特にウレタンフォームの多孔質かつ連通構造は，軽量化により伝わりやすくなる車室外からのノイズを吸音する材料として注目されている。

　一方で，ポリウレタン特有のフォームの臭いを抑える要求が高まっており，助剤類を含む原材料の検証が進められている。

　本章で述べた熱マネージメントへの可能性を含めポリウレタンが付与する新たな機能により，自動車内装材へポリウレタンが更に用途拡大していくことを期待してやまない。

注)
- ・本稿に記載されたデータは代表例であり，その値を保証するものではありません。
- ・本稿の内容は，改良のため予告なく変更することがあります。
- ・バイプレグ®，バイナート®，バイフィル®，バイジュール®，バイセーフ®，バイフレックス®，およびバイフィット®は，コベストロの登録商標です。

文　献

1) International Organization of Motor Vehicle Manufacturers,「Production statistics」,
   〈http://www.oica.net/production-statistics/〉
2) 「平成 28 年版環境統計集」, 環境省, p.297（2016）
   〈http://www.env.go.jp/doc/toukei/contents/pdfdata/h28/2016_6.pdf〉
3) 「日本国温室効果ガスインベントリ報告書　2018 年」, 国立研究開発法人 国立環境研究所,
   Page2-5（2018）
   〈http://www-gio.nies.go.jp/aboutghg/nir/2018/NIR-JPN-2018-v4.1_J_web.pdf〉
4) 「乗用車の 2020 年度燃費基準に関する最終とりまとめ（平成 23 年 10 月）」, 国土交通省,
   （2011）, p.8, 〈http://www.mlit.go.jp/common/000170128.pdf〉
5) European Commission,「Reducing CO2 emissions from passenger cars」,
   〈https://ec.europa.eu/clima/policies/transport/vehicles/cars_en〉
6) 藤本博志, 朝倉吉隆, 野口実, 松永康郎, 山口英治, 自動車技術, **70**（1）, 68（2017）
7) 冨士経済名古屋マーケティング本部, “2017 年度版 HEV, EV 関連市場徹底分析調査”,
   冨士経済（2017）
8) 井戸博章, 木南冴子, 「ネットワークポリマー論文集」Vol.39, No.1, p.27（2018）

第 15 章 ポリウレタンを使った環境対応型塗料・自己修復塗料に至る道 ～機能性付与の観点から～

桐原　修*

1 はじめに

ポリウレタン（PUR と略す）結合を塗膜中に含むいわゆる PUR コーティングは，歴史的に木工用塗料の分野でトリレンジイソシアネート（TDI）系プレポリマーの湿気硬化一液型や TDI の TMP アダクトのポリイソシアネート硬化剤をポリエステルやアルキッドポリオールと組み合わせる二液型で市場展開が始まった。次いで 1960 年代に日光暴露耐性（非黄変）に優れる脂肪族・脂環族のイソシアネートモノマーとその誘導体（ポリイソシアネート）の工業的生産の本格化により市場が拡大した。

PUR 塗料の常温硬化性と優れた塗膜性能・高外観などの特性により，今日 PUR 系塗料は合成樹脂塗料の中でも重要な位置を占めるに至った。

2 PUR 塗料の歴史とその機能性付与

上述したように，PUR 塗料の採用理由は常温硬化と優れた塗膜性能を示す点であった。またその塗膜外観も綺麗でぽってりとして，いわゆる肉持ち感があることが特徴であった。木工用塗料以外でも，1970 年代まで PUR 塗料は自動車補修や大型車両用での存在感を示した。その後プラスチック製品の普及とその塗装外観付与の需要増加にともない，フレキシブル塗膜性能が必要なプラスチック塗装に PUR 塗料が採用され大きく展開された。用途分野は主に自動車用プラスチック部品への適用であったが，その後 PUR 塗料は新車外装鋼板（AUTO OEM）用にも用途が拡大された[1]。

1980 年代後半から 1990 年代にかけてドイツでのライン適用を最初に，高外観・耐酸性雨塗料として欧州を中心に数社の自動車メーカーの新車ラインに適用・展開されて，市民権を得るに至った。そして現在では耐擦り傷性を持つ自己修復型塗料を含めて世界の新車用ライン塗装の約 3 分の 1 以上に適用されていると推定される[2]。

この歴史的展開を表 1 にまとめた。またここ 10～20 年の塗料・塗装業界の開発推進要因を図 1 に示した。本稿で説明する環境対応，機能性付与などがコスト低減と共にその 3 大要素である。

＊　Osamu Kirihara　松尾産業㈱　マテリアル ディビジョン　技術顧問

表1　PUR塗料の発展の歴史

・常温硬化，1K & 2K ↓	・硬めの塗膜で木工，自補修など
・低温硬化（80℃），2K	・フレキシブル塗膜，プラスチック用
・高温硬化（140℃），1K ↓	・耐チッピング塗料
・耐酸性塗膜，1K & 2K ↓	・高 Tg，硬め，Auto OEM
・耐擦り傷性・自己修復塗料 2K	・フレキシブル，高架橋密度 Auto OEM，プラスチック用

常温硬化：室温硬化とも言い，約20度前後で硬化すること。
1K：1液タイプの事，Kの由来はドイツ語のKomponentから。
2K：2液　　　同上

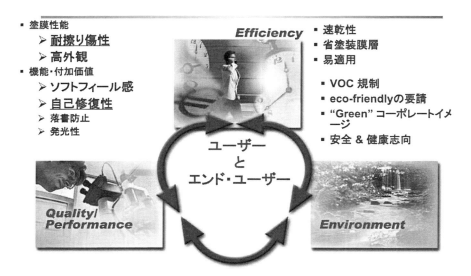

図1　塗装分野での市場動向と要因

3　環境対応型塗料と PUR 系塗料

いわゆる環境対応型塗料とはその原料系，塗料製造工程，塗膜生成過程，塗膜性能のどこかの部分で環境にやさしい Environment Friendly な要素をもつ事と考えるならば，PUR 塗料においてもそのような環境対応型塗料は存在する。その詳細を表2にまとめた。

本稿ではその中で筆者のかかわりの深かった水性 PUR 塗料やその性能にも一部言及する。

4　機能性塗料と PUR 材料・塗料

最近は塗料に限らず機能性付与，高機能性などの文言が業界紙や技術報文に多々見られる。

第15章　ポリウレタンを使った環境対応型塗料・自己修復塗料に至る道　～機能性付与の観点から～

表2　環境対応型塗料の構成要素

プロセス	要素		
塗料原料	CO_2 排出量少ない	植物由来	LSA 化学物質規制 REACH など
塗料配合	低 VOC	水性 HS, 粉体	
成膜過程	低エネルギー消費	低温硬化 UV, EBC 硬化	2K
塗膜性能	メンテナンスフリー 自己修復 耐汚染・自己洗浄	フッ素系 PUR 光触媒	2K

表3　機能性付与の分類例

・機械的	・高強度，高伸度 S-S 挙動 ・自己修復，ハードコート（高硬度）
・光学的	・AR，AG，導光 ・防曇
・電気的	・導電性 ・絶縁性
・熱的	・遮熱・断熱 ・放熱
・音響的	・防音，遮音
・生物的	・抗菌，生体適合性

　その意味では機能性付与による差別化とそのビジネス上の成功を目指すものが多くあると思われる。塗料業界や塗装フィルムの分野でも機能性付与は多岐にわたり，かつ複合化が多いのであるが，筆者なりの分類と PUR 塗料の観点から表3にまとめてみた。

　本稿では自己修復塗料をハードコート（表面硬度を高めた塗膜）との比較で説明する。

5　自己治癒・自己修復

　自己治癒という言葉では，すぐ生体での細胞再生による再生を思い浮かべる。我々も含めた生物体が多少の損傷を受けても，経時で以前の状態に似たレベルに自己再生する現象をさす。

　分子の研究の深化をベースに合成高分子材料でも自己修復・治癒機能を持つものが欧米を中心に開発されてきた。それは現在の省資源・省エネルギー志向に一致するものである。

　塗装の本来目的である，素地保護，美観付与，その経時価値保全の観点から，耐久性がありかつ自己修復機能を持つ塗料は，塗布された製品をいつまでも新品同様に保ち，製品寿命を延長する事が可能となる。本稿ではこのような自己修復塗料原料として市場実績を持ち，かつ有用な PUR 系塗料原料と，その塗料配合について説明する。

6 PUR塗料と自己修復性

　冒頭にも述べたが，合成樹脂塗料に属し，塗膜中に化学構造としてウレタン結合を含むものが，PUR塗料の定義である。PUR結合の化学概念を図2に示した。また各PUR鎖間の水素結合の存在がこの自己修復性に大きく寄与していると考えているので，その概念図を図3に示した。

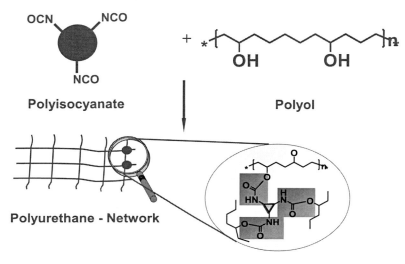

図2　ポリウレタン架橋

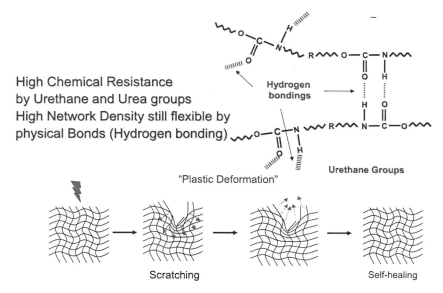

図3　ポリウレタン鎖の水素結合効果

第15章　ポリウレタンを使った環境対応型塗料・自己修復塗料に至る道　～機能性付与の観点から～

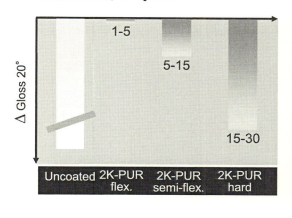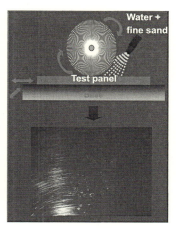

図4　各種2K-PURの耐擦り傷性データ

　これらPUR系自己修復塗料の適用先は，商品自体が高価格か，また高価ではなくとも，所有者にとっては貴重であり，長寿命を期待されているものが適する。反対に言えば，使い捨て商品には過剰品質になるであろう。そのため今までは自動車の外装塗料，内外装プラスチック部品，携帯電話やパソコンなど適用されてきた。詳細は個別に説明する。
　PUR塗料は他の合成樹脂塗料にくらべ，一般的に自己修復性・耐擦り傷性が優れていると思われているが，全てのPUR塗料で耐擦り傷性が良いわけではなく，PUR塗膜ではフレキシブルで，可とう性に富んだものがその性能に優れていた。そのデータを図4に示した。

6.1　自動車用塗料・上塗り塗料

　自動車の外装塗料の開発の歴史は，その自動車の工業生産開始とともに始まった。日本でも1980年代の高外観志向，1990年代初頭からの耐酸性雨対策を経て，21世紀に入ってからは，耐擦り傷対策が中心になってきた。その酸性雨による雨染み対策や耐擦り傷対策の背景にはユーザーの経済的な節約志向がある。それを図5に示した。
　その開発過程では耐擦り傷性の改良を目的に，表面硬度を高めたハードコートの適用も検討されたが，ライン補修の必要性や，チッピング性能の不足から自動車用では上手くいかなかった。また従来からのメラミン硬化で，基体樹脂を柔軟化させた塗膜も開発されてライン適用されたが，これもメラミン含有による耐酸性の悪さが残った。このような経緯で耐酸性と耐擦り傷の両方の性能を兼ね備えた塗装の開発が，この15年欧米日で本格化して，2液型PUR塗料（2K-PURと略す）系がその自己修復性能を発露しやすい事により，本命視されている。
　その開発のポイントは塗膜バインダー樹脂の設計と，擦り傷抵抗性を持つ添加剤の開発にある。この開発で先行した米国PPG社は添加剤の最適化とそれに適合するPUR樹脂系の選択に

機能性ポリウレタンの進化と展望

図5　雨染みと擦り傷

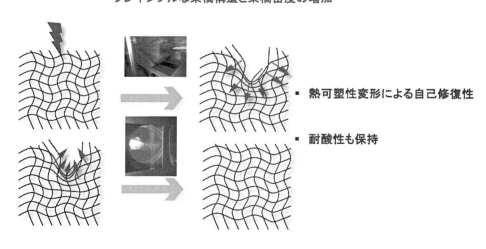

図6　擦り傷回復のメカニズム

第15章 ポリウレタンを使った環境対応型塗料・自己修復塗料に至る道 〜機能性付与の観点から〜

表4 使用したポリイソシアネート性状一覧

	アロファネート /イソシアヌレート（Allophanate/Tr）	HDI-イソシアヌレート（Trimer）	低粘度HDI-イソシアヌレート（LV-Trimer）
粘度［mPas］	約 500	約 500	約 700
供給状態	80％酢酸ブチル	90％酢酸ブチル	100％
NCO-官能基数	4,5	3,5	3,1

表5 使用したポリカーボネートジオール2種の性状

	ポリカーボネート /ポリエステルジオール	オリゴカーボネートジオール
粘度［mPas］	約 3,500	約 4,000
供給状態	100％	100％
OH 含有量［％］	約 3,4	約 5,0

*代表構造： HO—[—R—O—C(=O)—O—]ₙ—R—OH

R= アルキル，シクロアルキル

成功し，真っ先にライン適用を実現させた。その耐擦り傷性のレベルを経時で持続させる事が現在の開発の主眼となっている。PUR 原料の立場からは以下の結論に到達した。

- 自動車の使用される環境と PUR 結合の強靭さを生かして，日光照射による塗膜の昇温で自己修復することを開発目標に設定した。（図 6）
- それには PUR 塗膜自体耐久性があり，かつフレキシブルな架橋構造とその架橋密度の増加が有効であるとの仮説を検証した[3]。

その検証過程を以下説明する。

- 使用した原料系のうち硬化剤は市場によく出回っている HDI イソシアヌレートを標準にしながらも，ポリイソシアネート硬化剤中の官能数を振らせて，数種の塗膜を作成した（表 4）。
- 主剤であるポリオールは自動車用トップクリヤーの基体樹脂であるアクリル系の中でも，架橋密度が上げやすいものを標準にして，かつ耐久性に優れたポリカーボネートジオールを加えて評価塗膜を作成した（表 5）。

これら作成した塗膜の擦り傷性を各種ラボ試験機にかけて評価をした，それを図 7，図 8 に示した。ラボ試験の評価方法が異なるが，共にポリカーボネートジオールを配合して，かつ高官能基を持つポリイソシアネートが初期の耐擦り傷性も良く，かつ自己修復性も高いことを示している[3]。

またその実車での洗車テストの塗膜写真を我々の概念図と共に図 9 に示した[4, 5]。

機能性ポリウレタンの進化と展望

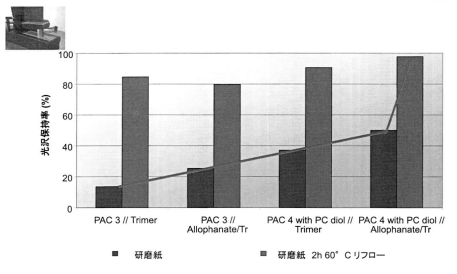

図7　クロックメーターによる擦り傷テストと自己修復性

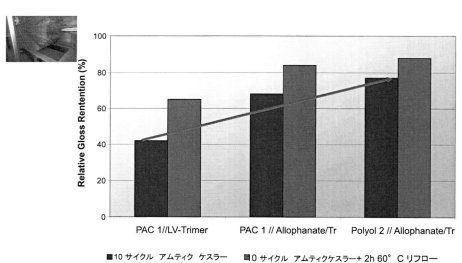

図8　アムティクケスラーテストによる擦り傷テストと自己修復性

第15章 ポリウレタンを使った環境対応型塗料・自己修復塗料に至る道 ～機能性付与の観点から～

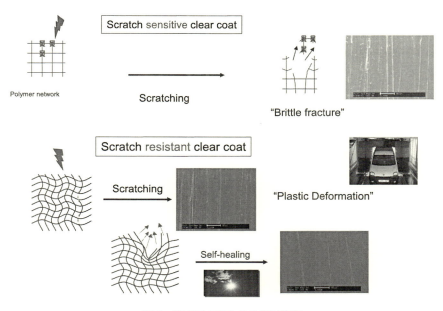

図9 洗車での傷とその自己修復

6.2 プラスチック用塗料・ソフトフィール塗料

プラスチック用塗料はそのプラスチック基材の物理特性をあまり損なわないように，可とう性に富んだ塗膜設計するのが肝要である。歴史的には原料樹脂はセルロース系に始まり，アクリルラッカー系を経て，PUR系が現在は主流になっている。特にプラスチックの耐熱性の低い点を考慮して，常温乾燥可能な2K-PURがプラスチック用塗料に適する。塗膜物性的には，図4中の2K-PUR flex. や2K-UR semi-flex. が望ましい。このため6.1項で説明した自動車鋼鈑用の2K-PUR hard. より耐擦り傷性，自己修復性に優れている。更にその塗膜の感触の柔らかさを強調した塗料が自動車内装用などに適用されているソフトフィール塗料である。

車の内装が表面の硬い冷たい感触のプラスチックのむき出しでは高級感を得られず，且つ触った感触や音が安っぽく感じられる。その対策として塩化ビニル（PVC）のスラッシュモールドが普及していたが，そのコスト高と製品の画一性を改良する解決方法としてソフトフィール塗装が検討された。内装部品の成型後の後塗装なので少量多品種の個性的な感触の適用も可能となる。米国ではボディーカラーの内装もニーズがあり，それには塗装が適していた。

その特徴を図10にまとめた。この開発は欧米で1980年代から始まり，当初は溶剤型2K-PURに特殊充填剤やビーズを配合することで開発され，市場投入された[6]。

しかしその後，水性アクリルラッカー塗料や水性2K-PUR塗料が開発された後は，環境対応型のこれら水性塗料へほぼ変換された。

そのなかでも，塗料系の低VOCだけでなく，塗膜のソフトな感触を発露しやすいなどの優位性から，このソフトフィール塗料では水性2K-PURが主役の座を占めるようになった[7]。水性

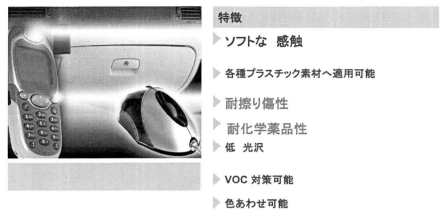

図10 2K-PUR ソフトフィール塗装

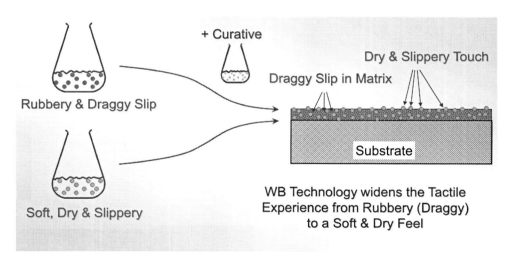

図11 水性 2K-PUR ソフトフィール塗料概念

2K-PUR の2液性を利用したソフトフィール塗料の例とその塗装後の成膜状態の例を図11に示した。

またこの水性 2K-PUR には可塑剤類が含有されていないので，窓ガラスの防曇性も向上した。また80℃程度の低温硬化も可能なので安価な汎用プラスチック素材に適用できる。また密着性の悪いポリオレフィンとの密着性も適正なプライマーとの組み合わせも可能となる。

一般的な化学薬品性は優れているが，一部牛脂や日焼け止めローション（サンスクリーン性）への耐性が不十分である。更なる樹脂系の改良が必要であるが，ソフトフィール性と傷つき性がトレードオフであり，バランスをとるのがあまり容易ではないが各社で水性 PUD や硬化剤の選択など鋭意開発が進められている。

7　PUR系自己修復塗料の採用事例

①　自動車外板

　欧州高級自動車の代表であるベンツを筆頭にかなりの採用実績があり，日本でも大手メーカーで適用車種を拡大している[8]。

②　自動車内装

　欧州大手自動車メーカーの内装への水性2K-PURソフトフィール塗装の採用例を写真1に示した。これ以外にも欧州の自動車メーカー各社への採用実績も多い。

　しかしその塗料設計は樹脂選定だけでなく，各種充填材の選定と配合量などのノウハウが多く，優れた塗膜のソフト感と塗膜性能のバランスをとり，市場で成功している塗料メーカーの数は未だ限定されている。

③　携帯電話・3C分野

　モデルの寿命が短いわりに，個性的な製品イメージが求められる。また所有者の人種・性別・年代など好みが多様化している。その割に，メーカー設定する塗膜物性スペックはかなり厳しい。

　金属調，皮調など各種バラエティーに富んだ意匠性が求められその一つにソフトフィール感もある。現状は溶剤型塗装が主流で，特にトップコートは生産性と塗膜性能により，UV硬化型が日本・アジア発でグローバルに普及した。溶剤型のUV硬化だけでなく，低VOCの環境対応型水性UV塗装でこの用途での採用が期待される。

　3C用の塗装では滑り止めの要求が多く，各種の方法があるが，滑り止めとソフトな感触を両立させ，かつ塗装コストも低減したいというニーズがある。平板への適用はUV塗装が適

写真1　水性ソフトフィールの実施例

写真2　UV硬化ソフトフィールのトレーへの適用例

するのでUV硬化ソフトフィールは有効である(写真2)。このウレタンアクリレートを採用したUV塗装系は架橋密度も高くなるので，耐溶剤性が非常によく，また耐日焼け止めローション性もかなり向上できる。平板基材へ適用以外へはUV照射方法を更に検討しなければならない。UVとイソシアネートのデュアルキュアーでのソフトフィール塗装も有効と考えている。

8　今後の技術課題とその開発の方向性

8.1　水性UVポリウレタンアクリレート

　前項で触れたように，水性1液型PURの範疇に特長のある塗料用レジンがあり，それが水性UV硬化型ウレタン・アクリレートである。従来のポリウレタンUV硬化系は，ジイソシアネートモノマー，ポリオール，ヒドロキシアクリレートから合成される反応性オリゴマーが主成分でかつ，モノマー，光開始剤が配合され，高圧水銀ランプやメタルハライドランプのUV照射により，秒単位で硬化するものであった。その他UV硬化型塗料用樹脂には，不飽和ポリエステル，エポキシ・アクリレートなどがあり，これらの塗料にも反応性希釈剤として低分子量のアク

第15章 ポリウレタンを使った環境対応型塗料・自己修復塗料に至る道 ～機能性付与の観点から～

リルモノマーが一般に配合されていた。このモノマーは，比較的高い蒸気圧を有し，強い臭気を出すものが多く，皮膚刺激性が高く，硬化過程・硬化後の揮発，塗膜中に残存する場合に安全衛生上の問題を生じている。

これに対し，反応性PURオリゴマーに親水性基を導入し，水分散を可能にした樹脂が開発されている。今後はVOC対策やシックハウス対策としてこれら水性UV樹脂の発展が期待される。

水性UV硬化型ウレタン・アクリレートは，図12に示すように，親水性側鎖を持つポリウレタン骨格を，ポリエステル・アクリレート，または，エポキシ・アクリレート骨格に，化学的に導入したものであり，これもポリウレタンディスパージョン（PUD）の一種である。

その架橋機構は，同じく図12中に矢印で示した，アクリレート側鎖の二重結合が，UV照射によりラジカル共重合することによるものである。

この塗膜においては，ポリウレタン骨格がソフト・セグメント，ウレタン結合部分とラジカル共重合部分がハード・セグメントとして，それぞれ作用する。一般的に，UV硬化型樹脂は，高硬度であるが，反面脆く，成膜時に塗膜収縮するなどの短所があったが，ソフト・セグメントであるポリウレタン骨格を導入したことにより，適度な柔軟性を付与し，かつ，水性化する。

この樹脂設計のコンセプトと特長を，以下にまとめた。

- PUDと，ポリエステル・アクリレート，または，エポキシ・アクリレートとのハイブリッドによる水性塗料
- UV硬化システム・高反応性
- 適度な柔軟性，良好な密着性，耐候性

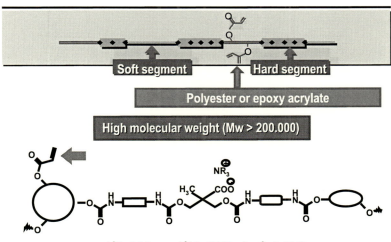

図12 水性UV硬化型ウレタン・アクリレート

これらの特長を生かし携帯電話，PDA，パソコン筐体など3C用途での耐擦り傷性の必要とされる分野への適用が十分可能となる。

8．2　水性ブロックイソシアネート（水性BL）

AUTO OEM水性中塗り塗料の原料としてPUDは，この30年間の間に急速に欧州塗料市場での存在感を高めた。PUDなどの水性樹脂と組み合わせる硬化剤として，メラミン樹脂と水性ブロックイソシアネート（水性BLと略す）が配合される事が多い。この水性BLは親水性ポリイソシアネートの末端イソシアネート基を，オキシムなどのブロック剤で化学的に保護したものである。水性化するために主にイオン性親水性基が導入されている[9]。

ブロック剤（マスク剤とも呼ぶ）として溶剤型ブロックイソシアネート用には各種探索され，使用されてきたが，現状の水性BLでは，ほとんどMEKオキシム（ブタノンオキシム）が使用されている。BL自体の安定性と水性塗料として配合した後の塗料安定性が優先されている為であろう。しかし，昨今のライン焼付け温度の低化や性能向上等の新規開発要求を受けて，新たなブロック剤の探索が進められている。しかし，反応相手との相溶性のみならず，BLのTgや融点の設定に限定が多く，乗り越えるべき課題は多い[10, 11]。

8．3　ハイブリッド化

PUDや水性BLの今後の分野展開にはコスト低減に向けた努力が必要であり，それは製品自体のコスト削減以外にも，ハイブリッド化を積極的に進める事が重要であると感じられる。それにはメラミン樹脂，水性アクリル樹脂等安価品とのハイブリッド化のみならず，将来需要増加の期待される，環境対応型としてのバイオベースの樹脂，生分解性樹脂とのハイブッドも視野に入れる必要がある。

9　おわりに

本稿ではPURの自己修復性を利用した塗料系の開発経緯とメカニズム，その実用例をいくつか説明してきた。日本でも大手自動車メーカーを中心にその採用実績が増加しているので，そのさらなる拡大を期待している。またその用途も日常品にまで拡大されてきていて，私たちの生活向上に少しは貢献しているのだろう。このような塗料原料開発に携わったものとして今後も楽しみである。

第15章　ポリウレタンを使った環境対応型塗料・自己修復塗料に至る道　～機能性付与の観点から～

文　　献

1）桐原修，機能材料，Vol 4, No.6. P.33-42（1984）
2）Ulrich Meier-Westhues, "Polyurethanes Coatings, Adhesives and Sealants", P145-150, Vincents（2007）
3）桐原修，塗装工学，**43**（7），224（2008）
4）桐原修，techzone 講習会「ポリウレタン塗料の構造設計と自己修復機能の付与（2010）
5）桐原修，第66回高分子年次大会特別セッションポスター（2017）
6）バイエル社　塗料原料技術資料：Desmodur/Desmophen, Coating of plastics, RR2581/2,（1988），RR2582/1（1989）
7）Ulrich Meier-Westhues, "Polyurethanes Coatings, Adhesives and Sealants", P190-193, Vincents（2007）
8）山本祥三，&Tech セミナー「スクラッチシールドの開発と自動車塗膜へ新規樹脂適用時の留意点」（2010）
9）片村広一，桐原修，ポリウレタン系塗料，水性コーティング，CMC, P.104（2004）
10）桐原修，マテリアルステージ，**5**（3），82（2005）
11）桐原修，工業塗装，**210**，25（2008）

第16章 異種材料とポリウレタンの接着

六田充輝*

1 はじめに

　熱可塑性ポリウレタンエラストマー（TPU）は1960年に開発されたもので，PVCとNBRブレンドによるエラストマーを除くと，最も歴史の長い熱可塑性エラストマー（TPE）である。代表的なTPEについて，その比較を表1に示す。TPUは，TPEの中でも特に表面硬度に代表される軟らかさ，透明性に代表される外観，耐摩耗性や耐傷つき性に優れる材料として様々な用途に使われているが，その中でもTPU市場の約9%を占めるスポーツ・レジャー用途は，異種材料との複合化されることで高機能・高付加価値な製品として使われることが多い。典型的な例のひとつとしてスポーツシューズ，特にサッカーシューズが挙げられる。スタッドの部分は耐摩耗性や耐傷つき性が求められるためTPUの特長が最大限に活かされるが，軽量さやバネ性が求められるソール部はTPUでは性能が充分ではない。そのため，スポーツシューズではスタッド

表1　代表的な熱可塑性エラストマーの一般的な性能

分類 （一般略称）	ポリウレタン系 （TPU）	ポリスチレン系 （TPS）	ポリエステル系 （TPEE）	ポリオレフィン系 （TPO）	ポリアミド系 （TPAE，PEBA）
開発年	1960	1965（SBS）	1972	1981	1982
ハードセグメント	ポリウレタン	ポリスチレン	ポリエステル	ポリプロピレン	ポリアミド
ソフトセグメント （Tg）	ポリエステル （−40℃〜） or ポリエーテル （−60℃〜）	ポリブタジエン （−90℃〜） or ポリイソプレン （−60℃〜）	ポリエーテル （−40℃〜）	EPR （−60℃〜）	ポリエーテル （−60℃〜）
比重	1.1〜1.25	0.91〜0.95	1.17〜1.25	0.88	1.01
耐摩耗性	◎	△	△	×	○
耐屈曲性	◎	○	◎	△	◎
耐油性	◎	×	◎	△	◎
耐候性	△〜○	×〜△	△	○	○
用途例	ローラー スポーツ用品	自動車，電機 HMA， エンプラ改質 アスファルト改質	ホース，チューブ ギア，シール ジョイントブーツ	自動車内装 PVC代替 PP，PE改質	ホース，チューブ ギア，医療品 スポーツ用品

　＊　Mitsuteru Mutsuda　ダイセル・エボニック㈱　テクニカルセンター　所長

第16章　異種材料とポリウレタンの接着

をTPU，ソールをポリアミド（ナイロン）エラストマー（PEBA）という構成で接着させた複合部材が用いられる。

　本項では主にインサート成形（射出成形）におけるTPUとPEBAの接着・複合化について，従来技術とその問題点，ダイセル・エボニックが開発した，TPUとの接着性に特に優れる新しいPEBA＝K2シリーズの性能について概観する。

2　TPUとPEBAのインサート成形による接着・複合化の従来技術とその問題点

　インサート成形は，射出成形の金型のキャビティに予め成形したパーツをインサートしておき，その上からまた射出成形をする（オーバーモールド）というものである。インサートしたパーツが形状を保持する必要性から，金型温度はインサートするパーツを構成する材料の融点より低くある必要があり，また，オーバーモールドされる材料も，その材料の融点以上の溶融状態から，金型およびパーツと接触すると速やかに温度が下がる。つまり，意外にインサート材とオーバーモールド材が接触するときの温度は高くない。もともと高分子－高分子の場合は混合によるエントロピーの増加があまり期待できないことから，インサート成形による異種材料の複合化は実はそんなに容易なものではない。これはインサート成形でなくても，射出成形で出来るウェルド部の強度が，溶融した同材同士の接触であるにもかかわらず弱いことからも想像できる。

　PEBAのハードセグメントを構成するポリアミドのアミド結合とTPUのウレタン結合は構造的にもよく似ており，また，TPU側のソフトセグメントがエーテル構造の場合はPEBAのソフトセグメントもエーテル構造であることから，もともと相性が良い材料同士である。そのため，前述したようにTPUとPEBAのインサート成形による複合化はスポーツシューズなどで既に実用化されているが，実際のアプリケーションではアンカー構造をとるなど種々の工夫が必須となっている。

　ここではまず，こうした従来のTPUとPEBAのインサート成形による接着・複合化の問題点についてみてゆくことにしよう。

2．1　TPUをインサートしPEBAをオーバーモールドする際の問題点

　TPUとPEBAをインサート成形により複合化させる場合，そのほとんどはTPUをインサート材として用いる。これはTPUの方が融点が低いため，「融かしてひっつける」という通常のインサート成形の考え方に基づくものである。

　この工法の問題点のひとつは，TPU成形品の保管時間により，そのあとのポリアミドのオーバーモールドによって得られる接着強度が大きく影響される点である。数日以上の保管では接着に問題が発生するケースが多く，TPU成形品の保管管理が重要となる。ベスタミド®E58S4における例を図1に示す。E58S4は従来通常のPEBAよりはかなり接着力が優れた材料である

239

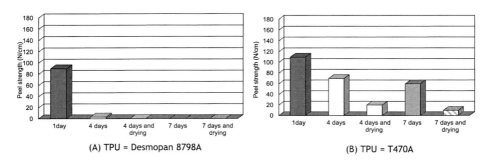

図1 TPUを成形，インサートして，ベスタミド® E58S4をオーバーモールドしたときの，TPU試験片の保管時間と接着性
60 N/cm以上では手で剥がすことは難しく80N/cm以上であれば材破する。

が，それでもTPU成形片の保管時間により接着力は落ちていく。なお，ここで示す接着強度は60 N/cm以上であれば手で剥がすのが難しく，80 N/cm以上であれば剥離試験において材破するぐらいのものである。

ここで興味深いのは，まずTPUの種類によって接着力の低下の傾向が異なること，もうひとつはTPU試験片をオーブンにより加熱，乾燥させるとむしろ接着力が落ちるということである。

前者については，8798AとT470Aの例（図1）のみならず，PEBAとのインサート成形における接着性について，一般にTPUのソフトセグメントがポリエステル型のものの方がポリエーテル型のものよりも大きく劣っていることが知られている。これは，PEBAのオーバーモールドによりTPU表面の結晶部が若干融けるとしても，より運動性の高い非晶部の方が接着に対する影響が大きい可能性があること，その観点からPEBAのソフトセグメントであるポリエーテルと類似のソフトセグメントを有するTPUの方が接着に有利である可能性が考えられる。この仮説はPEBAの硬度が高くなる，すなわちPEBA側のソフトセグメントが減ると接着性が落ちる傾向があることからも支持される（表2）。また，PEBA側とは逆にTPUの場合は硬度が低くなるほど接着性が落ちる傾向が見られる（表2）。柔軟なTPUグレードは可塑剤や安定剤の類

表2 TPUインサート，PEBAオーバーモールドにおける材料の硬度と接着強度 [N/cm]

PEBA／TPU	ポリエステルをソフトセグメントに有するTPU			ポリエーテルをソフトセグメントに有するTPU		
	E195-50	ET690	S80A50	1190A50STR	1185A	LP9292
	Hs A95	Hs A90	Hs A80	Hs A90	Hs A85	Hs A73
Hs D70	5	2	2	5	5	2
Hs D60	20	10	2	30	30	10
Hs D55	5 - 25	10 - 30	10 - 30	20 - 140	20 - 50	15 - 30

- 15 mm幅 2 mm厚 + 2 mm厚の試験片を作り，50 mm/minで剥離試験を実施
- PEBAのオーバーモールド時の金型温度は30℃，シリンダー温度は250℃

第16章　異種材料とポリウレタンの接着

を多く含んでいる場合があり，そうした処方上の違いが接着性に影響している可能性があるものと思われる。

　後者の，乾燥による接着力の低下は，保管時間が長くなることによる接着力の低下が必ずしもTPU試験片の吸水によるものではないことを物語っている。これもポリエステル構造をソフトセグメントに有するTPUが接着に劣ることから，可塑剤や安定剤といった添加物のブリードの影響が考えられるが，ポリエーテル構造をソフトセグメントに有するTPUにも同様の傾向が見られることから，モルフォロジーの変化[1,2]などが原因している可能性も充分にあると思われる。

2.2　PEBAをインサートしTPUをオーバーモールドする際の問題点

　2.1に述べた，TPUをインサート材として使う場合の問題点としてはTPU試験片の保管の問題の他に，軟らかいTPUがオーバーモールドされたナイロンの射出圧や熱により変形してしまうという問題があり，また，TPUを顔料などで着色している場合は，TPUがナイロンとの界面で融かされて顔料が流れ出すといった問題も起こることがある。こうした問題は，より軟らかいTPUを使用したいときに特に起こり易い。

　こうした問題を一挙に解決するのが，PEBAをインサート材として使うという，従来とは逆のインサート方法である。しかし，残念ながら通常のPEBAではこの工法では接着しない。先に述べたように，インサート成形の基本的な考え方は「融かしてひっつける」であり，インサートを逆にすると，インサートするPEBAの融点の方がオーバーモールドするTPUの融点よりも高いためにこのコンセプトが上手く働かないのである。

　表3にいくつかの実験例を示す。いずれも手で容易に剥がせる程度の接着強度であるが，ここでもソフトセグメントがポリエーテル構造であるTPUの方が接着強度がやや高い傾向がみられる。ここで用いたTPUの分子構造，添加物の詳細については不明であるために詳細な議論は難しいが，TPUとPEBAのソフトセグメント構造の類似性，TPUのソフトセグメントの違いによる融解→固化・結晶化挙動の違い[1,2]，TPUの添加物による違いなどがその原因となっている可能性が考えられる。

表3　PEBAインサート，TPUオーバーモールドにおける材料の硬度と接着強度［N/cm］

PEBA／TPU	ポリエステルをソフトセグメントに有するTPU			ポリエーテルをソフトセグメントに有するTPU		
	E195-50	ET690	S80A50	1190A50STR	1185A	LP9292
	Hs A95	Hs A90	Hs A80	Hs A90	Hs A85	Hs A73
Hs D60	3	5	10	30	10	30
Hs D55	2 - 10	1 - 10	10 - 20	25 - 50	10 - 40	30 -

• 15 mm 幅 2 mm 厚 + 2 mm 厚の試験片を作り，50 mm/min で剥離試験を実施
• TPU のオーバーモールド時の金型温度は 30℃，シリンダー温度は 210℃

3 界面反応を利用したTPUとPEBAの直接接着（ダイアミド® K2 シリーズ）

上述したように通常の融解を伴った親和性に基づく接着・複合化には大きな制限があった。筆者らは既に開発し実用化していたプラスチックとゴムの界面反応による接着技術[3,4,5]の実験中に偶然にソフトセグメントを有しないポリアミドの中にTPUと非常に強く接着するものがあることを発見，これを基に開発されたのがダイアミド® K2 シリーズである[6]。

当初からこの接着は界面反応によるものだと予想されたが，複合化前のTPUからも，複合体からも反応しそうな官能基や反応の痕跡は見つからなかった。転機になったのはウレタン結合が熱によってNCO基とOH基に解離する，という考え方である[7]。表4に当時長崎大学教授だった古川睦久先生から頂いた関連する結合とその解離温度についてのデータを示す。ポリアミドの官能基とTPUのウレタン結合から解離して生成したNCO基の反応による接着―この仮説は，官能基構造の異なるポリアミドとTPUを混合，その混合物の官能基消費量と，インサート成形における接着強度の相関から検証されている（図2）。

図3は，化学構造的にウレタン結合から解離により生成するNCO基と反応する官能基を持た

表4 結合とその解離温度（長崎大学 古川睦久先生ご提供）

Bond type	Structure	Td. [C]
Urethane		150 – 250
Urea		150 – 250
Allophanate		120 – 180
Biuret		120 – 180
Isocyanurate		270 <
carbodiimide	– N=C=N –	270 <

第 16 章　異種材料とポリウレタンの接着

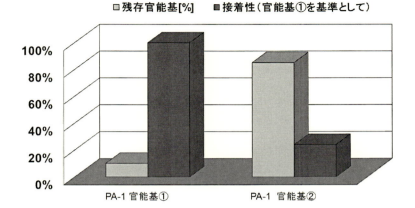

図2　ポリアミド（PA）の官能基の，TPU との溶融混練による消費と，インサート成形による PA-TPU 接着体の接着強度との相関

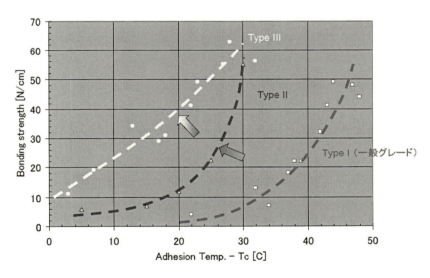

図3　PEBA の構造による TPU との接着性の違い（ヒートプレス）

ない従来一般の PEBA（Type I），上記の仮説に基づき反応する官能基を導入した PEBA（Type II），官能基を導入した PEBA のソフトセグメントの Tg を下げた PEBA（Type III）の3種類について，TPU との接着性の比較をしたものである。成形した TPU と PEBA のシートをヒートプレスで接着したもので，X 軸はヒートプレスの温度とそれぞれの PEBA の結晶化温度（Tc：DSC で 10℃/min で冷却した条件で測定）との差であり，数値が大きいほど Tc に比べ高い温度でヒートプレスを行ったということになる。この結果によると，官能基を導入した Type II は，官能基を持たない Type I に比べ低温で高い接着性を有することがわかる。一般的な熱による融着は，拡散かあるいは界面での共晶の形成，または水素結合の形成と考えられるが，拡散と結晶

243

表5 Type I と，Type II (K1) および Type III 型 (K2) PEBA の，TPU との接着特性の違い

	項目	Type I 型 PEBA（従来品）	Type II(K1), Type III(K2)型 PEBA
材料	TPU と複合化可能な PEBA の硬度	ショア D 硬度で 55°以上になると接着性が大きく低下する。	ショア D 硬度が 70°を超えるような高硬度のものでも，強い接着力を維持。
	複合化可能な TPU	・硬度の近い TPU。 ・ソフトセグメントがポリエーテル型の TPU。	・硬度差がある TPU とも接着。 ・TPU のソフトセグメントの構造に関わらず接着。
工法	接着温度	かなり高温でなければ難しい。	比較的低温でも接着が可能。
	工程	インサート成形の場合は，原則として先に TPU を成形し，後から PAE をオーバーモールドする形でなければ接着しない。	工程に大きな制限はなく，PAE を先に成形しても接着が可能。

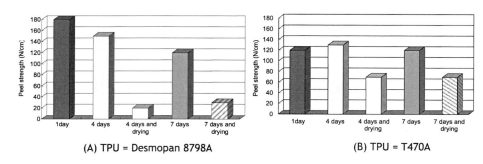

図4 TPU を成形，インサートして，ダイアミド® E62K2（Type III 型）をオーバーモールドしたときの，TPU 試験片の保管時間と接着性
60 N/cm 以上では手で剥がすことは難しく 80 N/cm 以上であれば材破する。

化現象はどちらも分子の運動性に関わるもので，分子が運動できる充分なエネルギー，すなわち温度が必要である。また，高分子の場合は混合によるエントロピーの増加の寄与が期待しにくいため，拡散そのものが起こりにくい。図3の結果によると Type I が充分な接着強度を得るには，PEBA 側が融解かあるいはそれに近い状態になる（当然，融点が PEBA よりも低い TPU も融解かそれに近い状態になっている）温度が必要であることが示されているが，これは上記の融着現象の理解から考えると妥当なものと言える。一方，官能基を導入した Type II や Type III は Type I と比べ低温で強い接着が得られており，これは高分子拡散などとは別の機構，すなわち界面反応の寄与があるものと考えられる。

表5に従来の Type I 型の PEBA と新しく開発した Type II および Type III 型 PEBA の TPU とのインサート成形による接着の違いをまとめた。この界面反応を利用した TPU と PEBA のインサート成形による接着について，以下に実用的な観点から解説を行う。

3.1 Type III 型 PEBA における，TPU をインサートし PEBA をオーバーモールドするプロセス

図4に，インサートする TPU 試験片の保管時間，条件が接着性に及ぼす影響について，

第 16 章　異種材料とポリウレタンの接着

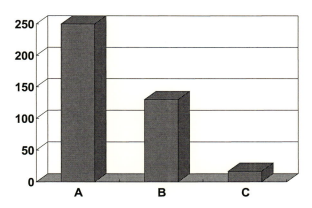

図5　ポリエステル構造をソフトセグメントに有する TPU を成形しインサート，Type III 型 PEBA（ダイアミド® E62K2）をオーバーモールドしたときの接着力
A = TPU 試験片を 23℃，50% RH で 30 時間保管後，インサート材として使用
B = TPU 試験片を 23℃の水中に 24 時間浸漬後，40℃で 6 時間乾燥させインサート材として使用
C = TPU 試験片を 23℃の水中に 24 時間浸漬後，80℃で 6 時間乾燥させインサート材として使用

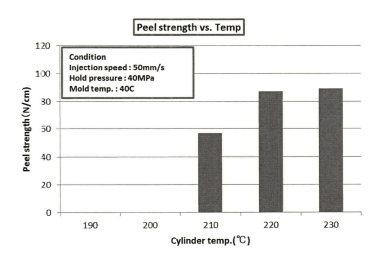

図6　Elastoran 1195A 成形品をインサートし，E73K2GF5 をオーバーモールドする場合の，E73K2GF5 のシリンダー温度が接着強度に及ぼす影響

Type III 型 PEBA であるダイアミド® E62K2 の例を示す。図1と比べると初期接着も大きく，保管時間による接着力低下についても大きく改善されていることがわかる。図5は，TPU 試験片の保管における水分および温度の影響について検証したもので，吸水と乾燥により接着力は落ちるが，乾燥温度が 80℃になることで接着力の低下が大きくなることがわかる。

　射出成形のパラメーターと接着力の関係について，Type III 型の PEBA であるダイアミド® E73K2GF5（ガラス繊維 5 wt% 充填グレード）とポリエーテル構造をソフトセグメントに有す

245

機能性ポリウレタンの進化と展望

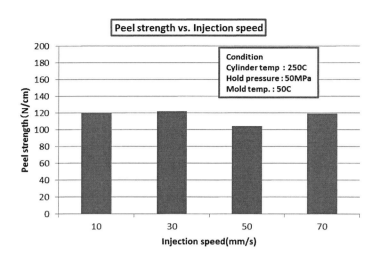

図7 Elastoran 1195A 成形品をインサートし，E73K2GF5 をオーバーモールドする場合の，E73K2GF5 の射出速度が接着強度に及ぼす影響

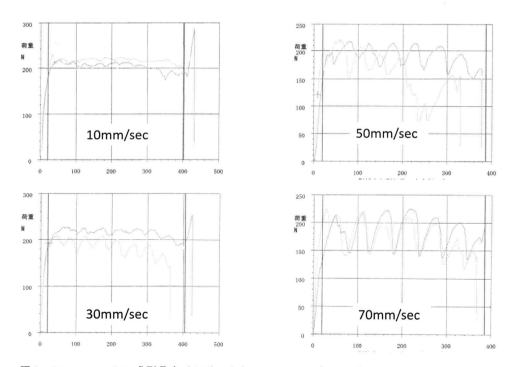

図8 Elastoran 1195A 成形品をインサートし，E73K2GF5 をオーバーモールドする場合の，E73K2GF5 の射出速度が接着強度に及ぼす影響（剥離試験チャート）

第16章　異種材料とポリウレタンの接着

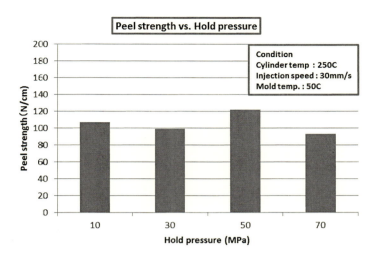

図9　Elastoran 1195A 成形品をインサートし，E73K2GF5 をオーバーモールドする場合の，E73K2GF5 の保圧が接着強度に及ぼす影響

るTPU (Elastoran 1195A) との接着力について，図6にシリンダー温度の影響を，図7，図8に射出速度の影響を，図9に保圧の影響を示す。

オーバーモールドするPEBA (E73K2GF3) のシリンダー温度は，基本的に高いほど接着力が高まる傾向がみられる（図6）。後述するがこれはTPUをオーバーモールドする場合にもみられる傾向で，これはウレタン結合の解離によるNCO基の生成から考えても，図3のヒートプレスの結果から考えても妥当な結果といえる。この実験結果は金型温度が40℃のものであるが，金型温度も同様の影響を有することが予想される。また，同じ理由から，ゲートの位置や数といったものも接着力を左右するということが示唆される。

図7は射出速度の影響をみたものであるが，強度的にはあまり影響がみられないが，チャートでみると射出速度が大きくなると剥離強度が波をうつような傾向が観察できる。射出速度が上がることでオーバーモールドされたPEBAの流れが乱流的になった可能性，軟らかいTPU表面がPEBAによって変形した可能性などいろいろな可能性が考えられるが，いずれもインサート材や複合パーツ全体のデザインが大きく影響する可能性が示唆される。

図8は保圧の影響について検討したものである。インサート成形における接着を考える場合に，イメージとしては保圧が高いほど接着力が向上するイメージがあるが，この実験では影響がほとんどない結果となっている。これは逆に言うと，この接着現象が，オーバーモールドのごく初期に完結している可能性を示唆するもののように思われる。

3．2　Type III 型 PEBA における，PEBA をインサートしTPUをオーバーモールドするプロセス

Type III 型 PEBA であるダイアミド® E62K2 と Type I 型である一般的なショア D 硬度62の

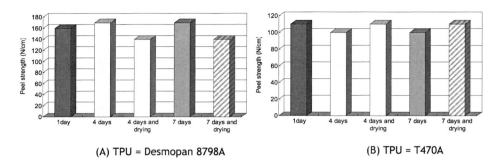

図10 ダイアミド® E62K2を成形，インサートして，TPUをオーバーモールドしたときの，TPU試験片の保管時間と接着性
60 N/cm以上では手で剥がすことは難しく80 N/cm以上であれば材破する。

表6 PEBAインサート，TPUオーバーモールドにおけるType I型PEBAとType III型PEBAの接着強度の違い

PEBA／TPU	ポリエステルをソフトセグメントに有するTPU			ポリエーテルをソフトセグメントに有するTPU		
	E195-50	ET690	S80A50	1190A50STR	1185A	LP9292
	Hs A95	Hs A90	Hs A80	Hs A90	Hs A85	Hs A73
E62K2 (Type III)	145 N/cm	125 N/cm	125 N/cm	160 N/cm	140 N/cm	115 N/cm
Type I型	3 N/cm	5 N/cm	10 N/cm	30 N/cm	10 N/cm	30 N/cm

- 15 mm幅 2 mm厚＋2 mm厚の試験片を作り，50 mm/minで剥180°離試験を実施
- TPUのオーバーモールド時の金型温度は30℃，シリンダー温度は210℃

　PEBAの接着性の比較を表6に示す。一般的なPEBAでは接着しないのに対し，E62K2が非常に優れた接着力を有していることがわかる。
　図10に，インサートするPEBA試験片の保管時間，条件が接着性に及ぼす影響について，TypeIII型PEBAであるダイアミド® E62K2の例を示す。図1の従来PEBAの場合はもとより，図4のTPUインサート，Type III型PEBAオーバーモールドの結果よりもさらに強度も安定性も向上していることがわかる。特に，インサート試験片の加熱が接着力にほとんど影響を与えないのは注目すべきことで，これはPEBA試験片の方がTPU試験片よりも熱に対して安定であることに由来しているものと考えられる。
　前述したように，融点がより高いPEBA試験片をインサート材に，より低いTPUをオーバーモールド材にするこの工法は，通常のインサート成形では考えられないものである。しかし，この新しい工法は，TPUのウレタン結合から解離し生成するNCO基の反応を利用しているものであるため，TPUが完全に溶融状態となってPEBA試験片と出会う場合の方が，TPUが固体状態でオーバーモールドされるPEBAの熱を受け取る場合よりも，NCO基の生成という観点ではむしろ有利と言える。従って図10にみられるように通常のインサート成形のプロセスよりも接着が安定するということが起こりえる。

第 16 章　異種材料とポリウレタンの接着

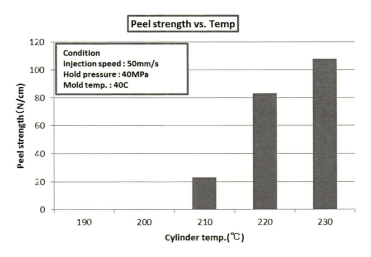

図 11　E73K2GF5 成形品をインサートし，Elastoran 1195A をオーバーモールドする場合の，Elastoran 1195A のシリンダー温度が接着強度に及ぼす影響

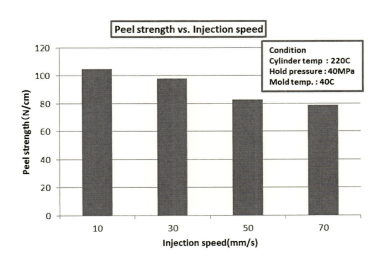

図 12　E73K2GF5 成形品をインサートし，Elastoran 1195A をオーバーモールドする場合の，Elastoran 1195A の射出速度が接着強度に及ぼす影響

　射出成形のパラメーターと接着力の関係について，Type III 型の PEBA であるダイアミド® E73K2GF5（ガラス繊維 5 wt% 充填グレード）とポリエーテル構造をソフトセグメントに有する TPU（Elastoran 1195A）との接着力について，図 11 にシリンダー温度の影響を，図 12 に射出速度の影響を，図 13 に保圧の影響を示す。
　接着強度は，PEBA 成形片インサート，TPU オーバーモールドの方が，TPU 成形品インサート，PEBA オーバーモールドの場合よりも強い傾向がみられる。その一方で，シリンダー温度

機能性ポリウレタンの進化と展望

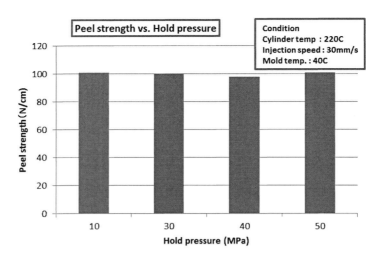

図13　E73K2GF5成形品をインサートし，Elastoran 1195Aをオーバーモールドする場合の，Elastoran 1195Aの保圧が接着強度に及ぼす影響

の影響はTPU成形片インサート，PEBAオーバーモールドの場合よりも大きい（図6，図11）。これは，210℃と220℃というシリンダー温度が，実際の金型の中でPEBA試験片と出会うときのTPUの温度がウレタン結合の解離温度（表4）に達しているかどうかという点において大きな差がある可能性がある。

射出速度の影響は，射出速度が大きくなるに従い若干接着強度が下がる傾向がみられる（図12）が，どの射出速度でも接着強度は80 N/cmを超えており充分に高いことを考えると，成形歪みのようなものが接着強度に影響した可能性が考えられる。但し，一般的にTPUの射出成形条件については，あまり速過ぎたりあるいはゲートが小さい場合などは，剪断発熱によりTPUが分解しガスが発生するという注意喚起がされている。このことから考えるとTPUオーバーモールドの場合に射出速度を上げることは，接着とは別の観点からも避けた方が良いように思われる。

保圧の影響はこの場合もほとんどみられない（図13）。この結果は，TPU成形品インサート，PEBAオーバーモールドの例と同じく，この接着現象が，オーバーモールドのごく初期に完結している可能性を示唆するもののように思われる。

なお，よく接着の良し悪しを評価するのに接着強度の他に良く用いられる指標に剥離試験における「凝集破壊か界面破壊か」というものがある。概念としてはこれは間違っていないと思われるが，この「凝集破壊か海面破壊か」という判断を目視で行うのは必ずしも正しくないことがあるので注意が必要である。図14にType IIIのPEBAとTPUの複合体の剥離試験後の接着界面の分析例を示す。一見界面剥離に見えるが，これをATRで分析すると，接着界面にはTPUとPEBAの両方のIR吸収ピークが観察される。つまりこれは厳密には凝集破壊を起こしていると

第16章　異種材料とポリウレタンの接着

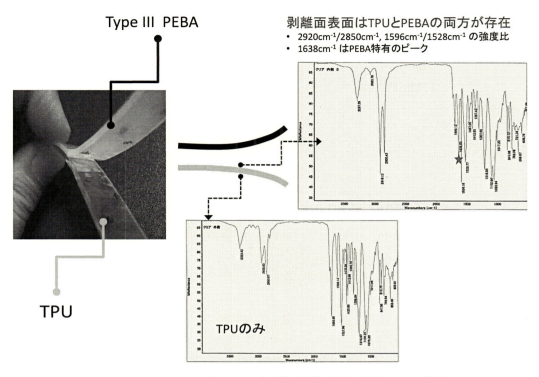

図14　Type III PEBA と TPU の複合体の剥離試験後の界面の ATR 分析

いうことになる。界面反応による接着では接着界面が非常に薄いため[5]，こうしたことが起こるのだと考えられる。

4　界面反応による TPU-PEBA 複合化による効果

　上述したように界面反応による TPU-PEBA 複合化は，従来のインサート成形では常識だった，低融点の材料からなる成形品をインサート材に，高融点の材料をオーバーモールド材に使うという工程を覆し，高融点の材料からなる成形品をインサート材に，低融点の材料をオーバーモールド材に使う工程を可能とする他，インサート材の管理を容易にしたり，ソフトセグメントがポリエステル型の TPU の使用範囲を広げたり，強い接着強度によるデザインの自由度の向上や発泡体との組み合わせを可能とするなど，新しい領域を拓きつつある。以下いくつかの事例を紹介する。

4.1　PEBA インサートによる金型および工程の簡略化
　サッカーシューズのようにスタッド部が飛び出た形のスポーツシューズにおいて，良く使われ

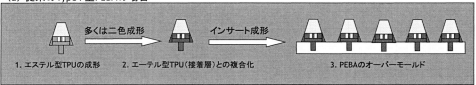
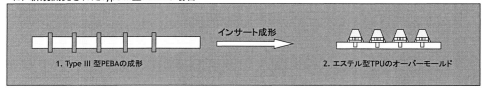

図15 ソフトセグメントにポリエステル構造を有するTPUとPEBAからなるサッカーシューズを作る場合の，Type IとType IIIのPEBAの工程の違い

る組み合わせは，スタッド部を耐摩耗性に優れるTPU，ソール部を軽量性とバネ性に優れるPEBAを使うというものである。従来のType I型のPEBAを使う場合，こうした構成のシューズにおいて，特にソフトセグメントがポリエステル構造のTPUをスタッドに使用したい場合，①ソフトセグメントがポリエステル構造のTPUでスタッドを成形，②①をインサートし，ソフトセグメントがポリエーテル構造のTPUをオーバーモールド（PEBAとの接着層としての機能），③②をインサートしPEBAをソール部としてオーバーモールド，という複雑なプロセスが必要であった。この場合は，接着力の確保から②には二色成形機が用いられることもあり複雑な構造の金型が必要であり，また，③の工程におけるスタッドの品質管理やインサートの手間などがかかる。これに対し，Type III型のPEBAでは，①PEBAでソール部を成形，②①にスタッド部としてTPUをオーバーモールド，というプロセスで成形が可能となり，工程が簡単な分，金型や成形のコストが安くなる（図15）。

4.2 TPUと金属の接合における接着層としての硬質ナイロン

例えば軟らかいTPUの小型ローラーを作る場合，TPUを金属の軸にどのようにして固定するか，という問題を考える。TPUが充分に硬い場合は，金属の軸に凹凸をつけておけばインサート成形でTPUがその凹凸に入り込み，アンカー効果でTPUは固定できるが，軟らかいとトルクがかかったときにTPUは凹凸を乗り越える形で外れてしまう。接着剤を用いる場合は，接着剤由来の溶剤によるTPUの環境応力破壊の問題と接着剤の「厚み」による寸法精度のブレが問題になる場合がある。

こうしたケースにおいて，Type III型の硬度の高いPEBAを，凹凸のついた金属の軸にオーバーモールドしこれを接着層として軟らかいTPUをさらにオーバーモールドすることによっ

第16章　異種材料とポリウレタンの接着

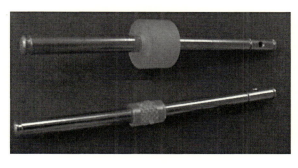

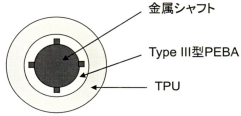

図16　Type III 型 PEBA を接着層に用いた TPU ローラーの例

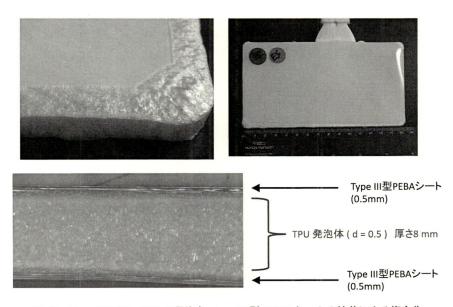

図17　Mucell による TPU の発泡と Type III 型 PEBA シートの接着による複合化

て，高トルクの精度の良い TPU ローラーが得られる（図16）。これも PEBA をインサート材，TPU をオーバーモールド材として使える Type III 型 PEBA ならではの工夫と言える。

4.3　Muell による TPU の発泡と Type III 型 PEBA シートの複合化

Type III 型 PEBA は比較的低温でも TPU と接着可能であり（図3），これで作ったシートを Mucell 成形の金型にインサートし，これに TPU を発泡させてオーバーモールドしても接着させることができる（図17）。

こうしたシートと発泡体の接着複合体は，シートが発泡体の変性を抑制するため，弾性率や強度などが大きく変化する。図18にデータを示す。片面へのシート複合化で曲げ弾性率は約3倍，両面への複合化で約10倍となっている。こうした手法を使えば，シートが充分に薄ければ，比重は発泡体由来の軽さを保持したまま，弾性率などの物性のみを変えることが可能である。この実験例は比較的単純な形状であるが，より複雑な形状の場合は，接着剤の使用や後加工によるシートとの複合化は容易ではなく，そういう観点からもこうした直接接着技術は重要になってくると思われる。

5　まとめ

軟質材料の機能は，それを支える硬質材料との組み合わせで活かされる部分があるが，その複合化は軟質材料であるが故の難しさがある。ネジ等やアンカーなどでは充分な固定ができず，接

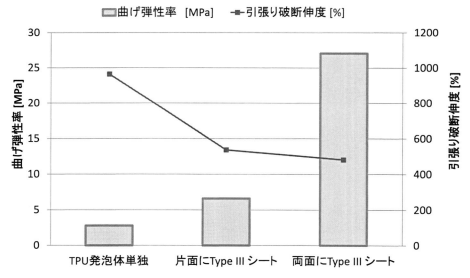

図18　Type III 型 PEBA シートとの接着複合化による TPU 発泡体の曲げ弾性率，引っ張り破断伸度の変化

第16章　異種材料とポリウレタンの接着

着剤についてはしばしば環境応力破壊などの問題が生じる。本項で紹介した Type III 型の PEBA は，TPU のこうした問題を解決するもので，接着機構としても，従来の SP 値を代表とする親和性というコンセプトに依存しない，界面反応を利用している新しい技術と言えるのではないかと思う。

　最後に，この Type II，Type III 型 PEBA 開発の特に初期において，TPU そのものについて数多くの有益な知見を与えてくださった，長崎大学名誉教授 古川睦久先生に感謝の意を表したい。有難う御座いました。

文　　　献

1)　古川睦久，白坂仁，日本ゴム協会誌，**75**（10），454（2002）
2)　山崎聡，西口大介，小椎尾謙，古川睦久，日本ゴム協会誌，**79**（1），3（2006）
3)　六田充輝，プラスチックスエージ，**48**（19），150（2002）
4)　M. Mutsuda, H. Omae, *Macromolecules*, **37**（9），3346（2004）
5)　M. Mutsuda, H. Komada, *Journal of Applied Polymer Science*, **95**（1），53（2005）
6)　六田充輝，日本ゴム協会誌，**83**（9），296（2010）
7)　西博司，日本ゴム協会誌，**55**（3），137（1982）

第17章　断熱材（硬質ウレタンフォーム）

大川栄二[*]

1　はじめに

　硬質ウレタンフォームは，2液を混合して成形される熱硬化性樹脂であり，その特性から工場生産によるボード状製品やサンドイッチパネル，現場発泡（吹付け，注入）など様々な形態での製品が供給されている。

　ここでは，硬質ウレタンフォームの製品・用途等を整理した上で，主に建築用断熱材に関する断熱性能の向上に向けた動向や，地球温暖化対策としての発泡剤のノンフロン化の要求，省エネ基準義務化に向けた動向をまとめたい。

2　硬質ウレタンフォーム断熱材とは

　硬質ウレタンフォームとはNCO（イソシアネート）基を有するポリイソシアネートとOH（ヒドロキシル）基を有するポリオールを，触媒，発泡剤，整泡剤などと一緒に混合して，泡化反応と樹脂化反応を同時に行わせて得られる，均一なプラスチック発泡体である。

　見かけは，小さな泡の集合体で，この小さな硬い泡は，一つ一つが独立した気泡になっていて，この中に熱を伝えにくいガスが封じ込められている。これにより，硬質ウレタンフォームは長期に亘って優れた断熱性能を維持する。

2.1　硬質ウレタンフォームの特長
2.1.1　用途に応じた製品設計が可能
　硬質ウレタンフォームは原料の配合比率を変えることで，反応速度や密度を変えることができる。これにより，用途に応じた製品設計ができる

2.1.2　自己接着力がある
　硬質ウレタンフォームには，他の断熱材料にはない自己接着性という優れた特長がある。これは，接着剤を使わなくとも，金属・合板・コンクリート等の対象物表面に直接発泡することにより，対象物に強く接着した断熱層をつくることができる。この性質を利用して，吹付けによる断熱工事や，セットされた各種面材の間に発泡するだけで，複合パネル，ラミネートボードの製造ができる。

---

　*　Eiji Ookawa　ウレタンフォーム工業会

第17章　断熱材（硬質ウレタンフォーム）

2. 1. 3　耐薬品性

硬質ウレタンフォームは耐薬品性に優れ，濃い酸及び一部の溶剤を除いては，ほとんど侵されることはない。

2. 1. 4　耐熱性

一般的な硬質ウレタンフォームの使用可能温度は，－70℃～100℃位だが，原料の配合（イソシアヌレート等の導入等）や補強材（グラスネット等）を使用することにより，－200℃～＋150℃位までの使圧が可能となる。

2. 2　硬質ウレタンフォーム製品の種類

硬質ウレタンフォームは発泡時の自己接着力を活かし，面材と組み合わせて板状に成形したものと，施工時に現場で吹付けや注入で発泡するものがある。硬質ウレタンフォームは，様々なカタチでその性能を発揮する。その製品種類を表1に示す。代表的な製品画像を表2に示す。

3　硬質ウレタンフォームの用途

硬質ウレタンフォームは様々な用途で利用されている。その用途例を表3に示す。

4　製品仕様と断熱性能

硬質ウレタンフォームの製品仕様はJIS A 9511（発泡プラスチック保温材），JIS A 9521（建築用断熱材）とJIS A 9526（建築物断熱用吹付け硬質ウレタンフォーム）に規定されている。

ラミネートボードの断熱性能について，JIS A 9521に規程されており，建築に主に使用されている2種の代表的な熱伝導率を表4に記載する。JIS A 9521ではノンフロン品のみが規程されている。

2種は非透湿性面材の間で発泡させた面材付のものと定義されており，2.1.2項でラミネートボードに分類される。一般建築では主に2種2号品が使用されている。

次に吹付け硬質ウレタンフォームについての種類を表5に，その熱伝導率を表6に示す。

表1　硬質ウレタンフォーム製品の種類

現場発泡品	吹付け（スプレー）	対象物に直接吹付けて発泡させます。
	注入	対象物の空隙に直接充填して発泡させます。
工場発泡品	ラミネートボード	ポリエチレンコート紙やアルミ箔等の軟質面材付き板状成形品
	面材付きパネル	金属板や石膏ボードなど硬質面材付き板状成形品
	サンドイッチパネル	金属パネルや木質パネルに直接注入充填した発泡品
	切り出しボード	ブロック状に発泡された硬質ポリウレタンフォームを切出し加工した板状成形品

表2 硬質ウレタンフォーム製品の代表画像

吹付け	ラミネートボード（アルミ箔付きボード）

面材付きパネル（石膏ボード付きパネル）	金属サンドイッチパネル

面材付きパネル（波板鋼板付きパネル）	切り出しボード

表3 硬質ウレタンフォームの用途例

分類	用途例
船舶	漁船，大型船，冷凍貨物船，コンテナーの断熱 LNG船，LPG船，液化ガス船の断熱，FRPボートの芯材 大型船舶，救命艇の浮力材 ブイ，浮き類の浮力材
車両	冷凍庫・保冷車，鉄道コンテナー，タンクローリーの断熱 車両（新幹線など），トラック天井断熱
プラント類	化学工業設備タンク・配管の断熱，重油タンク・配管等の保温 LPG，LNG低温液化ガス保冷・配管の断熱 断熱カバー，タンクのふた
断熱機器	冷蔵庫，冷凍庫の断熱，エアコン断熱部材 ショーケース，ストッカー，自動販売機，温水器，貯湯槽等の断熱
建築	住宅，オフィスビルの断熱（壁，床下，天井，屋根下等） 浴槽（ステンレス・FRP・ほうろう）断熱 冷凍倉庫，冷蔵倉庫，農業倉庫，畜舎等の断熱，ボイド充填（断熱サッシ） 恒温室（農作物貯蔵・たばこ乾燥），地域集中冷暖房断熱
土木	道路床断熱，トンネル裏込，振動防止材，軽量盛土
家具・インテリア	椅子芯材，ドアーパネル，装飾工芸品
その他	娯楽用具（クーラーボックス・水筒） 教材（立体地図など），型材・治具関係 サーフィンなどの芯材 RIM方式製品（スキー芯材・ラケット芯材・ハウジング類） 梱包材

第17章　断熱材（硬質ウレタンフォーム）

表4　硬質ウレタンフォーム断熱材の種類と熱伝導率・密度（JIS A 9521）

種類		熱伝導率（W/(m・K)）	密度（kg/m³）
2種	1号	0.023 以下	35 以上
	2号	0.024 以下	25 以上
	3号	0.027 以下	35 以上
	4号	0.028 以下	25 以上

表5　吹付け硬質ウレタンフォームの種類（JIS A 9526）

A種1	NF1	発泡剤として二酸化炭素（CO_2）を用い，フロン類[a]を用いないもの。壁，屋根裏などの用途に適する非耐力性吹付け硬質ウレタンフォーム原液。
A種1H	NF1H	発泡剤としてハイドロフルオロオレフィン（HFO）[c]を用いたもの。壁，屋根裏などの用途に適する非耐力性吹付け硬質ウレタンフォーム原液。
A種2	NF2	発泡剤として二酸化炭素（CO_2）を用い，フロン類[a]を用いないもの。冷蔵倉庫などの用途に適する耐力性吹付け硬質ウレタンフォーム原液。
A種2H	NF2H	発泡剤としてハイドロフルオロオレフィン（HFO）[c]を用いたもの。冷蔵倉庫などの用途に適する耐力性吹付け硬質ウレタンフォーム原液。
A種3	NF3	発泡剤として二酸化炭素（CO_2）を用い，フロン類[a]を用いないもの。壁などの充てん断熱工法[b]用途に用いることができる低密度非耐力性吹付け硬質ウレタンフォーム原液。
B種	FC	発泡剤としてフロン類[a]を用いたもの。住宅を除く高い断熱性が求められる冷蔵倉庫などの用途に適する耐力性吹付け硬質ウレタンフォーム原液。

注 [a]　フロン類とは，クロロフルオロカーボン（CFC），ハイドロクロロフルオロカーボン（HCFC）及びハイドロフルオロカーボン（HFC）であって，特定製品に係るフロン類の回収及び破壊の実施の確保等に関する法律に規定されたもの，および気候変動に関する政府間パネル（IPCC）第4次評価報告書に記載のもの（具体的には，HFC245fa，HFC365mfc 等が含まれる）をいう。
[b]　充てん断熱工法とは，軸組みの間，構造空間に断熱材を充てんする断熱工法をいう。
[c]　ハイドロフルオロオレフィン（HFO）（具体的には，HFO-1233zd 等を指す。）はフロン類に該当しない。

表6　吹付け硬質ウレタンフォームの熱伝導率（JIS A 9526）

種類	A種1	A種1H	A種2	A種2H	A種3	B種
熱伝導率（W/(m・K)）	0.034	0.026	0.034	0.026	0.040	0.026

A種1，A種1Hは主にRC造・鉄骨造の内断熱に使用され，A種3は木造戸建て住宅に広く使用されている。A種2，A種2Hは冷凍倉庫等に使用される。今後は新たな発泡剤としてハイドロフルオロオレフィン（HFO）を用いたA種1H・A種2Hにより，熱伝導率 0.026 W/(m・K)が実現され，今後はフロン排出抑制法等によりこの品種に切り替わる。

5　発泡剤の変遷

硬質ウレタンフォームに用いる発泡剤はこれまでフロン品を種に用いてきた。これまで発泡剤

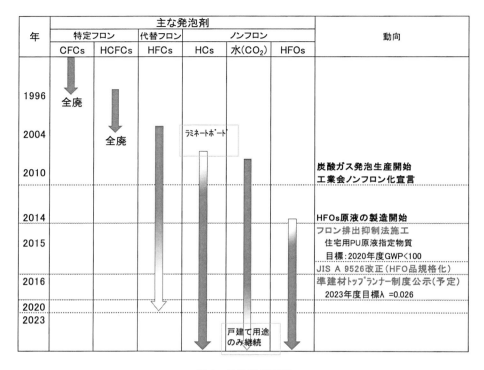

図1 発泡剤の変遷

はCFCs ⇒ HCFCs ⇒ HFCsと変遷してきた。CFCsとHCFCsはオゾン層破壊物質としてその使用が規制されている。HFCsについては地球温暖化効果が高いためその削減を強く求められており，フロン排出抑制法等の諸制度によりその使用についての規制が開始されている。そのため，第4世代の発泡剤HFOsへの期待が促進される。発泡剤の変遷を図1に示す。

6 吹付け硬質ウレタンフォームの行政・業界動向

　一般建築で広く使用されている吹付け硬質ウレタンフォームは現場での吹付け工事により，断熱材が形成されるため，吹付け硬質ウレタンフォーム現場作業者による品質管理が重要となる。
　ウレタンフォーム工業会では2014年7月に「品質自主管理基準」を定め，原液の品質基準だけでなく，施工に関する基準を定め，原液製造業者として施工業者に対する「原液使用標準」の提示とともに，施工者に対する教育・訓練の実施を求めている。
　また，2012年に新たな発泡剤としてHFOが開発された。この新たな発泡剤を用いることで，断熱性能を維持し，ノンフロン化を図ることができる。これを用いた原液は2014年から供給が開始されており，2015年12月にはこの原液についての規格を含む改正JISが公示された。
　めまぐるしく変化する吹付け硬質ウレタンフォームの直近の動向について，ここで整理する。

第 17 章　断熱材（硬質ウレタンフォーム）

表 7　目標値及び目標年度

GWP 目標値	目標年度
100	2020

6.1　フロン排出抑制法

フロン回収・破壊法が改正され，「フロン類の使用の合理化及び管理の適正化に関する法律」（略称「フロン排出抑制法」）として平成 27 年 4 月 1 日から施行された。

「硬質ポリウレタンフォーム用原液（住宅用）」が指定製品となり，経産省告示第 52 号（平成 27 年 3 月 31 日）により「硬質ポリウレタンフォーム用原液の製造業者等の判断の基準となるべき事項」が示された。環境影響度の目標値及び目標年度は表 7 の通りで，製造事業者ごとに出荷量で加重平均した値が同表の値を上回らないこととされた。（平成 27 年 4 月 1 日施行）

これを達成するためには，目標年度までに HFC 原液を現在の使用量の 10％まで低減することが求められる。このためには，新発泡剤 HFO 原液の普及が必要となる。

今後は「硬質ポリウレタンフォーム用原液（住宅用）」だけでなく，全ての硬質ウレタンフォーム断熱材への適用が検討されている。

6.2　JIS A 9526 の改正

平成 27 年 12 月 21 日に改正された JIS A 9526 が公示され，新発泡剤 HFO 原液についての規格が種類の区分として A 種 1H 及び A 種 2H として追加された。種類区分ごとの熱伝導率は表 6 に示した通り。

新発泡剤についての JIS 規格ができたことで，市場への普及に弾みがつくことを期待したい。

これまで一般建築に用いられる区分は，JIS A 9526:2006 にあった B 種 1 及び A 種 1 であった。B 種 1 の熱伝導率は 0.026 W/(m·K) である。

これまでは，ノンフロン化をするためには B 種 1 から A 種 1 への転換が必要であったが，熱伝導率が高いため，厚さを増す必要がある。そのため，樹脂量の増と施工効率の悪化により材工のコストが高くなり，ノンフロン化の推進を阻害していた。A 種 1H を用いることで厚さを増すことなくノンフロン化することができ，阻害要因の一つが解消されノンフロン化の推進が期待できると考える。

6.3　優良断熱材認証制度

建産協では，優良断熱材認証制度の実施規定，製品認証審査要綱および様式集を 2017 年 3 月 23 日付で改訂した。改訂のポイントの 1 つは新たに認証区分 C（現場発泡ウレタン施工事業者）を追加したことである。認証区分 C（現場発泡ウレタン施工事業者）は工場ではなく建築現場で製造される断熱材を対象としており，現場発泡ウレタン断熱材が業界ではじめて第三者認証されることとなった。

まず，吹付け硬質ウレタンフォーム原液についての事前審査を受ける必要がある。この事前申請は原液製造業者が審査を受ける。現場発泡ウレタン施工事業者を認証するにあたっては，事前審査された原液を使用し第三者により認証された施工者の管理の下で，吹付硬質ウレタンフォーム原液使用標準に従った施工が確保されていることが審査される。

前項のJIS改正を受け原液製造業者がA種1HについてのJIS認証取得が揃ってくることで，原液の事前審査が進み，施工業者の認証申請が推進されることが期待される。

この認証制度により，認証され施工業者が施工した吹付け硬質ウレタンフォームの品質に対する信頼性が大幅に高まるものと確信する。

7　準建材トップランナー制度（案）について

2017年10月12日に経済産業省資源エネルギー庁より「吹付け硬質ウレタンフォームの熱の損失の防止のための性能向上等に関するガイドライン」（以下，ガイドライン）が公表され，「準建材トップランナー制度」として吹付け硬質ウレタンフォームの断熱性能の目標値と目標年度が示された。

吹付け硬質ウレタンフォームについては，原液の製造事業者が断熱材としての断熱性能を改善する事業者として位置づけられる。しかしながら，原液製造業者は法令上の「熱損失建築材料の製造事業者」ではないことから，「準建材トップランナー制度」を構築し，吹付け硬質ウレタンフォームを当制度の対象とすることとなった。

「建材トップランナー制度」においては，目標年度において目標値を達成していない場合，性能向上の勧告・勧告に従わない場合の公表命令の罰則規定がある。また，性能表示がしていない場合も同様の罰則規定がある。「準建材トップランナー制度」では，罰則規定の対照とはならず"指導"として運用される。目標年度は平成35年度（2023年度）とされ，目標値については表8の目標基準値が示された。

A種3原液は主に木造住宅用に使用されており，準建材トップランナー制度として目標基準値を一本化してしまうと市場から撤退してしまうことになり，区分をわけることとしている。

A種1・A種2の目標基準値を見ると，水・CO_2を発泡剤としたA種1ならびA種2を全てA種1HならびA種2Hに転換することが求められる。

また，当制度の検討に当たり，施工時（現場吹付け時）の品質管理を強く求めており，その対

表8　目標基準値

	現在の加重平均値 {W/(m・K)}	目標基準値 {W/(m・K)}	性能改善率
A種1・A種2原液を原料に用いたもの	0.034	0.026	30.8%
A種3原液を原料に用いたもの	0.040	0.039	2.6%

第 17 章　断熱材（硬質ウレタンフォーム）

表 9　準建材トップランナー制度での品質管理の推奨事項

事業者	推奨事項
原液製造等事業者	・原液使用標準の周知 ・吹付け施工事業者の EI 制度等の認証取得の推進と協力
吹付け施工事業者	・原液使用標準の遵守と熱絶縁施工技能士資格者の立会いの下での施工 ・施工者の熱損失防止性能の確保に関する知識及び技能の向上を図る ・EI 制度等の認証取得
使用者（元請）	・吹付け施工事業者の選択は，EI 制度認証が取得されている業者とする

策としてガイドラインの第 3 節には原液製造等事業者，吹付け施工事業者，吹付け硬質ウレタンフォームの使用者（元請）の推奨事項が規程されている。表 9 にその推奨事項を示す。

さらに，硬質ウレタンフォームボード製品についてのトップランナー制度への追加が検討されている。

8　省エネ基準適合義務化について

平成 27 年 7 月に「建築物のエネルギー消費性能の向上に関する法律（平成 27 年法律第 53 号）」【建築物省エネ法】が公布された。これにより，平成 29 年 4 月以降に確認申請される，大規模建築物（2,000 m² 以上）の非住宅建築物について建築物のエネルギー消費性能基準（省エネ基準）への適合が義務化される。

省エネ基準適合義務化に当たっては，硬質ウレタンフォーム用の発泡剤はノンフロンに限定される。

2,000 m² 以上の住宅と中規模建築物（300 m² 以上 2,000 m² 未満）については省エネ措置の届出をしなければならない。届出内容が基準に適合せず必要と認められる場合は指示・命令等の対象となる。

省エネ適合性判定及び建築確認・検査の流れを図 2 に示す。これまでの確認申請に加え，「省エネ性能確保計画」を登録省エネ判定機関に提出し「適合判定通知書」を建築主事又は指定確認検査機関への提出が求められる。また，完了検査においても省エネ性能確保計画通りに施工していることの確認検査も実施される。

9　まとめ

硬質ウレタンフォーム断熱材を取り巻く環境は，これまで述べたように，大きく動いており，2020 年の省エネ基準適合完全義務化に向けて，業界にとっての大きな転換期を迎えている。

特に吹付け硬質ウレタンフォーム原液製造業者は原液の品質管理だけではなく，販売先の吹付け施工業者に対する教育指導体制の構築が必要であり，また，吹付け施工業者にあっては現場品

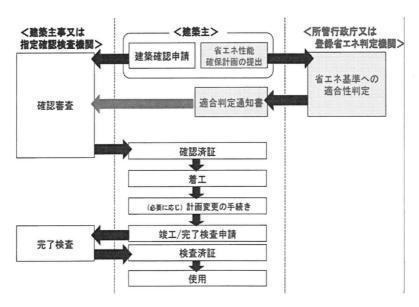

図2 省エネ適合性判定及び建築確認・検査のながれ

質管理者の育成が喫緊の課題であろうと考える。吹付硬質ウレタンフォーム業界として品質の信頼性を高めるための，諸施策が構築されてきており，業界としてこれに真剣に取り組むことが何より重要と考える。

また，フロン排出抑制法，準建材トップランナー制度ならび省エネ基準適合義務化により，発泡剤のノンフロン化が強く求められており，新発泡剤 HFO 品の普及促進により地球温暖化対策としてのノンフロン化の推進も急務となっている。

第18章　耐震粘着マット

小玉誠志[*1]

1　はじめに

1995年1月17日未明に起きたマグニチュード7.3の阪神淡路大震災により，ビル，家屋，高速道路の崩壊，家庭内のタンス・家具・TV等の転倒が生じた。これによる被害は死者6434人，住宅の全半壊46万世帯におよぶもので世界中を震撼させた[1]。この地震を契機に地震対策としてビルや家屋の建築物，高速道路，橋梁そのものの耐震構造対策が進められ，優れた免震ゴムやゴム支承（ラバーベアリング）が開発されてきた。一方で，室内での家具，電化製品，備品などの転倒により下敷きとなり，身動きができなくなることによる圧死の防止，あるいは大きな振動加速度を受けて宙に飛ぶTVや置物等の生活用品との衝突や破損した破片でのケガ防止に関する研究は国のプロジェクトからは取り残された。

しかし，小玉誠三[*2]により1)家屋内の模様替えが容易にできること，2)床や壁を傷付けずに固定できること，3)長期間機能保持できること，を目指して多くの材料が検討され，最終的にポリウレタンの素材にたどり着き，震度7クラスの地震に耐える耐震粘着ゲル"耐震粘着マット"が開発された[2~4]。

現在，多くの企業より市販され，転倒防止を目的とした対象物は，家庭においては家具の他，テレビ，電子レンジ，花瓶などの他に，一般家庭内だけでなく，オフィス，学校，病院，工場，船舶などに普及し，危機管理の上で必要なアイテムとして一翼を担っている。この章では，ポリウレタンを用いた耐震ゲルについて述べる。

2　ポリウレタン粘着ゲルの設計[5]

ゲルは高分子溶液中の高分子，硬化前の流動性液体などが化学的または物理的作用で網目構造を形成し流動性を失った状態と，粘着は高粘度液体に見られる粘り着く現象と定義されている。耐震用粘着ゲルには，ゲルと粘着の両性質に加えてタンスや家具（被着体）の荷重にたいして優れた圧縮ひずみを保ちながら地震による大きな振動加速度に耐えることができ，振動が治まると変形は元に戻る性質，すなわち弾性を持つ性質が必要条件となる。

これらを満足する材料は架橋点間の分子鎖長が非常に大きく柔軟性に富む鎖からなる網目エラ

---

*1　Masashi Kodama　プロセブン㈱　代表取締役
*2　Seizou Kodama　プロセブン㈱　創業者　会長

機能性ポリウレタンの進化と展望

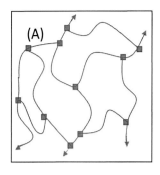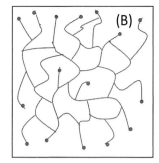

図1　粘着性ゲルのモデル図
A系：完全網目ゲル
B系：ダングリング鎖を持つ網目ゲル

ストマー（図1のA系），あるいは，柔軟なダングリング鎖をもつ網目エラストマー（図1のB系）である。

一般には基材となるエラストマーに可塑剤を混合して作られることが多いが，家庭内での使用を考えると可塑剤や揮発性有機化合物（VOC）による汚染を避けるためには可塑剤の使用を避けなければならない。

粘着ゲルの設計の例として，図1A系ではポリマージオール/トリイソシアネート系，図1B系ではポリマーグリコール/ポリマーモノオール/ジイソシアネート/架橋剤トリオール系について述べる。

A系ではトリイソシアネートと数平均分子量（Mn）が2000，4000，8000と異なるポリマーグリコールを用い配合比 K = [NCO]/[OH] = 1.01 とした架橋点間鎖長の異なる完全網目ゲルである。

B系においては K = [NCO]/[OH] を 2.0，NCO INDEX = 1.03 とし，モノオールの水酸基数/トリオールの水酸基数の比fを変化させたゲルである。fの増加にともないダングリング鎖数は増加し，網目構造の形成の程度を示す膨潤度は増加し，ゲル分率は低い値を示す。さらにB系においてはトリイソシアネートとポリオールの配合比Kを1.0から0.7に変化させることにより，Kの減少に伴うダングリング鎖の数を増加させた。

図2にA系のポリウレタンゲル（PUG）における架橋点間分子量の諸物性への影響を示す。ガラス転移温度（T_g）はゲル網目架橋点間距離が長くなるほど低温側へシフトする。ヤング率（E），破断応力（ρ_b）は架橋点間分子量の増加，すなわち分岐点濃度の減少にともない減少するが，その程度は小さい。しかし，破断ひずみは架橋点間距離による影響が大きく，分子量8000系PUGで破断ひずみと粘着力が増大し，粘着強度は分子量2000系PUGは小さいが8000系PUGでは大きく増大し，ダングリング鎖長を有するPUGと同等の値を示す。図3，4にB系のPUGにおけるダングリング鎖濃度の諸物性への影響を示す。いずれの配合に於いても，ダン

第18章　耐震粘着マット

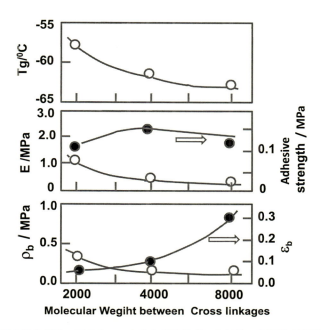

図2　A系の完全網目エラストマーからなる粘着ゲルの特性への架橋点間鎖長の影響

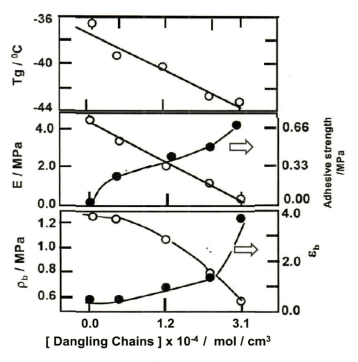

図3　粘着ゲルの特性へのダングリング鎖の影響
B系：トリオールとモノオールの水酸基数の比fを変化。

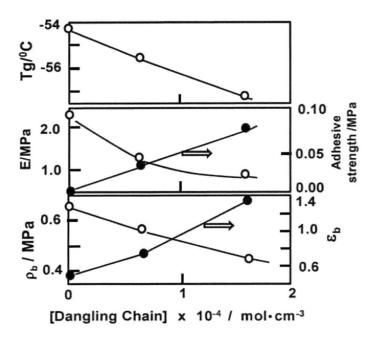

図4 粘着ゲルの特性への架橋点間分子量の影響
B系；トリイソシアネートとポリオールの配合比Kを
1.0から0.7に変化させ，ダングリング鎖の数を増加

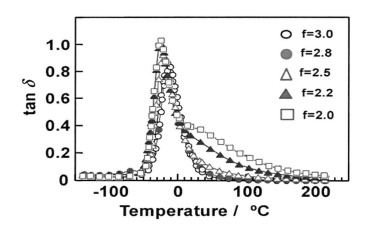

図5 B系粘着ゲル（図1B）の主分散ピークへのダングリング鎖濃度の影響

グリング鎖の増加にともないT_gは低温側へシフトし，ヤング率（E）および破断応力（ρ_b）は減少し，破断ひずみ（ε_b）および粘着力は増加する。

B系のモノオールの水酸基数/トリオールの水酸基数の比fを変化させたゲルのガラス転移に基づく損失正接（tan δ）のピーク（α緩和）において，図5に示すようにα緩和より高温側に

第18章　耐震粘着マット

異なる緩和が観測される。ダングリング鎖の増加にともないこの緩和の $\tan\delta$ 値が増加したことからダングリング鎖に由来するものであり，ダングリング鎖のレプテーション運動により α 緩和より高温側に現れたものと考えられる。これは，PUG 中のダングリング鎖が増加し，自由に動ける分子鎖が多くなったためで室温での粘着着力の発現に大きく寄与していることがわかる。B 系のトリイソシアネートとポリオールの配合比 K を 1.0 から 0.7 に変化させ系においても $\tan\delta$ の温度依存性において，α 緩和より高温側に図5で示したと同様なダングリング鎖の運動に由来する緩和が観測されるが，モノオールとトリオールの混合系 PUG での緩和ほど顕著に現れない。以上のことより，粘着ゲルの合成においては，PUG 中にダングリング鎖を導入し，その数および長さが重要であると言える。

　以上のことより，ポリウレタン粘着ゲルを得るために，1)室温より低いガラス転移温度 T_g を持ち，かつ架橋点間鎖長の大きい完全網目鎖ゲル，あるいは 2) T_g が室温より低く，網目構造を持ちかつダングリング鎖をもつゲルであることが必要である。

3　ポリウレタン耐震粘着マットの特性[6]

　前項でのべたように架橋点濃度，ウレタン基濃度を低く抑えて網目構造を形成させることにより，弾性を示しかつ柔軟で耐久性に優れ高い粘着力と振動吸収性を持つ弾性ゲル（ゴム）が得られる。

　表1に開発したポリウレタン耐震粘着マットの物性を示す。開発したポリウレタン系耐震粘着マットのガラス転移温度は −61.5℃ であるため，実用温度における硬度，力学物性，粘着力などの物性の温度依存性は小さく安定した性能を示す。得られた耐震粘着マットの振動加速度は振動加速度 818 ガル（阪神大震災時の揺れ）を超える振動加速度 1000 ガル（震度 7 クラス）である。ビル，高速ロードで用いられる免震ゴム，ゴム支承は建造物を接地面から切り離して地震の揺れを低減するものであるが，耐震粘着マットも同様な機能をもっている。

　図6に開発した耐震粘着マットを粘性減衰型ダンパーの粘着材として 1.5 Hz の振動で得た変

表1　ポリウレタン耐震粘着マットの特性*

物　性			化学特性		
硬　度 /E	28～33		10% 硫酸	表面の変色	
引張強度 /MPa	12.4 kg/cm^2	JIS K6251	10% 塩酸	変色・軟化	JIS K7114
破断伸び /%	1100	JIS K6253	10% NaOH	表面の変色	
垂直粘着力 /MPa	3.0 MPa	JIS K7321	トルエン	異常なし	
水平粘着力 /MPa	1.7.9 MPa		難燃性	適合	JIS D1201
反撥弾性 /%	28	JIS K6255	加水分解	7日間異常なし	80℃ ± 1℃
絶縁性	絶縁体	JIS K6911	促進耐光性	変化なし	JIS D0205

*出典：粘着マットガイドブック

機能性ポリウレタンの進化と展望

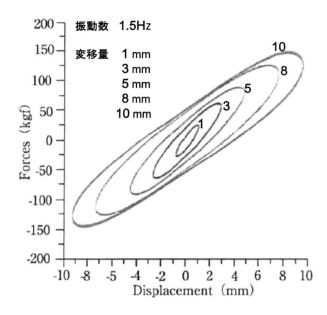

図6　変位量と荷重サイクル曲線

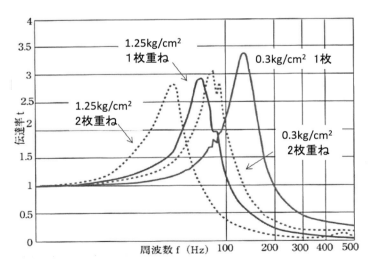

図7　耐震粘着マットの防振効果量

図中の数字は防振効果量を示す。
なお，2枚重ねは，耐震ゲル間に1mm厚のステンレス板の使用を示す。

第18章　耐震粘着マット

位（±10 mm）と力のデータの一例を示す。図から分かるように変位量に基づき荷重は増減しており，振動に耐えていることが分かる。

図7に耐震粘着ゲルの防振効果量を示す。ゲルの防振効果量は図7の各ピーク横に示した数値である。図中の2枚重ねは，ゲル間に1 mmのステンレス板を使用している。防振効果量はゲルの厚みや積層などの多くの要因が重なり合っているため，今後の検討課題でもある。

耐震対策を施そうとする被着体の重量（圧縮力）によるゲルの厚み減少率の時間依存性は50℃までは小さいが70℃では大きくなる。粘着力は引張り変形，ずり変形に対して，フッ素樹脂に代表される撥水性樹脂や疎水性樹脂を除いて，大きな粘着力を示す。ゲルの熱老化においても，50℃で90日間，70℃で60日間の熱老化させたゲルの粘着力は未劣化の値と変化なく，長期の紫外線照射によるゲルの物性や外観の変化，揮発性有機化合物（VOC）の発生は見られない[2, 3]。

耐震粘着マットは高層ビル・高層マンション特有の揺れ「長周期地震動」にも対応できる。この耐震粘着マットの粘着力により，本棚，TV，家具などの被着体にキズをつけることなく床に固定できる。さらには張り直しが可能であり，水洗いすることにより再利用できる特徴をもつ。

図8に市販されているウレタン製耐震ゲルの動的粘弾性の温度依存性を示す。Pro-7 PUGのガラス状態での貯蔵弾性率 E' の値は 5.7×10^9 Pa であり，ガラス転移温度範囲は－60℃～－40℃と狭く，その後は170℃までE'の値が 4.7×10^6 Pa のゴム状平坦域が続いている。ガラス転移域の損失正接 tan δ のピーク温度は－51℃であり，Pro-7 PUGは－40℃以上でゴム弾性体を保持している。市販品のPUゲルAのガラス状態でのE'の値は 5.3×10^9 Pa であり，ガラス転移状態とゴム状領域のE'値はPro-7-PUGと同じである。一方，市販品Bは前述の製品と

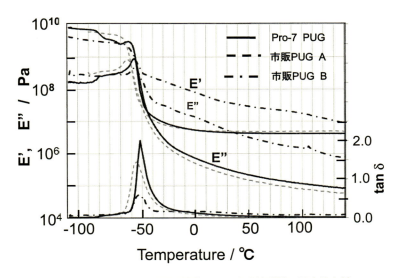

図8　市販ウレタン製耐震粘着ゲルの動的粘弾性の温度依存性

表2 PUGを原料とする市販品耐震粘着ゲルの物性比較

試料	最大荷重(N)	垂直粘着力(N・mm)
Pro-7 PUG	594	2737
市販品 PUG-A	427	575
市販品 PUG-B	540	1116

同等の tan δ のピーク温度を示しているが，E'ではゴム状平坦域は見られず減少する一方である。また，ジメチルホルムアミド（DMF）を溶媒とする膨潤度は，Pro-7 PUG で 3.14，市販品 A で 3.54，市販品 B では 2.79 である。試験に用いた耐震ゲルのうち，Pro-7 PUG と市販品 A の耐震ゲルはほぼ同等な E'，E"の温度依存性を示し，ガラス状態からガラス転移域を過ぎると，測定温度範囲内でゴム状高原域を示した。一方，市販品 B はガラス転移域を過ぎても，測定温度範囲内で皮革状弾性率を保ちながら E'は徐々に低下した。前者のグループは網目状態を保持したゲルであり，後者のゲルは室温以上では皮革状態を保ちつつ弾性率を徐々に減少させているゲルである。PUG の粘着剥離測定を行い，図9に垂直粘着力グラフとその結果を表2に示す。粘着力テストにはオーグラフを使用し，試料の形状は 40 mm×40 mm×5 mm とした。粘着相手材として2枚のステンレス板 SUS304 を用いて耐震ゲルを挟み，直ちに 20 kg の荷重を 10 分間負荷した後に荷重を除去 100 秒後に垂直粘着力を測定した。図9からわかるように Pro-7 PUG は最大垂直粘着力が 600 N と大きく，剥離が始まっても徐々に剥離が進行して剥離するま

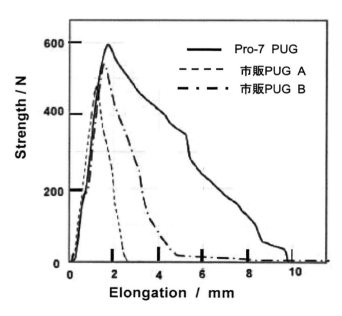

図9 市販ウレタン製耐震粘着ゲルの垂直粘着力の比較

で大きなエネルギーを必要とする。一方，市販耐震粘着ゲルは最大垂直粘着力に達すると，只ちに剥離が生じてしまっている。すなわち，粘着力の弱いものは最高粘着力が小さく，かつ剥離するまでの伸びが小さい。

4 基材の異なる耐震ゲルの比較

ポリイソブチレン系（PIBG），ポリスチレン系ゲル（PSG）と Pro-7 PUG を比較する。

図 10 に Pro-7 PUG，市販品の PIBG，PSG の動的粘弾性の温度依存性を示す。これら動的粘弾性の温度依存性は Pro-7 PU と同様の温度依存性を示している。E'のガラス転移域は PBI で $-42°C \sim -15°C$，PSG で $-75°C \sim -10°C$ であり，ゴム状態温度域ではゴム状平坦域を示し，室温ではゴム弾性体といえる。耐震粘着ゲルとしては Pro-7 PUG〜PIBG > PSG の順で耐震性が減少する。

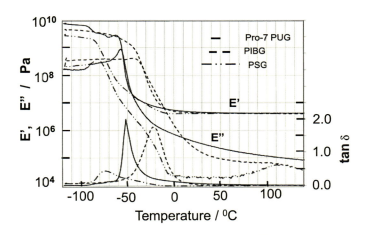

図 10　異種材料を原料とする市販耐震粘着ゲルの動的粘弾性の温度依存性

表 3　異種材料を原料とする市販耐震粘着ゲルの物性

試 料	最大荷重(N)	垂直粘着力(N・mm)
Pro-7 PUG	594	2737
PIBG	412	2972
PSG	471	1869

5 耐震粘着ゲルの性能向上化

耐震粘着ゲルは強い粘着性を有するが，附属の金具を用いると家庭用品のみならず，工場での

機能性ポリウレタンの進化と展望

図11　家庭での耐震マットの設置例

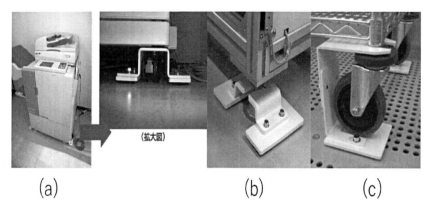

図12　事務機や工場での耐震化
(a)コピー機，(b, c)工場での機器

大型設備を床に固定することが，床に穴を空けることなく設置できる。図11に家庭での耐震ゲルマットの設置例を示す。事務機や工場での機器の耐震化は図12に示すような取り付け補助治具を用いて設置することにより可能になる。このようにすることにより，機器の移動や配置換えが，床や壁を傷つけることなく簡単にできる。

6　おわりに

多くのシーンでの用途が広がる中で耐震ゲル（耐震マット）は進化を重ねてきたが，粘着が機能せず，使用できない環境もまだまだ多い。

今後の課題として，そのような環境下においても使用可能になり，多くの人々の安心・安全に寄与すべきカテゴリーとして更なる進化を期待したい。

第 18 章　耐震粘着マット

文　　　献

1)　兵庫県ホームページ；https://web.pref.hyogo.lg.jp/kk42/pa20_000000015.html
2)　山田一夫著 "震度 7 へ挑む－耐震粘着マットの開発・プロセブンの挑戦！"，日刊工業新聞社　（2007）
3)　入江正博，"然及び合成ゴムの技術的歴史と発展"，4.3.2 耐震粘着ゲル（耐震粘着マット），p.93（2016），北九州産業技術保存継承センター（北九州市）（2016.12）
4)　プロセブンホームページ；http://www.pro-7.co.jp/product/feature/
5)　古川睦久，本九町卓，小椎尾謙，井本栄一，高分子学会予稿集，**55**, 1062, 3381（2006）
6)　三好義昭 "粘着マットガイドブック" p.28，プロセブン㈱（2011）

第19章　体圧分散フォーム

佐々木孝之[*]

1　はじめに

　現代社会は，多様なストレスにより睡眠時間が減少している人が増加している。そのため，質の高い睡眠を得られる寝具が求められてきている。人体に負担のかからない寝具を開発することは，睡眠の質の向上につながると考えられる。この観点から，最近のマットレスは睡眠時に腰や背中への負担を低減することが求められている。また，自然な姿勢が保持でき，かつ寝返りがしやすいマットレスが望まれてきている。

　マットレスの材質としては，ポリウレタンフォームが使用されていることが知られている。このポリウレタンフォームは，主に高弾性フォームと低反発フォームからなる。高弾性フォームは圧縮時の応力が高いため，フォームの複層化やプロファイル加工をすることが必要である[1]。1998年以降は，低反発フォームに関する技術が報告されている[2,3]。マットレスに使用されている低反発フォームは，体圧分散により体への負担を低減させるという特徴を持っている[4,5]。しかしながら，温度による硬度変化が大きく冬場は硬くなる問題を持っており，このフォームは，沈み込みによりマットレス上では寝返りが打ちにくい特性を有している。

2　体圧分散フォーム

　低反発フォームと高弾性フォームの長所を兼ね備えた次世代のポリウレタンフォームは，高い体圧分散性能，低い温度依存性，およびヒステリシスロスが低いという特徴を有している。さらに，フォームが圧縮されている時でも通気性が確保されるため，発汗による蒸れの低減が可能と考える。また，寝返りがしやすい，体圧分散性能が良い，通気性が確保できているマットレスは，人間に対しての快適性を確認するために，開発の段階から人間工学の評価を取り入れられている。人間工学で測定した結果とフォーム特性の相関を解析することは，ウレタンフォームのマットレスとしての性能向上に貢献しており，購入者である最終消費者に快適な寝心地という価値を提供している[6]。

---

　[*]　Takayuki Sasaki　AGC㈱　化学品カンパニー　基礎化学品事業本部　ウレタン事業部
　　　　商品設計開発室　室長

3 マットレスとしてのウレタンフォームの特性

ポリウレタンマットレスとしての評価は，市販されている体圧分散マットレス，低反発マットレスおよび高弾性マットレスを選択した。これらの市販のマットレスは，複合化やプロファイル加工をしていない1枚もの平形である。それぞれのフォームの物理特性値を表1に示す。体圧分散フォームは，低反発弾性かつ低ヒステリシスロスという従来のウレタンフォームでは得られなかった物理特性を有している。また，低反発フォームの課題であった通気性も改善されている。

表1 各ポリウレタンマットレスの物理特性

物 性	単位	体圧分散フォーム	低反発フォーム	高弾性フォーム
密度	kg/m^3	57.9	87.1	27.4
25% ILD	N/314cm^2	80	55	160
65% ILD	N/314cm^2	178	133	278
Sag-Factor		2.21	2.43	1.74
通気性	L/min	60	1	120
反発率	%	12	2	38
ヒステリシスロス率	%	29.2	56	41.2
50%圧縮永久歪	%	2	1.8	2.3
90%圧縮永久歪	%	7.5	18.3	6.8

3.1 体圧分散性能

高い体圧分散性能は，フォームが加圧される時にセルが均一に圧縮されることが起因している

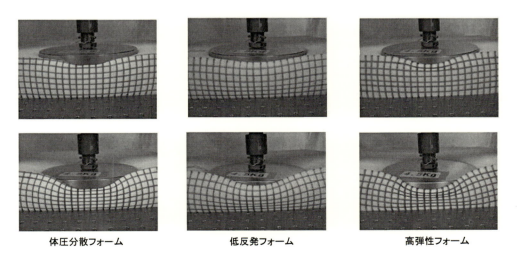

体圧分散フォーム　　　　　低反発フォーム　　　　　高弾性フォーム

図1 各種ポリウレタンフォームの圧縮状態の状態観察

と考えられる。可視化の評価方法は，500×500×70 mm の各サンプルの側面に 1×1 cm の格子を記入し，直径 200 mm の円盤を用いて，25％，50％に圧縮し，その時の圧縮状態を撮影した結果を図1に示す。体圧分散フォームは，応力が下方向だけではなく，左右方向に拡散していくため，均一に圧縮されると考えられる。一方，高弾性フォーム，低反発フォームは，局所的に応力が集中するため，その部分は不均一に圧縮されると考えられる。

3．2　圧縮時の通気性

体圧分散フォームは，均一なセルの圧縮を達成させたことにより，圧力を分散させながら空気の通りを確保し，蒸れの発生を低減できると考えられる。フォームを圧縮した状態の通気性の測定は，ASTM D3574-08 に準拠した装置を用いており，51×51×25 mm のサンプルを空気の通りを確保できる金網で 25％，50％，75％に圧縮し，その時の通気性を測定している。図2より，体圧分散フォームは圧縮した状態でも高い通気性を示すため，睡眠時の蒸れを低減できると考えられる。

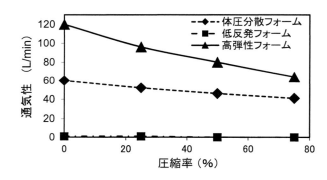

図2　フォーム圧縮時の通気性比較

3．3　温度依存性

体圧分散フォームは，低反発フォームの課題である温度依存性の改良が示されている。温度変化によるフォーム硬度変化について，F 硬度計を用いて測定した結果を図3に示す。両者ともに 30℃のフォームの硬度は同等であるが，低温になるに従い低反発フォームが高硬度となる。体圧分散フォームは，低温度でもフォームが硬くならない点より，裁断性が優れている。

3．4　寝返りのしやすさ

睡眠の間の頻繁な姿勢変化は十分な動きを必要とする。マットレスが柔らか過ぎると人体が沈み込み，寝返りをする際には多くのエネルギーを必要とする。一方，寝返りがしやすいということは，ウレタンフォームが身体に追随することを意味している。このフォームの追従性は，ヒステリシスロス率で代替できる。低いヒステリシスロス率を持つポリウレタンフォームは，人体が

第19章　体圧分散フォーム

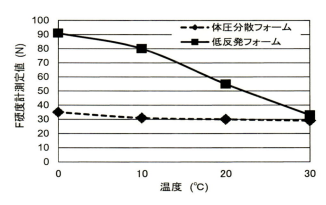

図3　各温度におけるフォームの硬さ

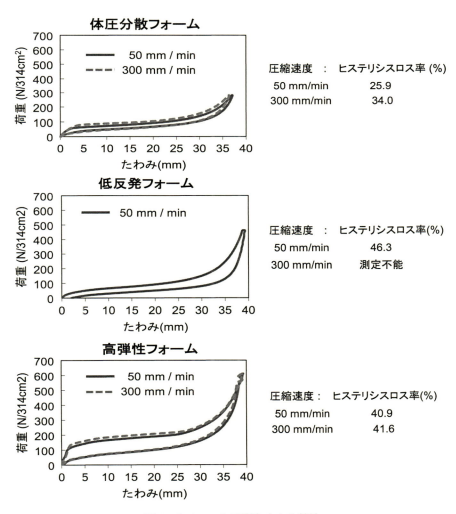

図4　各フォームの荷重-たわみ特性

寝返りした時にフォームが人体に追従していることを示している。評価方法は JIS K6400 に準拠した方法で荷重-たわみ曲線を測定した。測定スピードは，50 mm/min，300 mm/min とした。測定結果を図 4 に示す。体圧分散フォームは，測定スピードが 50 mm/min，300 mm/min の時に他 2 つのサンプルよりも，低ヒステリシスロス率を示した。特に低反発フォームは，戻りが遅く，測定スピードを早くすると素材が追随できないため，測定できなかった。この結果は，寝返りがしにくいことを示唆している。

3．5 底づきの定量化

温度依存性が大きい低反発フォームは，人体の体重や体温によって沈み込みが大きくなるため底づきが発生しやすい。底づきが発生すると，寝姿勢が悪くなり，寝返りがしにくくなる。底づきの定量化モデルを図 5 に示す。JASO B407 に基づく人間の臀部を模した，尻型試験板に一定荷重を与え，その荷重を一定時間保つようにし，フォームが受ける圧力変化より，底づきを定量化した。一定荷重は，アジア人男性（成人）が横たわったときの臀部の荷重とした。体重 68 kg の人が仰向けになった時に臀部にかかる荷重は，68 kgf×9.8 N×45% = 300 N とした。評価方法は，尻型試験盤を用いて，サンプルに 300 N の荷重を加え，10 分間荷重を維持した。サイズは 500 × 500 × 70 mm である。図 5 に示した低反発フォームは 10 分間に平均圧力値が 8 mmHg 高くなった。一方，体圧分散フォームは 10 分間加圧しても圧力の変動は少なく，ほぼ一定であることが確認できた点から底づきが発生にくいと推定できる。

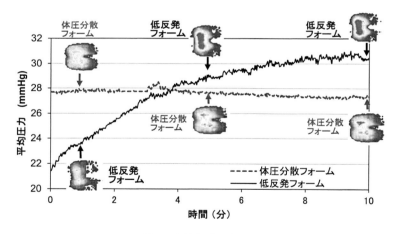

図 5　底付き感の定量化

4　人体から見た性能評価

ウレタンフォームの物理特性から，体圧分散フォームの圧分散性は良好であり，寝返りのしやすいフォームであることが示唆された。人体に対しても同様であるかを確認するために，エルゴ

第19章　体圧分散フォーム

ノミクスのスペシャリストの力を借りて，性能評価を実施した[6,7]。

4. 1　体圧分散性

　硬い表面層に寝ている場合は，体重は均一に分布せず，接触面積が減少するため，皮膚および
その下にある柔らかい組織（例えば，血管）は圧力およびせん断力をうける。血液の流れは，こ
れらの組織の変形のために減少し，または停止することさえある。正常な毛細細動脈圧は，25
～35 mmHg の間で変化する。小静脈の圧力は約 12 mmHg であり，臨界圧力は 30 mmHg であ
ると考えられる。負荷時間と強度の組み合わせによっては，褥瘡の発生をもたらす可能性があ
る。したがって，ほとんどの褥瘡は，特に患者がけがのために動かされないときに，ベッドに長
時間滞在している人々に生じると報告されている[8]。従って，健常者でもマットレスに横たわる
ときは，体圧が分散されることが好ましい。

4. 2　体圧分散性の測定 (1)

　体圧分布は，圧力センサーのマトリックスを含むブランケットからなるマッピングシステムを
使用して測定することができる。圧力インタフェース測定によって評価することは比較的容易で
あり，このタイプのシステムは，マットレス表面と人体との間に配置される。評価に使用した
マットレスのサイズは，体圧分散フォーム：940×1900×100 mm　低反発フォーム：940×
1950 × 70 mm　高反発フォーム：970×1980×110 mm である。測定時の室内は23℃に設定し
た。測定方法は被験者が仰向けになり，30秒後の体圧を測定した。体圧は分布状態と統計値と
して，平均圧力値，最大圧力値，接触面積で評価される。平均圧力値，最大圧力値は低い値が好
ましい。接触面積は最大圧力値との相関が高いが，比較的大きい値が好ましい。

　被験者の身体データを表2に示す。また，上述した測定方法において，被験者3名による3
種類のマットレスを使用した結果を図6～8に示す。図7，図8に示す体圧分布の測定結果か
ら，体圧分散フォームは，低反発フォーム，高弾性フォームよりも，臀部への圧力の集中が少な
いため，体圧分散性が良好であった。また，図6～8の統計値より，体圧分散フォームは，他の
フォームよりも平均圧力値，最大圧力値が低く，接触面積が大きいため，体圧分散性が良好であ
ることが示された。この結果は，フォームを圧縮するときにセルが均一となることと相関がある
と想定している。

表2　被験者の身体データ

被験者	性別	身長(cm)	体重(kg)	BMI(kg/m^2)
A	男性	182	85	25.7
B	男性	170	70	24.2
C	女性	156	48	20

機能性ポリウレタンの進化と展望

	単位	体圧分散フォーム	低反発フォーム	高弾性フォーム
体圧分散性能 （X-Sensor使用）		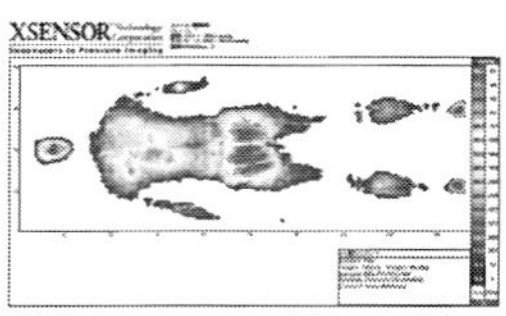	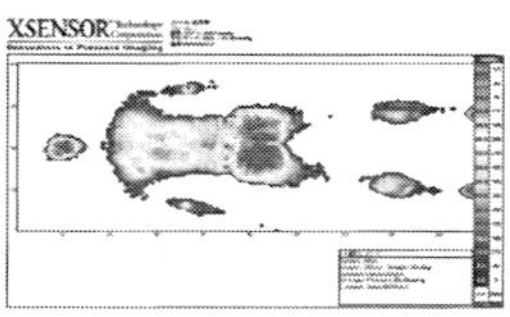	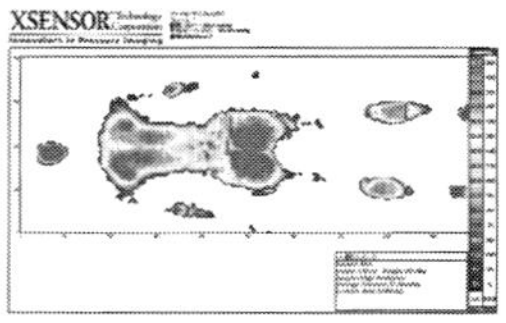
平均圧力	mmHg	26.0	28.9	37.0
最高圧力	mmHg	72.7	72.1	101.5
接触面積	cm^2	4,050	3,629	3,100

図6　被験者Aの体圧分散性評価

	単位	体圧分散フォーム	低反発フォーム	高弾性フォーム
体圧分散性能 （X-Sensor使用）		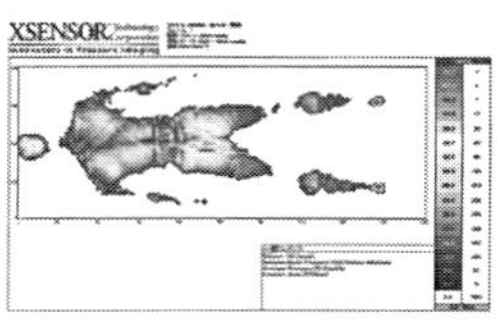	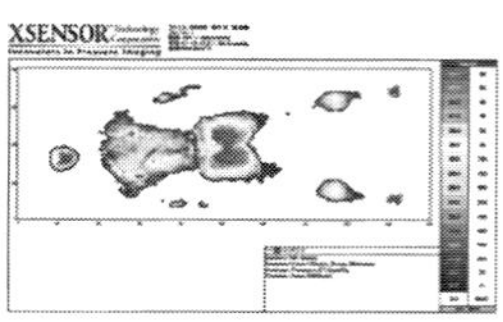	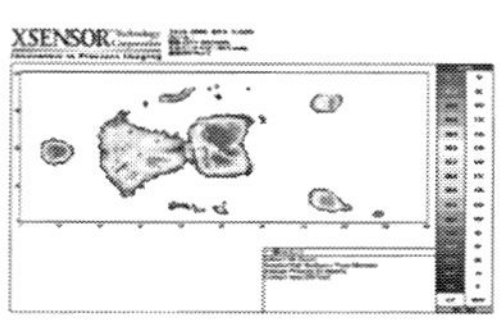
平均圧力	mmHg	20.8	27.3	32.0
最高圧力	mmHg	64.4	84.1	72.4
接触面積	cm^2	3,724	2,900	2,567

図7　被験者Bの体圧分散性評価

	単位	体圧分散フォーム	低反発フォーム	高弾性フォーム
体圧分散性能 （X-Sensor使用）		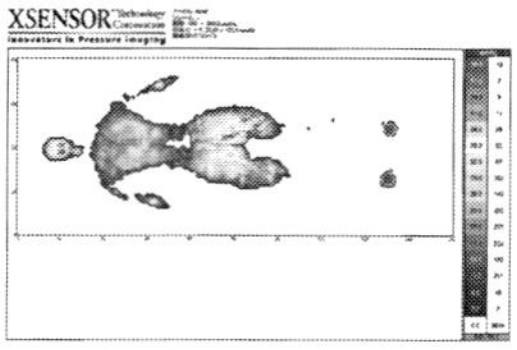	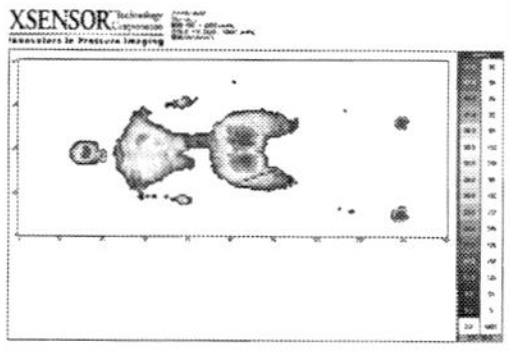	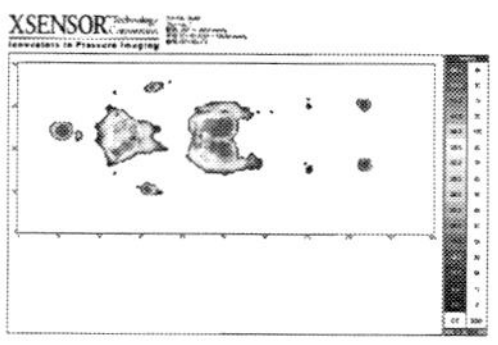
平均圧力	mmHg	22.9	28.5	34.0
最高圧力	mmHg	53.5	59.6	62.4
接触面積	cm^2	2,616	2,192	1,577

図8　被験者Cの体圧分散性評価

第19章 体圧分散フォーム

4.3 体圧分散性の測定（2）

　3種類のマットレスと被験者の身長と体重を組み合わせた Body Mass Index（BMI＝体重/身長^2）との相関を調査した。実際にマットレスの購入者は，不特定多数であるため，被験者を成人男性6名，女性40名で体圧分散性能を評価した。評価に使用したマットレスのサイズは，上述したマットレスを使用した。室温は，25.1℃，湿度59％下で測定した。被験者のBMI（体重/身長^2）と平均圧力の相関を図9に，最高圧力値の関係を図10，および接触面積との関係を図11に示した。図9において，フォーム厚みの影響はあると考えられるが，体圧分散フォームはすべてのBMI値領域において平均圧力が低いことが確認された。最高圧力値は，図10から体圧分散フォームがやや低い傾向を示した。また，体圧分散フォームは，低反発フォームよりも

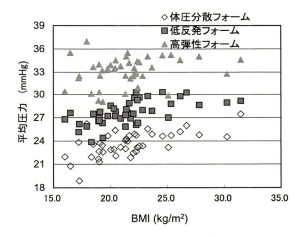

図9　BMIと平均圧力の関係

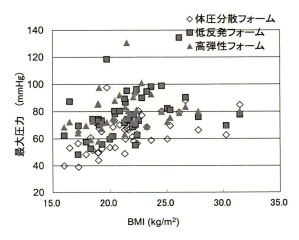

図10　BMIと最高圧力の関係

283

機能性ポリウレタンの進化と展望

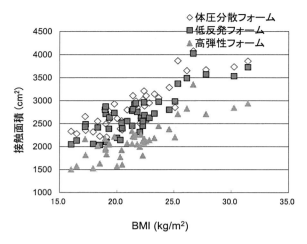

図11 BMIと接触面積の関係

やや高い接触面積を示す傾向であった（図11）。多人数の測定結果から，体圧分散フォームは優れた体圧分散性能を示すことが確認できた。

4.4 寝返りのしやすさ

寝返りは，柔らかい組織の過負荷を抑制し，筋肉へのダメージを防ぐために必要である。通常，就寝時間に約20回の寝返りをしている[6]。寝返りがしやすいマットレスは筋肉への負荷量が低いと考えられる。寝返りのしやすさは，指定された寝返り方法において，筋肉への負荷量から測定できる。寝返り時に活動する筋群の探索の結果から，選ばれた左右の腹直筋の筋電位を測定した。筋電位の取付け位置を図12に示す。寝返り方法と筋電図を図13に示す。被験者の身体データを表3に示す。寝返りは，各々3分の休憩を挟んで，10回実施した。負荷量は図13の筋電図を積分した値で表され，10回分の合計値で評価した。被験者A，被験者Bの筋肉負荷量

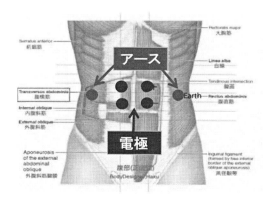

図12 筋電位の取付位置

第 19 章 体圧分散フォーム

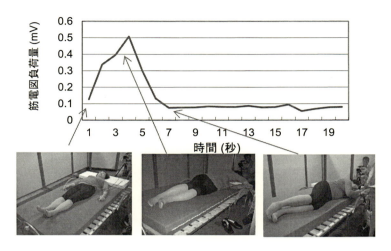

図 13 寝返り方法と筋電図

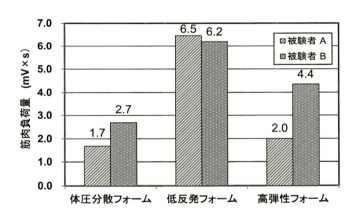

図 14 各フォームにおける寝返り時の筋肉負荷量

表 3 被験者の身体データ

被験者	性別	身長(cm)	体重(kg)	BMI(kg/m^2)
D	女性	159	59	23.3
E	男性	173	66	22

を図 14 に示す。体圧分散フォームは，寝返り時に最も筋肉への負担が少ないマットレスであり，低反発品，高弾性品よりも寝返りがしやすい結果を示した。すなわち，ヒステリシスロスが低い体圧分散フォームは，寝返りがしやすいという仮説と一致し，物理特性と人間工学評価より，体圧分散性と寝返りのしやすさが両立することが示された。

機能性ポリウレタンの進化と展望

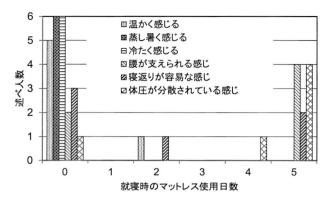

図15 体圧分散フォームの官能評価結果

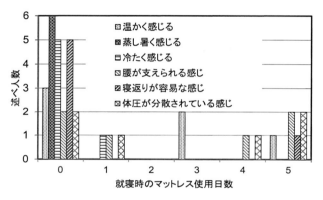

図16 低反発フォームの官能評価結果

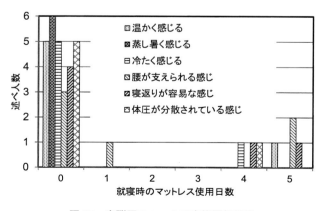

図17 高弾圧フォームの官能評価結果

第 19 章　体圧分散フォーム

4. 5　官能評価

　マットレスを使用する状況は，人により家庭により，大きく異なる。そこで 6 名の人に依頼して彼らの家庭の寝室で，3 つのマットレスを実験計画法に基づき，各 5 日間ずつ就寝用として使用してもらった。5 日間連続で使用したのち，次のマットレスを使用する前に，2 日間常時使用しているマットレスで寝てもらった。調査はエルゴノミクススペシャリストが作成した調査用紙に毎朝の起床後に回答する形で進められた。調査項目は「温かく感じる」,「蒸し暑く感じる」,「冷たく感じる」,「腰が支えられる感じ」,「寝返りが容易な感じ」,「体圧が分散している感じ」の 6 項目である。各項目について 5 日間のうち何日間その項目を感じたか集計した結果を図 15 ～17 に示す。評価結果より，体圧分散フォームは腰が支えられ，体圧が分散されていると感じた人が，他のマットレスよりも多い結果であり，官能評価でも体圧分散フォームは好感触であるという結果であった。

5　まとめ

　体圧分散フォームのマットレスは，既存の低反発マットレスや高弾性マットレスと比較して，体圧分散性や寝返りのしやすさに優れるマットレスである。高い体圧分散性能は，フォームが加圧される時にセルが均一に圧縮されることに相関がある。寝返りのしやすさは，ウレタンフォームが身体に追随することを表しており，その特徴は低ヒステリシスロスで表わされている。評価方法として，人間工学評価とすり合わせた結果，体圧分散フォームは，体圧分散性と寝返りのしやすさを両立した次世代ウレタンフォームであり，この特長を有するフォームのマットレスは，人体に負担のかからない寝具は睡眠の質の向上につながると考えられる。

文　　献

1)　VAKEVA, R., "A Good Night's Sleep: A Polyurethane Art," API POLYURETHANES WORLD CONGRESS '97, SEPTEMBER 29–OCTOBER 1., p242 （1997）

2)　Kageoka M., Inaoka K., Kumaki T. and Tairaka Y., "Low Resilience Polyurethane Slabstock Foam with Microphaase Separated Morphology," SPI POLYURETHANES EXPO '98, SEPTEMBER 17-20, p115 （1998）

3)　Saiki K., Taguchi T. and Satou T., "Novel MDI Visco-Elastic Slabstock Foams," SPI POLYURETHANES EXPO '98, SEPTEMBER 17-20, p161 （1998）

4)　松永勝治，ポリウレタンの化学と最新応用技術，p162，シーエムシー出版 （2011）

5)　古川睦久，和田浩志，機能性ポリウレタンの最新技術，p200，シーエムシー出版 （2015）

6)　Sasaki, T., Kaku, D, Noro. K, J. Scott and Nozaki M., "Development of Next Gener-

機能性ポリウレタンの進化と展望

ation PU Foams for Mattresses," Polyurethanes 2010 Technical Conference, October 11-13（2010）

7) M.Nozaki, K. Noro and T. Sasaki, "Relevant Analysis on Rollover and Physical Properties of Mattresses", V.G. Duffy, ed., "Advances in Human Factors and Ergonomics in Healthcare", p453, New York Talylor & Francis Group（2011）

8) Haex B.,ed., "BACK AND BED Ergonomics Aspects of Sleeping", p11-17, CRC PRESS（2005）

第20章　熱可塑性ポリウレタンエラストマー

林　伸治[*]

1　はじめに

熱可塑性ポリウレタンエラストマー（TPU）は，一般のエラストマーの特長である，

①ゴムのような加硫工程がなく成形加工が容易である

②幅広い硬度や弾性が得られる

③自己補強性であることからカーボンのような補強剤が要らない，従って着色が容易である

④リサイクルが可能である

といった特性を持つことに加え，機械的強度，耐摩耗性，低温特性が優れている（表1）ことから確固たる地位を占めるに至っている。

　TPUの日本市場の推移を図1に示す。2009年はリーマンショックの影響を受け，約12,000 tと大幅に需要が落ち込んだもの，2010年以降は再び拡大基調をとり，2016年には20,000 tを上回る規模（前年対比108%）に成長した。

　他方，世界市場の2018年の販売数量は約54万tと予測されており，これは中国や東南アジ

表1　他の熱可塑性エラストマーとの基本特性の比較

基本特性	TPU	TPO	TPS	PVC	TPEE	TPAE
硬度	70A-80D	60A-95A	37A-71A	40A-70A	90A-70D	40D-62D
抗張力（MPa）	30-50	3-19	10-35	10-20	26-40	12-35
伸度（%）	300-800	200-600	500-1,200	400-500	350-450	200-400
反発弾性（%）	30-70	40-60	45-75	30-70	60-70	60-70
圧縮永久歪み[*1]	○	×	×	△	△	○
耐摩耗性	○	×	△	△	△	○
耐屈曲性	◎	△	○	○	◎	◎
耐熱性	< 100℃	< 120℃	< 60℃	< 100℃	< 140℃	< 100℃
耐油性	◎	△	×	×-○	◎	◎
耐水性	△	○	○	○	×-△	△
耐候性	△-○	○	×-△	△-○	△	○
脆化温度	<-70℃	<-70℃	<-70℃	-30--50℃	<-70℃	<-70℃
比重	1.1-1.25	0.88	0.91-0.95	1.2-1.3	1.17-1.25	1.01

[*1]　100℃/22 hrs　◎：Exellent, ○：Good, △：Fair, ×：Poor

---

[*]　Shinji Hayashi　ディーアイシーコベストロポリマー㈱　開発営業本部
　　　技術開発グループ　グループマネージャー

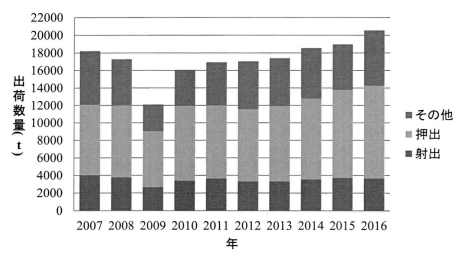

図1 TPUの出荷実績[1]

アを中心としたシューズ用やIT関連部品等の市場成長によるマーケット拡大が主な要因である。

2 TPUの基本特性

2.1 製法と構造

TPUは一般に分子量500〜4000の末端活性水素を有するポリオール，分子量500以下の低分子ジオール（鎖伸長剤）とジイソシアネートを反応させて得られる（図2）。その重合方法は，上記の3成分を一括混合し反応させるワンショット法や，ポリオールとジイソシアネートをあらかじめ反応させ，次いで低分子量ジオールを混合・反応させるプレポリマー法があり，工業的な生産プロセスでは，2軸反応押出方式やバッチ反応方式等が採用されている。

TPUの構造は図2に示したように，鎖伸長剤とジイソシアネートの反応によってできたハードセグメントと，ポリオールとジイソシアネートの反応によってできたソフトセグメントから構成されるブロックコポリマーである。この2つのセグメントはお互いに相溶せずミクロ相分離した状態で存在し，水素結合を主とする分子間凝集力により結晶相を形成するハードセグメントドメインと，ソフトセグメントドメイン主体の弱い分子間力によって運動性の高いマトリックスからなる高次構造を形成する（図3）。

ソフトセグメントは弱い分子間力によって運動性の弱いマトリックスを形成し，ゴム弾性や柔軟性を付与する働きをする。ハードセグメントドメインは水素結合を主とする分子間凝集力で構成され，ソフトセグメントの常温における塑性変形を防止し，加熱により可塑化，冷却により再硬質化する（熱可塑性）とともに，その分子間力凝集力の強さで加硫ゴムにおける架橋点および補強材としての作用をする（自己補強性）。

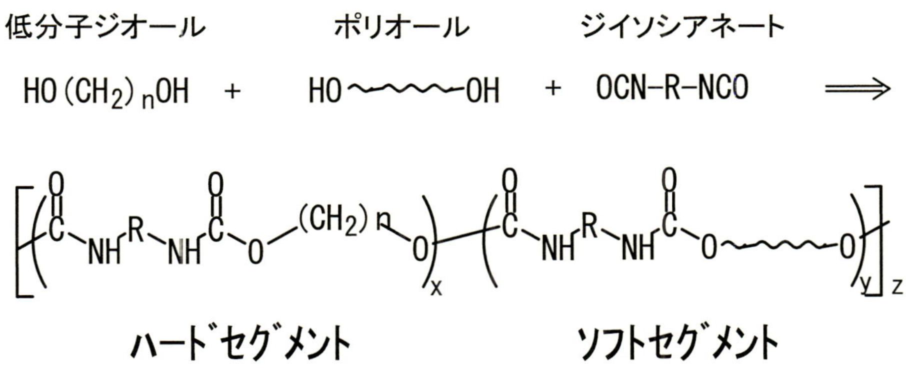

第20章　熱可塑性ポリウレタンエラストマー

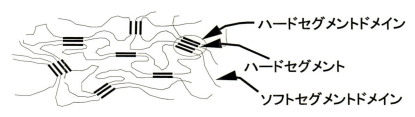

図2　ウレタンの生成反応

図3　TPUの高次構造

2.2　TPUの原料と特性

表2にTPUに原料として使用される代表的なジイソシアネート，鎖伸長剤，ポリオールを示す。これらの原料を要求特性に応じて選択することにより，種々の特性をもつTPUを設計することができる。また，TPUの性能向上に対しては，添加剤も重要なファクターであり，目的用途に応じて添加されている。特にTPUは，通常の重合反応時に添加する酸化防止剤等に加え，成形加工の前段階にペレット化や，カラーリング等の工程があることから，この工程で様々な機能を付与する添加剤を加える場合も多い。この加工工程においては，耐光安定剤，帯電防止剤，難燃剤，充填剤，可塑剤，滑剤，抗菌・防かび剤等が単独あるいは複合して配合される。

TPUは使用するポリオールの種類により，大きく特性が異なってくるため，要求品質によって使い分けられている。表3にポリオールの種類によって得られる特性を示した。ポリカーボネート系は耐水性，耐熱性を含め，最も優れた耐久特性をもつ。PTMGを代表とするポリエーテルポリオールを使用したポリエーテル系TPUは，ポリエステル系TPUに比べ耐加水分解性，耐かび性，低温特性に優れているため，水分との接触が想定される使用環境等で使用されている。最も汎用的に使用されているポリエステルポリオール系は機械特性に加え，耐油，耐熱，耐摩耗性とコストの面が優れている。加えてポリエステルポリオールは，原料であるグリコールと

291

機能性ポリウレタンの進化と展望

表2 TPU に使用する代表的な原料

Diisocyanate	
4,4′-Diphenylmetanediisosyanate	(MDI)
4,4′-Dicyclohexylmetanediisocyanate	(H12MDI)
Hexamethylenediisocyanate	(HDI)
Chain Extender	
Ethylene Glycol	(EG)
1,4-Butanediol	(BG)
1,6-Hexanediol	(HG)
Polyol	
Poly(1,4-Butylene Adipate)	(PBA)
Poly-ε-Caprolactone	(PCL)
Poly(hexamethylene Carbonate)	(PCD)
Poly(Oxytetramethylene)Glycol	(PTMG)

表3 ポリオールの種類による TPU の特性と代表品番（PANDEX）の一般物性

		ポリエステル系	ポリエーテル系	ポリカーボネート系
機 械 強 度		◎	○	◎
耐 熱 性		○	△	◎
耐 水 性		△	◎	◎
耐 カ ビ 性		△	◎	◎
耐油・薬品性		◎	△	◎
耐 寒 性		○	◎	△
		T-1190N	T-8190N	T-9290N
硬 度	ショア-A	92	90	90
抗 張 力	MPa	45	40	44
伸 度	%	500	510	520
100% モジュラス	MPa	8.5	8.5	8.5
引 裂 強 度	kN/m	105	110	110
低温柔軟温度	℃	− 44	− 66	− 34

2塩基酸の組み合わせにより，その特徴を様々なものに変えることが可能なため，工業化される TPU のグレードも数多い。その中からいくつかのグレードの特性を表4に示す。

　また，TPU に使用するジイソシアネートとしては，一般的には芳香族系の MDI（ジフェニルメタンジイソシアネート）が使用されることが多いが，光による変色を避ける場合には，HDI（ヘキサメチレンジイソシアネート）や H₁₂MDI（ジシクロヘキシルメタンジイソシアネート）が選択される。

2. 3 ウレタン基濃度

　鎖伸長剤とジイソシアネート量を増加させ，ウレタン基濃度を大きくすると，一般に硬度，モ

第 20 章　熱可塑性ポリウレタンエラストマー

表4　ポリエステル系ポリオールの種類による PANDEX グレードの特徴

グレード	特徴
T-1190 系	一般タイプ，高強度，高結晶性
T-1490 系	押出用途，低結晶性，高透明性
T-1575 系	低硬度タイプ，柔軟性
T-1285 系	高伸縮性，ノンブルーム

表5　ウレタン基濃度の影響

TPU 組成（モル比）			性能	
ポリエステル ポリオール (MW=2000)	鎖伸長剤 BG	ジイソシアネート MDI	硬度 ショア-A	流動開始点 ℃
1	2	3	85	162
1	3	4	90	188
1	4	5	95	194

表6　TPU の成形方法と用途[2]

成形方法	用途分野	用途例
押出成形	機械工業部品	平ベルト，丸ベルト，チューブ，ホース，電線被覆材，消防ホース
	自動車部品	バンパー，サイドモール，ABS ケーブル
	フィルム・シート	各種シート類，エアーマット，合成皮革他
射出成形	機械工業部品	ギアー，キャスター，パッキング類
	自動車部品	ノブ類，コンソールボックス，ドアシールカバー，テールランプシール，スノーチェーン他
	靴底	サッカーシューズ，野球シューズ，ゴルフシューズ他
	その他	時計バンド，カメラグリップ，アニマルイヤータッグ
その他		インパネ表皮，ベローズ，等速ジョイントブーツ等

ジュラス，抗張力，耐溶剤性，流動開始温度が向上するが，伸び，反発弾性は低下する。表5に 1,4-ブタンジオール（BG）と MDI の量と TPU の硬度及び流動開始点（Tfb）の関係を示した。

3　成形方法と TPU の用途

　TPU は熱可塑性樹脂として，射出成形，押出成形，カレンダー成形，ポリマーブレンド等のさまざまな成形加工が可能である。押出成形用途は市場でも堅調な成長を続けている反面，射出成形の分野は，ここ数年大きな変動は見られない。しかし，世界市場においては靴用途を中心に大きな成長を続けている主力の成形方法である。成形方法と用途の代表例を表6に示す。

　表に挙げた以外にも，スポーツ，レジャー用途では TPU の特徴である反発性と耐摩耗性から

293

ゴルフボールのカバー材に採用されている他，カヤック，スキースノーボードの表皮材にも使用されている。IT 業界では，ソフト感と耐久性の面からスマートフォンのカバーとして使用されるなどその用途はますます多彩なものとなってきている。

4　TPU の高機能化

4.1　低硬度 TPU

　低硬度 TPU は，その優れた柔軟性と耐摩耗性等からゴム素材の代替による用途拡大が期待される。TPU を低硬度化するには，イソシアネートと鎖伸長剤からなるハードセグメント量を減らし，かつ結晶性の低いポリオールを選択するのが一般的な設計手法である。しかし，ショア65A 以下の硬度域になると TPU の流動開始温度が著しく低下するため，実用に耐えるのが困難である課題があった。弊社は，原料の組成及び配合比率を最適化し，ショア 65A 以下（可塑剤フリー）かつ高流動開始温度を併せ持つ低硬度 TPU（EX-1260N）を開発した。表 7 に，開発品とゴム素材との比較データを示す。ゴム素材に比べ，抗張力と耐摩耗性に優れることから，ホース・チューブや硬質プラスチックとの二色成形等での使用拡大が期待できる。

4.2　高耐熱性 TPU

　TPU は，熱可塑性ポリエステルエラストマー（TPEE）やエンジニアリングプラスチックに比べ耐熱性に劣る課題がある。TPU の耐熱性を向上させるべく，TPU の骨格の一部に架橋構造を導入し，高い流動開始温度と押出や射出による成形加工性を両立した TPU の開発事例を表 8 に示す。本グレードは，汎用の TPU に比べ圧縮永久歪にも優れることから，自動車部品である等速ジョイントブーツやボールジョイントシール等への展開が期待できる。また，成形加工温度が 250〜260℃ と汎用品より高いことから，高温成形が必要なエンジニアリングプラスチックとのコンパウンド用途への展開も可能である。

表 7　低硬度 TPU とゴム素材の物性比較

品　番			EX-1260N（開発品）	CR	EPDM
硬　度	ショア A	JIS K-7311	62	66	67
抗張力	MPa	JIS K-7311	21	7	11
伸　度	%	JIS K-7311	1030	270	530
100％モジュラス	MPa	JIS K-7311	1.7	2.6	1.8
流動開始温度	℃	フローテスター[1]	165	–	–
圧縮永久歪	%	JIS K-6263	49	28	23
テーバー摩耗（H-22）	mg	JIS K-7311	33	1696	957

[1]　フローテスターを用いて，昇温法，荷重 30 kg で測定

第 20 章 熱可塑性ポリウレタンエラストマー

表8 高耐熱性 TPU

品　番			K1406B （開発品）	T-1195N	TPEE
タイプ			エステル系 TPU	エステル系 TPU	ポリエステル エラストマー
硬　度	ショア A	JIS K-7311	95	96	95
抗張力	MPa	JIS K-7311	30	43	27
伸　度	%	JIS K-7311	430	540	660
100%モジュラス	MPa	JIS K-7311	9.7	9.3	9.7
流動開始温度	℃	フローテスター[*1]	231	189	195
圧縮永久歪	%	JIS K-6263	41	46	47
テーバー摩耗 （H-22）	mg	JIS K-7311	102	79	97

[*1] フローテスターを用いて，昇温法，荷重 30 kg で測定

表9 各種ポリマーの水蒸気透過度

ポリマー	厚さ （μm）	水蒸気透過度 （g/m^2・24 hr）
LDPE	25	11〜20
HDPE	25	5〜15
PP	20	15
PS	25	120
PVC	25	40〜45
EVA	15	60〜120
PC	50	24
PET	30	45
PU	25	500〜6000

測定条件：40℃ × 90% RH

4．3　高透湿性 TPU

　一般にポリオレフィン等の汎用樹脂においては，微多孔質フィルムや不織布等により高い透湿性能を持たせているが，TPU を用いたフィルムの場合，無孔状態においても他の樹脂と比較して高い透湿性能を有している。表9に各種ポリマーの水蒸気透過度を示す。これは，水分子が親和化されたポリマー分子への溶解とソフトセグメントのミクロブラウン運動により生じる高分子鎖空隙の増大によって拡散が容易となり，その間を水分子が透過するからである。弊社では独自の樹脂設計技術に基づき，従来の TPU と同等の力学物性を有した高透湿性グレードの開発を行っている。表10に開発品 EX-6880N と DP9370AU の物性データを示す。本グレードは衣料用やヘルスケア用の透湿性フィルムへの展開が期待される。

機能性ポリウレタンの進化と展望

表10　高透湿性 TPU

品　番			EX-6880N (開発品)	DP9370AU	T-8175N
硬　度	ショア A	JIS K-7311	80	76	76
抗張力	MPa	JIS K-7311	19	23	22
伸　度	%	JIS K-7311	850	910	1010
100％モジュラス	MPa	JIS K-7311	3.5	3.1	2.9
引裂強度	kN/m	JIS K-7311	67	65	69
透湿度	g/m^2・24 hr	JIS Z-0208[*1]	4100	1540	990

[*1]　40℃ × 90% RH，フィルム厚み：50 μm

4. 4　耐光変色性 TPU

原料面での解説でも述べたように，一般的な TPU は，芳香族イソシアネート部分が紫外線により攻撃されることで発生するキノイミド構造により変色する問題点がある。この対策として，原料成分として脂肪族や脂環族イソシアネートを使用した耐光変色性 TPU が上市されている。（表11）光による変色が発生しないことから，屋外の用途でも使用しやすい。

4. 5　ノンハロゲン難燃性 TPU

TPU を電線用途や自動車用途において拡大するにあたり，難燃性材料の開発が求められている。弊社では難燃 TPU をラインナップしており，新たにノンハロゲン，UL94　V0 認定を有する環境に配慮したグレードを上市した。表12に，従来のノンハロゲン難燃 TPU との物性比較データを示す。本グレードは，高い強伸度に加え優れた押出加工性を有しており，電線やケーブルの被覆材への展開が進んでいる。

4. 6　非石油由来 TPU

CO_2 の削減は，その基本原料を石油に依存しているプラスチックやエラストマーにとって，必須の課題である。TPU においても，非石油由来の材料を使用した TPU の開発が活発に行われている。表13に非石油由来原料を導入して設計した TPU の１例を示す。本製品は石油由来原料をほぼ半減すると同時に，TPU 本来の優れた製品特性である高強度，柔軟性，耐久性を維持したものである。

また，コベストロでは CO_2 を原料としたポリオールの生産を開始しており[3]，この CO_2 由来ポリオールを TPU に応用する取り組みも始まっている。

非石油由来材料は，依然として素材の高コストや供給体制等の課題が残るが，需要拡大に向けての対策は確実に進んでいる。今後 TPU の非石油由来材料への転換により，環境対応型樹脂として，さらにその地位を確立することが期待される。

第 20 章　熱可塑性ポリウレタンエラストマー

表 11　耐光変色性 TPU

タイプ	一般タイプ	脂肪族系	脂肪族系
品　番	T-1185N	DP 83085A	T-R3080
硬度（shoreA）	88	89	86
100% M（MPa）	5.7	6.6	6.4
抗張力（MPa）	51	39	33
伸度（%）	530	730	660
引裂強度（kN/m）	96	122	122
流動点（℃）	175	143	143
反発弾性	57	61	61

表 12　ノンハロゲン難燃 TPU

品　番			UE-90AE10FR	T-8185FX
硬　度	ショア A	JIS K-7311	94	85
抗張力	MPa	JIS K-7311	33	29
伸　度	%	JIS K-7311	470	580
100%モジュラス	MPa	JIS K-7311	10.1	5.8
流動開始温度	℃	フローテスター[1]	176	165
酸素指数	－	JIS K-7201-2	31	26
備　考			ノンハロゲン UL94 V-0 認定	ノンハロゲン UL94 V-2 相当

[1]　フローテスターを用いて，昇温法，荷重 30 kg で測定

表 13　非石油由来 TPU

品　番			EX-B190N（開発品）	T-1190N（エステル系）
バイオマス比率（wt%）			45～50	0
硬度	ショア A	JIS K-7311	92	92
抗張力	MPa	JIS K-7311	49	54
伸度	%	JIS K-7311	750	650
100%モジュラス	MPa	JIS K-7311	7.5	8.0
引裂強度	kN/m	JIS K-7311	105	120
反発弾性	%	JIS K-6255	40	43
圧縮永久歪	%	JIS K-6263	39	40
テーバー摩耗（H-22）	mg	JIS K-7311	86	108

5　今後の展開

　TPU は機械的強度や耐摩耗性に優れるといった高機能性をその特徴として，市場を拡大してきた。しかし，他のプラスチック材料と同様，TPU 業界においても，事業のグローバル化により，マーケットの再構築が進むものと思われる。即ち，世界市場の伸長に対して，日本市場での

事業環境はさらに厳しくなることが予想される。しかし，今後市場の拡大が見込まれる介護ベッド，絆創膏等の介護用品や衛生材料に使用されるなど，ヘルスケア関連分野での使用が増加し，環境対応型の樹脂としての認知が高まっている。

　今後，TPU のもつ優れた樹脂特性と環境対応技術を組み合わせることで，新しい需要を創出し，国内市場の拡大が継続して行くことを期待する。

文　　献

1)　TPU 工業会資料
2)　ディーアイシーコベストロポリマー　技術資料
3)　Covestro, http://www.covestro.com/en/cardyon/co2-technology

第21章　ポリウレタン系弾性繊維

前田修二[*1]，勝野晴孝[*2]

1　はじめに

　ポリウレタンは原料であるポリオール，ジイソシアネート及び鎖延長剤の構造と配合比を変えることによって，比較的容易に，広範囲に構造と物性を制御することができる。このため，エラストマー，プラスチック，断熱・防音材，合成皮革，塗料，接着剤などの工業材料として利用されており，本章で議論する繊維の分野でも，弾性繊維として様々な応用がなされている。

　ポリウレタン系弾性繊維は，一般に「スパンデックス」と呼ばれており，デュポン社（米）にて開発され，1959年に発売された「ライクラ®」がストレッチ素材に革命をもたらした。その当時，ウーリーナイロンで代表される捲縮加工糸が伸縮性素材の中心であったが，ポリマーの高次構造制御による弾性性能を利用した，弾性繊維の登場は画期的なものであったと言える。欧米を中心に用途が広がり，日本国内でも1960年代に主要メーカーが参入し，国内外でスパンデックスを急速に普及させた。その後，世界的に更に多くのメーカーの参入があり，1990年代にはグローバルに販売競争激化を迎え，現在では各国で事業の再構築が進んでいる。現在の世界の主要なスパンデックスメーカーと生産能力を表1に示す。

　スパンデックスは繊維自体が5倍以上伸びる素材であるが，この性質を活かし，ガードル，コルセットなどのファンデーション類はじめ肌着，パンスト，靴下など，更にはジーンズやスポーツ用品などストレッチ性が必要とされる用途に幅広く使用されている。数量ベースでは，近

表1　世界のスパンデックスメーカー[1)]

メーカー	生産能力（t/年）
Hyosung（暁星）	174,000
Zhejian Huafon Spandex（華峰）	117,000
INVISTA	81,300
Taekwang Industrial	51,200
Yantai Tayho Advanced Materials	34,000
旭化成	32,500
その他	36,500
合　計	526,500

（2015年12月末時点）

＊1　Shuji Maeda　日清紡テキスタイル㈱　開発素材事業部　モビロン生産課　課長

＊2　Harutaka Katsuno　日清紡テキスタイル㈱　商品開発部　部長

年ではオムツ等の衛生資材用途への需要も増加しており，更に新しい用途展開や衣料分野でもストレッチ性に対するニーズが増加してきている。スパンデックスの世界市場は今後も拡大する見通しであり，随所で生産能力の増強計画が進行している。また金額ベースにおいても，汎用品の価格が製造原価に近づいており，低価格化がこれ以上進むことが考えにくく，今後は数量ベース拡大にともない，市場規模の拡大が見込まれている[1]。

2 基礎技術

スパンデックスは，ポリオールとジイソシアネート及び活性水素を含有する鎖延長剤により，副生成物が発生しない重付加反応によって合成され，このブロック共重合体を各種製造方法により繊維化した長繊維（フィラメント）である。活性水素を含有する鎖延長剤としては，低分子ジオールあるいは低分子ジアミンがあり，低分子ジオールを用いたものがポリウレタン，低分子ジアミンを用いたものがポリウレタンウレアに分類される。図1に一般的な反応式を示す。

これらがポリウレタン系弾性繊維となるが，本稿では特にことわらない限り「スパンデックス」を両者の総称として用いる。

2．1 材料

スパンデックスに用いられるポリオールとしては，多く使用されているポリエーテル系とポリエステル系があり，他にもポリカーボネート系ポリオールや各種混合して用いることもできる。広く用いられるのは，化学構造的に柔軟性が高いポリエーテル系である。一般にポリテトラメチレングリコールが用いられるが，結晶配向を抑制するため，側鎖を有するポリエーテルポリオー

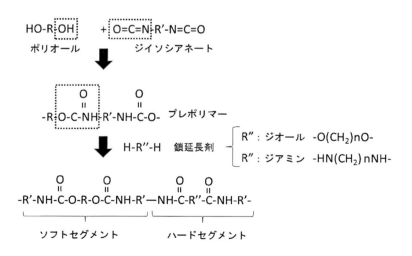

図1　セグメント化ポリウレタンの一般的な反応式

ルや，エーテル基間の炭素数が異なるポリエーテルポリオールを混合して用いることもある。ポリエーテル系は柔軟性が高く，スパンデックスの弾性回復力が良好なものになる一方，耐塩素性がやや弱いところがあった。しかしながら，最近では機能剤を添加することによって耐久性を向上させる技術が確立されている。

ポリエステル系ポリオールは，二塩基酸とグリコールの選択により様々なタイプが存在する。スパンデックスに使用されるのは，アジピン酸を使用したアジペート系ポリエステルが多く，アルコールにはエチレングリコール，プロピレングリコール，ブタンジオールなどが選択される。エステル結合の凝集性，耐酸化性効果により耐塩素性に優れ，耐摩耗性などの機械特性の良さを活かして採用されている。ポリエステル系では加水分解しやすい構造となるが，添加剤や架橋の制御で耐久性の向上がなされてきた。ポリエステルポリオールは，二塩基酸とグリコールの組合せを種々変更することで，様々な細かな改質が可能となり，各用途に活用されている。

ジイソシアネートは一般にジフェニルメタンジイソシアネート（MDI）が使用されている。ハードセグメントの構造制御に一部異性体や，他のジイソシアネートを混合して使用することもある。ポリウレタンの特性である，ハードセグメントの凝集性を高めて力学物性を最適化する材料が採用される。

活性水素を含有する鎖延長剤としては，ポリウレタンを形成する低分子ジオールと，ポリウレタンウレアを形成する低分子ジアミンがある。スパンデックスでは一般に高活性である低分子ジアミンが使われ，スパンデックスのほとんどがポリウレタンウレア構造である。

低分子ジアミンとしてはエチレンジアミンやプロピレンジアミンなどの脂肪族ジアミンが使用され，その他のジアミンや分子量を調整するモノアミンなどが混合されて使用される。一方，低分子ジオールでは一般にエチレングリコールやブタンジオール，ヘキサンジオール，3メチル-1,5-ペンタンジオールなどが使用され，構造制御のため架橋構造の導入やその他のジオール類を混合して用いることもある。

ポリウレタンウレアを構成する低分子ジアミンを用いた場合，低分子ジオールと比べ反応が速く凝集性が高い。そのため，溶融紡糸では低分子ジオールが採用される。スパンデックスの構造物性を最適化するには，ソフトセグメントとなるポリオール成分と，ハードセグメントになるジイソシアネート成分と鎖延長剤の材料選択とを用いて，目的とする特性にするための配合によるところが大きく，更に次に示す紡糸の工程も重要な因子になる。

2. 2 製造方法

スパンデックスの合成方法は，一般にイソシアネート末端のプレポリマーを先に合成したのち，残留しているイソシアネート基とほぼ等量の鎖延長剤を加えて反応を行うプレポリマー法が用いられる。プレポリマー合成時，あるいは，鎖延長剤の構造，配合及び反応条件がスパンデックスの分子構造に影響し，物性や紡糸の安定性に極めて繊細に影響するため，各社のノウハウが存在する。

紡糸方法としては，現在では乾式紡糸と溶融紡糸が工業的に行われている。一般には乾式紡糸が主流であり，世界で8割以上が乾式紡糸で製造されている[1]。無溶媒下で反応したのち極性溶媒に溶解する方法と，早い段階から溶媒中で溶液重合する方法もある。極性溶媒は，一般にジメチルアセトアミド（DMAC）が用いられている。イソシアネート末端のプレポリマー溶液に低分子ジアミンを投入し，反応させることで均一なポリウレタンウレア溶液を得る。この時，分子量増大に伴い溶液粘度が増大するが，紡糸に最適な状態に制御するため，各種モノアミンなどで末端停止させる。このように乾式紡糸ではポリマーの構造を完成させた状態で溶液化して，得られた紡糸原液を紡糸ヘッドから定量的に吐出させて，糸同士の接着やガイドとの摩擦を低減させるための油剤を付与して巻き取られる。

溶融紡糸では全てが無溶媒下で行われるため，溶媒の導入や除去設備が不要となり，初期投資を抑えた設備構成で工業生産することができる。しかしながら，強固なハードセグメントを構成する低分子ジアミンによるウレア構造は，溶融温度と熱分解温度が近いため，溶融紡糸する系内には導入することができない。そのため溶融紡糸では材料選択の幅が大いに制限される。この点が溶融紡糸の難しさになるが，目的の特性に近づけるための材料選定と，プレポリマー反応と鎖延長反応の配合及び反応条件の細かな制御により，糸物性制御と紡糸の安定性を確保することができる。

2. 3　物性

スパンデックスはゴムのように伸縮する特性があるが，高次構造制御により柔軟に，より細くすることができる。この特性を具現化しているのは，柔軟性を持たせるソフトセグメントと，強固に凝集することで物理的な架橋点として機能するハードセグメントである。

乾式スパンデックスは，柔軟性の高いエーテル系ポリオールと，凝集性の高い鎖延長剤である低分子脂肪族ジアミンの選択により，弾性回復力及び耐熱性が高い糸になる。完成されたポリマー溶液を瞬時に乾燥させ高速で巻き取ることができるよう単糸の太さが制限される。太繊度化する際には，マルチフィラメントにする必要がある。弾性性能と耐熱性を活かして，天然繊維や他の合成繊維との組み合わせで，肌触りや風合いの良い商品に様々な伸縮性を持たせることができる。

一方，溶融スパンデックスは目標とする特性に応じたポリオールを用い，適度に柔らかい特性が得られるジオール系鎖延長剤が選択される。これにより，緩やかな応力緩和特性を持たせた物性が得られ，柔らかい着心地の商品を製造することができる。また，溶融スパンデックスの特徴的な熱特性を活かし，商品の仕上がりを左右する熱セット性が高いのも特徴である。最近では更に熱融着しつつ弾性性能を発現させることで，新たな製品分野を開拓した。

乾式紡糸と溶融紡糸は製法の違いにより最適材料が異なる。よって構成される一次構造が異なり，それらを最適化した紡糸条件などにより，表2に示すようなそれぞれの特徴がある。

第21章　ポリウレタン系弾性繊維

表2　紡糸方法による特性差

製造工程	乾式紡糸	溶融紡糸
特徴	極性溶媒に溶解し乾燥固化	熱溶融し冷却固化
糸形状	マルチフィラメント	モノフィラメント
糸物性	高い弾性回復力	ソフトパワー
熱特性	高い耐熱性	構造制御で実用レベル
熱セット性	高温処理で実用レベル	安定したセット性
シェア	高い（世界標準）	低い（ニッチ商品）
代表的な商標	ライクラ・ロイカ・クレオラ他	モビロン他

2.4 用途

スパンデックスは単独素材として使われるより，ナイロンやポリエステルなどの合成繊維や綿などの天然繊維との組合せで使用されることが多い。形態としては，収縮力が内在した状態で，他の繊維と複合し，ストレッチ糸として加工後に使用される場合と，未加工のまま，他の繊維とともに用いられる場合がある。ストレッチ糸の形態としては，スパンデックスの周りにナイロンなどの別の繊維を巻き付けたカバリングヤーン，紡績工程でスパンデックスを芯糸としたコアスパンヤーン，スパンデックスと他の糸を引き揃えてより合わせたプライヤーンなどがある。カバリングヤーンには相手糸が1本の場合と2本の場合があり，それぞれシングルカバリングヤーン（SCY）とダブルカバリングヤーン（DCY）と呼ばれる。スパンデックスを未加工のまま使用する（ベア糸という）例としては，編物（経編，丸編等）において主に用いられる。所定の倍率で延伸されて他の糸と組み合わせるため，積極送り装置を用いてテンションを均一にコントロールしながら使用されることが多い。

これらを用いて，各種の織編物などが製造される。その用途別・機能別（世界）販売数量を図2に示す。衣料品としての用途が中心だったが，最近では，産業資材用途も拡大しており，おむつ向けは高齢化の進展により大人用おむつの需要増に伴い堅調である[1]。

3　最近の技術動向

現在国内のスパンデックスメーカーは1970年代までに商業生産を開始しており，ほぼ半世紀が経過しているが，各社厳しい時代を技術革新により乗り越え，現在も様々な課題への挑戦が続いている。技術課題としては分類すると，新機能化，環境負荷軽減，新用途対応があげられる。最近の技術動向について紹介する。

スパンデックスの機能化としては，ポリエーテル系ポリオール構造の化学的な耐久性強化である。例えば耐塩素性は，酸化亜鉛や水酸化マグネシウムあるいはそれらの固溶体などの金属化合物を添加し，塩素イオンを捕捉することで向上できる[2]。これらの微粒子を原液中に均一に分散することは単純ではなく，二次凝集が生じ紡糸段階で糸切れすることが多いため，微粒子の表面

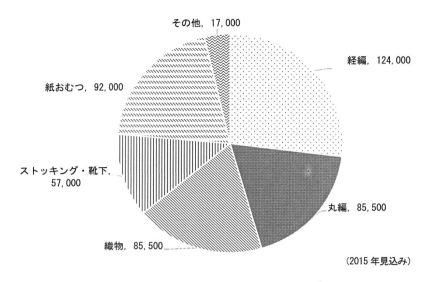

図2 用途別・機能別（世界）販売数量（t）[1]

処理したものを利用して生産性への影響を極小化する取り組みがなされている[3]。

別の機能化としては，商品の染色後に色移りが生じることを防ぐ，すなわち染まりにくいスパンデックスの染着性の向上や染色堅牢度の向上である。ナイロンとともに使用される生地を酸性染料で染色した場合，芯にあるスパンデックスが染まらず光が散乱する，いわゆるギラツキ現象が起きる。これを回避するため，スパンデックスの染着性を高める検討が行われている。この方法としては，第3級窒素原子を含んだ化合物を添加する取り組みが行われている[4]。また，糸中に確実に染着座を確保する技術が開発されている[5,6]。別法としては，ハードセグメント構造を調整することで染着性の高い糸を製造する技術も開発されている[7]。

更に加熱による糸の接着方法については，鎖延長剤に低分子ジオールを用いたポリウレタンを用いて糸表面に置くことで熱融着性を持たせる方法[8]，熱的に接着可能な成分を表面にコンジュゲート化する技術[9]が開発されている。

また，構造制御の重要性がより明確になってきており，例えば，ヒステリシスロスを改善するため小角散乱やNMRによる構造解析を行い，合成から紡糸工程に至る加工条件と構造因子の関係が明らかになってきている[10]。

環境負荷軽減技術については，ポリウレタンポリマーの再利用技術が進んでおり，一部では，リサイクルポリマーの使用も進んでいる。また，カーボンニュートラルの観点では，ポリウレタン原料を植物由来原料に切り替えた例もある。ポリエステルポリオール，ポリエーテルポリオール，ブタンジオールなどは植物由来原料が開発されており，スパンデックス原料への採用が開始されている。

新用途対応については，ポリプロピレン不織布とのホットメルトによる接着性を高めるための

第21章　ポリウレタン系弾性繊維

組成技術が開発されており[11]，紙おむつ用途への更なる拡大が期待される。

　一方，溶融紡糸によるスパンデックスについては，一般の乾式紡糸によるスパンデックスと物性が大きく異なり，セット性が良好であり，かつ弾性回復力を適度に制御できるなど，締め付けの少ないフィット感を提供することができる上，高機能化も進んできている。熱融着糸をいち早く世に送り出した溶融スパンデックスでは，更にソフトパワーの糸も展開されている。

　このように新しい技術を用いて高機能な糸を上市し，様々なニーズに合わせて糸の選択ができるようになってきている。前報告[12]にも報告されているので，参照されたい。

4　各社のスパンデックス

　スパンデックスは当初は収益率の高い商品だったため，多くのメーカーが大規模投資を進めたが，その結果，需給バランスが崩れ汎用品は値下がりが生じた。このため各メーカーは機能品比率を上げて対応を強化している。国内で生産されているスパンデックスはライクラ®，ロイカ®及びモビロン®である。

4. 1　ライクラ®

　ライクラ®のバリエーションは，レギュラータイプに加え，原着，低温セット，耐プール水性（耐塩素），ソフトストレッチ，カチオン可染性，衛材用途，消臭タイプなどがある。表3にライクラ®機能品を示す[13]。代表的なものを以下に説明する。

① 水着用耐塩素タイプ（T-176E，T-254E，T-909E）

　ライクラ®T-176E ファイバーは，遊泳水着からフィットネス水着まで，あらゆる水着に幅広く対応する耐プール水性に優れたタイプである。ライクラ®T-254E ファイバーは，プール水中塩素に対する耐久性を更に高め，フィット感がより長く続く，競泳水着に適したタイプである。ライクラ®T-909E ファイバーは，カチオン可染タイプである。カチオン可染ポリエステルと共

表3　ライクラ®機能品[13]

T-127/T-127C	レギュラータイプ（白/クリア）
T-127Z	レギュラータイプ（黒原着）
T-227C	アズスパン（タテ取り可能）
T-178C	低温セット
T-176E，T-254E	耐プール水性
T-906C	ソフトストレッチ，低ヒステリシス
T-909E	カチオン可染性，ソフトストレッチ，低ヒステリシス，耐プール水性
ライクラ XA™ファイバー	衛材用途
T-327C，T327Z	消臭タイプ
T-906H	ベージュ原着タイプ

用した生地を染色することで，ポリウレタン繊維の目ムキを抑えることができる。また，耐プール水性能だけでなく，よりソフトに伸び，素早く元の長さに戻る伸縮性能を備えているため水着の着脱がしやすく，フィットネス用の水着にも最適である。

② **衛生用途（ライクラ®XA™ファイバー）**

衛生用品市場として，紙おむつ，大人向け失禁関連用品，その他パーソナルケア商品に優れたフィット感，柔軟性，快適性を提供する。有害物質を含まない，消費者の安全性を考慮した製品である。

4.2 ロイカ®

ロイカ®は自社重合しているポリオールを利用していることも含め，ポリマー改質による機能糸の開発に積極的である。表4にロイカ®各種機能品を示す[14, 15]。

① **酸性染料可染タイプ（ROICA®DS）**

ナイロンやウールの染色に用いられる酸性染料で染色することができるスパンデックスである。酸性染料に対する親和性を付与することで染着性を高めている。相手素材との同色性が向上することで，生地の目ムキやギラツキを軽減し，生地の外観品位を向上させる。

② **ソフトパワー＆高伸度・高回復性タイプ（ROICA®HS）**

自社開発のポリオールを用いた伸長時と回復時のパワーの減少が非常に小さく，ヒステリシスロスの小さいスパンデックスである。少ない力でよく伸びるため，フィット感が高く体の動きに追従する特徴がある。

③ **消臭タイプ（ROICA®CF）**

靴下やインナー用途に適した消臭機能を持つスパンデックスである。繊維表面にイオン化状態をつくり，悪臭物質を吸着させることで消臭機能を発現している。人が発する汗の臭い，足の臭いの主成分とされるアンモニア，硫化水素，酢酸，イソ吉草酸について消臭効果がある。

表4　ロイカ®機能品[14, 15]

ROICA®	レギュラー糸
ROICA®HS	ソフト＆高伸度・高回復性
ROICA®SF	熱合着性能
ROICA®DS	酸性染料可染性能
ROICA®CF	消臭性能
ROICA®BZ	吸湿＆放湿性能
ROICA®BX	耐高セット性能
ROICA®HP	高耐熱性＆パワー保持
ROICA®SP	高耐塩素瀬能

第21章 ポリウレタン系弾性繊維

4.3 モビロン®

溶融紡糸で製造されるモビロン®は品種の切り替えが容易で，多品種少量生産に向いており，溶媒を揮発させる必要がないため，70デシテックス以下はモノフィラメントで製造することが可能である。その結果，均整度が高く，真円の断面をもった糸を生産できるため，ゾッキパンスト等 スパンデックス混率が高く薄手の生地に適した製品である。一方，弾性回復力は適度に低く制御されているため，ファンデーション用途やアウター用途など，混率が低くストレッチ性能が求められる用途での使用は少ない。表5にモビロンの主な品種とその特徴をまとめた。原料，ポリマー設計の組み合わせにより，様々な特徴を持ったスパンデックスを生産している。

① レッグ用熱融着タイプ（モビロン®KL，モビロン®KLH，モビロン®KLC）

溶融紡糸法の特徴を生かし，熱を加えることによりスパンデックスの結節点が相互に溶融し，しっかり生地組織を固定することができる。熱融着したスパンデックスの状態を図3に示す。熱融着後もスパンデックスとしての性能は変わらず，伸縮性，フィット性を維持している。この

表5 モビロン®機能品[16]

モビロン®KL	熱融着・耐塩素・均整度
モビロン®KLH	熱融着・耐塩素・ソフトパワー
モビロン®KLC	熱融着・耐塩素・黒原着
モビロン®R	熱融着・耐アルカリ・均整度
モビロン®RL	熱融着・耐アルカリ・低温融着
モビロン®RLL	熱融着・耐アルカリ・超低温融着
モビロン®K	非熱融着・耐塩素・均整度
モビロン®KC	非熱融着・耐塩素・黒原着

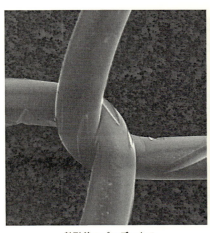

熱融着スパンデックス　　　汎用スパンデックス

図3 熱融着したスパンデックスの状態[16, 17]

特徴をいかした商品として，レッグ用途向けに伝線を抑制した熱融着タイプが広く販売されている。標準的なモビロン®KL の他，モビロン®KLH は，ソフトセグメント構造を制御することで，ヒステリシスロスを調整した，伸びの柔らかいタイプである。モビロン®KLC は，ギラツキ現象を抑制するため，黒原着されたスパンデックスである。

　これらは熱セット性も良好である。一例では，ストッキングを洗濯した前後の形状保持性能が高く，熱融着モビロンと汎用品を比較すると，汎用品では洗濯後にかかとの形状が消失するのに対し，熱融着モビロンは残存する[16, 17]。この形態安定性の高さも，ストッキング用途で評価されている要因である。

② **インナー用熱融着タイプ（モビロン®R，モビロン®RL，モビロン®RLL）**

　インナー・スポーツ用途には耐アルカリ性に優れるモビロン®R，モビロン®RL（低温融着），モビロン®RLL（超低温融着・ほつれ止め）を展開しており，共用する繊維，加工条件に応じて選択することができる。

　インナー用途では，主にテンターを使用した熱処理工程があるが，その際の熱によって熱融着モビロン相互が熱融着する。熱セット性が高いことにより，編地のカールを抑制できる。裁断端を縫製せずともほつれないため，いわゆる切りっぱなし用途に使用することができる。また洗濯後の型崩れが少ない商品を作ることができる。

　モビロン®RLL は，100℃ 前後の湯浴，つまり染色時の沸水で熱融着する，超低温熱融着タイプである。生地端数コースに編込むことで，ほつれを抑制できるため，縫製を簡略化することができる。また，テンター等による熱処理工程のない製品への応用も可能である。

5　今後の展開

　スパンデックスは，衣料品の高機能化，快適性向上の流れの中でストレッチ性能を評価され，順調に伸びてきた。近年では，上述の通りストレッチ性以外の機能を付与した差別化糸も次々に開発されてきており，用途もオムツを代表とする衛生資材用途等の広がりを見せている。

　原料の組み合わせ，ポリマーの高次構造制御により，スパンデックスの物性は様々にコントロールすることが出来，さらには紡糸方法を中心とした製造方法の工夫により，欠点を克服し，長所に変えていく試みが各所で，精力的に実施されている。

　新たな機能糸の誕生とともに，スパンデックス市場もその規模，範囲をさらに拡大していくものと思われる。

第21章　ポリウレタン系弾性繊維

文　　献

1) 2016 ポリウレタン原料・製品の世界市場，243-249，富士経済
2) 特開 2008-075240
3) 特開 2013-209772
4) 再表 2008/153080
5) 特開 2014-091891
6) 特開 2014-095162
7) 特開 2013-256750
8) 特開 2008-179925
9) 特表 2012-520397
10) 再表 2012/124691
11) 特開 2012-026044
12) 機能性ポリウレタンの最新技術，シーエムシー出版（2015）
13) 東レ・オペロンテックス株式会社「ライクラファイバー」
　　 http://www.toray-opt.co.jp/lineup/
14) 繊維学会誌 ,Vol 67，No.5,P124（2011）
15) 旭化成株式会社「ロイカ」
　　 https://www.asahi-kasei.co.jp/fibers/roica/index.html
16) 繊維技術講座要旨集『繊維学会技術レビュー』（2018 年 2 月 2 日）一般社団法人 繊維学会
17) 日清紡テキスタイル株式会社「モビロン」
　　 http://www.nisshinbo-textile.co.jp/products/mobilon/index.html

第22章　ポリウレタンと3Dプリンティング

萩原恒夫*

1　はじめに

1980年代の光造形法の発明を契機に，各種三次元積層造形法（Additive Manufacturing：AM = 3Dプリンティング：装置を簡便に3Dプリンター）が発明されて実用化されてきた。今日，それぞれが20年以上経過したことにより各々の基本特許の権利が消滅し大きな転機が訪れた。英国を中心としたオープンソースのRepRapプロジェクトを手がかりに，大学発ベンチャーを中心に材料押出し方式の安価な装置が大量に出現したことで「新しいものづくり」が訪れている。

クリス・アンダーソン氏の著書"Makers"での「再び産業革命が起こるかも知れない！」，米国オバマ大統領の2013年の一般教書演説における「3Dプリンターへの言及」などにより世界的に3Dプリンティングへ期待が高まり，過熱気味に報道されてきた。最近ではおおかた正しく理解され，落ち着きを示すようになってきたが，今日，生活の質の向上と「ものづくり」への欲求の増大に加えて，「IoT，Industrie 4.0，つながる工場など」との関わりから大きな期待が寄せられ，今までの大量生産＝安価という図式から，3Dプリンターを利用した高付加価値・多品種生産という点に注目して取り組みが始まっている。

しかし，その立体造形（プリント）に使う材料は，顧客（ユーザー）が期待するほど完成度は高いものではない。今後，3Dプリンティングが期待に応えて将来大きく発展するためには，材料が必要とする性能を満すための材料開発にかかっていると言っても過言ではない。

2　3Dプリンティング

「3Dプリンター」という言葉は小学生でも知ることとなっているが，もう一度整理してみると，「3次元CADデータをもとに，液状の光硬化性樹脂，熱可塑性樹脂，プラスチック粉末，金属粉末，石膏粉末，砂等を用い，レーザビーム，電子ビーム，溶融押出しInkJet等で一層ずつくっつけて積層することをAdditive Manufacturingと定義づけられているが，三次元の印刷（積層）ゆえ「3Dプリンティング」と呼び，その装置を簡便な言葉で「3Dプリンター」ということが多くなっている。その造形方式をまとめて表1に示す。3Dプリンターの材料は表2で示すように石膏の粉末や砂材料のような無機物，スチールなどの金属粉末，紙や樹脂粉末から液状

＊　Tsuneo Hagiwara　横浜国立大学　成長戦略研究センター　連携研究員

第22章　ポリウレタンと3Dプリンティング

表1　各種三次元積層造形法（Additive Manufacturing法）とその特徴

積層技術	英名	別名	材料	手段	特長	用途
液槽光重合法	Vat Photo-polymerization	光造形法，SLA	感光性樹脂	LASER，ランプ	高精度，高精細 大型	試作
粉末床溶融結合法	Powder Bed Fusion	粉末焼結法，SLS，SLM，EBM	PA12粉末，金属粉	LASER，電子線	実部品（PA12粉，金属粉）	試作 製品
材料押出法	Material Extrusion	溶融樹脂積層法，FDM法，FFF	ABS，PCなど	熱	簡易，ABS～スーパーエンプラ	形状確認 高性能試作
結合剤噴射法	Binder Jetting	インクジェット法，Z-Printer法	石膏粉，砂 水系バインダー	インクジェット	高速，フルカラー	フィギュア 砂型
材料噴射法	Material Jetting	PolyJet法，MJM法など	感光性樹脂など	インクジェット	比較的簡易 多彩な表現	形状確認 表現
シート積層法	Sheet Lamination	シート積層法，LOM法	紙，プラスチックシートなど	LASER，カッターナイフ	簡易 フルカラー	立体地図
指向エネルギー堆積	Directed Energy Deposition	LENS法，DED法	金属粉末	LASER	金属	金属部品
ハイブリッド	Hybrid		金属粉末	LASER＋切削	精度・表面	金属製品，型

機能性ポリウレタンの進化と展望

表 2　各種 3D プリンティング材料

方式	装置メーカー	材料		主用途
		カテゴリー	具体例	
液槽光重合/LASER	3D Systems	光硬化性樹脂	エポキシ/アクリレート・ハイブリッド	試作分野
	CMET	光硬化性樹脂	エポキシ/アクリレート・ハイブリッド	試作分野
	EnvisionTEC	光硬化性樹脂	エポキシ/アクリレート・ハイブリッド	試作分野
	DWS, Formlabs	光硬化性樹脂	(メタ)アクリレート系	宝飾，歯科，試作など
液槽光重合/DLP	EnvisionTEC	光硬化性樹脂	(メタ)アクリレート系	宝飾，歯科
	Carbon (Carbon3D)	光硬化性樹脂	(メタ)アクリレート系/架橋性樹脂	靴底，高性能試作
材料噴射/Ink-Jet	3D Systems	光硬化性樹脂	アクリレート系/ワックス	宝飾・歯科
	Stratasys (Objet 機)	光硬化性樹脂	アクリレート系	形状確認・歯科
結合材噴射/Ink-Jet	3D Systems (Z)	石膏	石膏/水	デザイン・フィギュア
	ExOne	砂	砂+バインダー樹脂（フラン樹脂など）	砂型鋳造
	Voxeljet	砂, PMMA 粉	砂 or PMMA+バインダー樹脂	砂型鋳造, 消失模型
粉末床溶融/LASER	HP	PA 粉末	PA12/赤外線吸収剤, 赤外線	試作, 生産？
	EOS	PA 粉末, 金属粉	PA12, PEEK, SUS, Ti, Al, Co-Cr	試作, 生産, 歯科
	3D Systems	PA 粉末, 金属粉	PA12, SUS, Ti (合金), Al, Co-Cr	試作, 生産
	アスペクト	PA 粉末, PP 粉末	PA12, PP, PPS, Ti (合金)	試作, 生産
粉末床溶融/EB	ARCAM	金属粉	Ti (合金), Co-Cr	医療, 生産
材料押出し (FDM)	Stratasys	熱可塑性樹脂ワイヤ	ABS, ASA, PC, PEI, PPSF, PA12	試作, 生産, 形状確認
	武藤, Ultimaker	熱可塑性樹脂ワイヤ	PLA, ABS	形状確認, ホビー
	その他 RepRap 機	熱可塑性樹脂ワイヤ	PLA (ABS), PEEK	形状確認, ホビー

第 22 章　ポリウレタンと 3D プリンティング

感光性樹脂に至るまで多岐に亘っている。これらはユーザ，特に産業界のユーザニーズに応じて使い分けられているが，装置に限定されたものであり，日常我々が手にする材料から見ると，各方式についてまだ充分と言える状態になっていない。現状では限られた材料をユーザが工夫して使い分けている[1,2]。大半は高分子材料であり，光硬化性樹脂と熱可塑性樹脂がその殆どを占めている。

　本稿では，3D プリンティングの中で高分子材料であるポリウレタンがどのように利用されているか，或いは利用されつつあるか，さらにはポリウレタンに今後どのような利用が望めるかを考えてみることにする。

3　熱可塑性ポリウレタン樹脂と熱硬化性ポリウレタン樹脂の 3D プリンティングへの利用

　現状，熱可塑性ポリウレタン樹脂（TPU と略す）を 3D プリンティングに用いる方法としては，

①　TPU の粉末を粉末床溶融結合法（Powder Bed Fusion（PBF））によりレーザビームで溶解させ積層させて三次元形状を形成する方法，

②　TPU をフィラメント（通常 1.75 mm 径）にしたものを熱溶融押し出し法（Material Extrusion，FDM）により溶融して押し出して積層し三次元形状を形成する方法，

が挙げられる。

PA12 粉末を除いてまだ開発段階であるが，

③　結合剤噴射法の発展型であるヒューレット・パッカード（HP）社の（Multi）Jet Fusion 機で，形状データに基づいて特殊な赤外線吸収剤液をインクジェット法で TPU 粉末上に散布し，その後赤外線ランプで形状データ部分を溶解させて積層することにより三次元形状を形成する方法が挙げられる。

一方，熱硬化性のポリウレタンについては，

④　立体物を造形時（3D プリント時）に反応させてポリウレタン造形物を形成する方法。

⑤　ブロック化したポリイソシアネートとポリオールやポリアミンを含有させた光硬化性樹脂を用い，積層造形時には光硬化性樹脂のみを硬化させて形状を作製する。その後，熱処理をしてイソシアネートのブロック基を外してポリオールやポリアミンと反応させてポリウレタンを形成させ造形物の物性を向上させる。

　　なお，熱処理によりポリオールの場合にはウレタン結合が生成するが，ポリアミンを含む系ではウレア結合が生成することになる。

　以下，これら熱可塑性のポリウレタンと熱硬化性ポリウレタンの 3D プリンティングでの利用について概要を説明する。

3.1 熱可塑性ポリウレタン（TPU）の粉末床溶融結合法（PBF）による3Dプリンティング

　PBF方式の造形装置は図1に示すような装置[3]であり，40～60 μm 程度の粒状の樹脂粉末を主に炭酸ガスレーザの熱を用いて溶解させながら積層する方法である。PBF方式の一般的な樹脂材料はポリアミド12（PA12）あるいはポリアミド11（PA11）樹脂粉末であり，このPA粉末材に必要に応じてガラスフィラーやアルミニウム粉末，カーボンファイバーなどを混合して所望の物性を獲得している。このPA12あるいはPA11が利用されている理由としては，融解・結晶化挙動がシャープなため精細な形状を再現しやすい。融点（Tm）と結晶化の温度（Tc）の間の温度差が大きいため，造形条件幅が広い。機械的特性とくに強度と伸度の両立があり，融点近くまで剛性を維持していることから耐熱性が優れる。また，油脂類に強い耐性を示すことから部品としても利用しやすい。更に，比較的安価に入手できることから，このPBF法が発明されてから今日までほぼ25年以上に亘って主な材料として用いられている。逆にこのPA材の他に使いこなされていないというのが現状である。スイスETHのSchmid氏らは，PBF材料の95％以上はPAベースの材料であると報告している[4]。このPA材の他には，消失模型を目的としたポリスチレン粉末が古くから用いられているのがかなり限定的である。

　また，最近ではゴム様の造形物を目的としたTPUやスーパーエンジニアリングプラスチックであるPEEKとその類縁体の要望が強く開発が進んでいる[2]。PEEKとその類縁体のPBFへの展開については別の機会に述べることとし，ここではTPUについて述べる。

　標準的なポリアミド（PA12やPA11）とは異なり，エラストマー材料であるTPUは多成分材料であり，その組成は正確には公表されていない。PBF材料のうち，TPUの市場は現状では

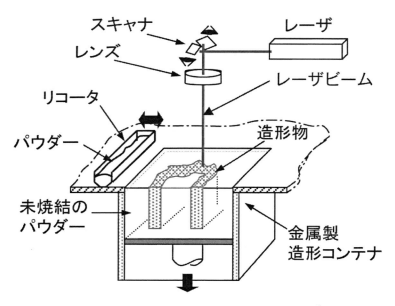

図1　粉末床溶融結合法（PBF）方式の造形装置[3]

第 22 章 ポリウレタンと 3D プリンティング

極めて限定されており，PBF 用の粉末樹脂材料の大凡 2〜3％ と推定されている[4]。また，その価格は現状では PA 材より多少高めとなっている。

TPU エラストマー粉末を利用する目的は，PA ベースの造形物が非常に堅牢であるが，柔軟性が限られているため，高強度と強靭性が求められる造形物を作製することにある。TPU の PBF への利用について日本の特許公開公報を検索してみると，その利用は 2002 年頃に遡るが，本格的な利用は 2010 年前後からと推定される。

米国 3D システムズ社のカタログを見ると PBF 向けとして 2 種類の TPU 材料が上市されている。このうち「DuraForm TPU Elastomer」材料の造形物の機械的物性は破断強度 2.0 MPa，引張り弾性率 5.3 MPa，伸度 220％，曲げ弾性率 6.0 MPa，ゴム硬度ショア A59 を有している[5]。造形物の応用例は図 2 に示されるようにスニーカーのミッドソールなどである[6]。一方，ドイツ EOS 社からに TPU 材料は正式には販売されていないが，ごく最近，ドイツの BASF 社が EOS 社の PBF 機用に TPU 粉末を供給開始したと伝えている[7] ので，近い将来本格的な市販が開始されるものと推定している。

また，バイエル・マテリアルサイエンス社とフラウンホーファーのスピンオフであるソリッドコンポジット社も，共同して PBF 用の TPU 粉末の開発を行っている。この材料を利用した造形物は，高い靭性，弾力性，強度を備えていると報告されている[8]。この新しいクラスの TPU の最初の銘柄は Desmosint X 92 A-1 で，その利点の 1 つは，造形室はわずか 80℃ の温度に維持すれば良いとされ，造形チャンバー内の加熱が総エネルギーコストの大半であるため，低温での造形は大幅なエネルギーの節減につながる。また，低温であるため TPU の反り傾向は非常に低く，造形条件の設定が容易であると思われる。また，造形に使われなかった粉末は加熱が小さいためリサイクル性が向上すると思われる。

ベルギーに本社を置くマテリアライズ社と Adidas 社は共同で TPU を用いてコンシューマー製品に使用可能な耐久性と柔軟性を併せ持つ，格子構造のミッドソールをレーザ焼結により作成

図 2　米国 3D システムズ社の TPU によるスニーカーのミッドソール（ホームページより）

が可能であり，コンシューマー向け最終製品の製造に不可欠であるトレーサビリティと再現性を確保し，生産プロセス全体を把握することをできると伝えている[8]。

3. 2　熱硬化性ポリウレタンの 3D プリンティングへの展開

3. 2. 1　Carbon 社の方法

　2015 年 3 月にベンチャーの Carbon3D 社（後に Carbon 社と名称変更）により，フッ素系の透明な酸素透過膜を用いた DLP 機による連続引き上げ硬化方式（CLIP）の光造形方式が発表され，大きな話題を集めてきた。酸素供給により光照射界面での硬化を抑制しながら硬化させ連続的に引き上げていくことが可能とされ，射出成形品並みの造形品が得られるとし 400 億円以上の資金を調達して開発を進めている。発表当初は 100 倍速の造形が可能とし大きな期待を集めていたが，3D プリント物を最終製品に利用できるようにするためには，光硬化性材料の硬化スピードを抑えてよりよい物性を得ようとするため，最近では高速という言葉は削除され，従来の DLP 機，たとえば RapidShape 社の装置の造形速度と大きな差はなくなっている。基本的に光硬化は投入された光エネルギーと光硬化する樹脂材料の性質によるものであり高速で硬化させようとすると反応性の高い多官能性アクリレートを用いらざるを得ず，硬化収縮などが大きくなり実用的な造形物を得ることは難しくなる。

　一方，光を利用した造形で得られる硬化物は三次元硬化により見かけ上の分子量は無限大と考えられるが実際はそれほどの分子量には到達していない。そのため機械物性や熱的な物性は低レベルなものとなりやすい。Carbon 社はこの課題を解決して，最終製品に利用する目的で，光硬化性組成物内に熱硬化性材料を内在さておき，形状を造形後に熱処理を行い所望の物性を得ようとしている[9]。

　Carbon 社は現在，3 つの方法が試みられている。一つは，上記で述べたように，①ブロック化したポリイソシアネートとポリオールやポリアミンの熱反応，②芳香族エポキシ化合物と芳香族ジアミン等の架橋剤との熱反応，または③ビスシアナトフェニルエタンなどの熱硬化性化合物の熱反応が採用されている[9]。

　光硬化性樹脂組成物中に一定割合で上記熱反応性の組み合わせを含有させ，造形後に，①の場合は 160℃，最近では 120℃で 8 時間程度熱処理し保護基を外してポリオールやポリアミンと反応させる。②の場合は 220℃で 8 時間程度熱反応させ，エポキシ架橋体を得る。③の場合は 220～230℃で熱架橋反応させて三次元ネットワークを形成させようとするものである。これら，造形用樹脂は基本的には二液タイプとなっていて造形前に混合して使用し，混合後はポットライフの制約のため材料は使い切ることが原則と思われる。①の反応は Carbon 社の特許公報（特公表 2017-524565，特公表 2017-524566，特公表 2017-527637）には図 3 に示すようなスキームが想定され，ポリオールの時は結果としてポリウレタン構造が造形物の中に生成するとしている。高分子反応であるため，その転化率制御や反応制御には細かい工夫が必要である。筆者は光造形黎明期の 1990 年代半ばの頃，その造形物の物性向上のため造形後に高分子反応を取り入れよう

第 22 章　ポリウレタンと 3D プリンティング

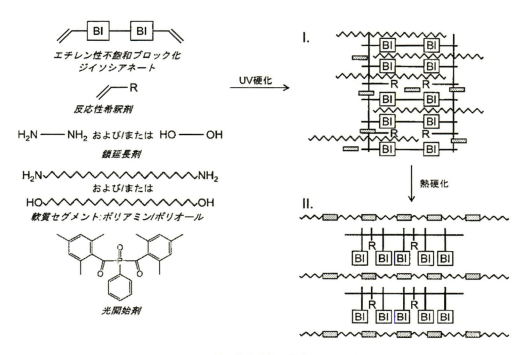

図3　Carbon 社の特許公報で想定されるスキーム

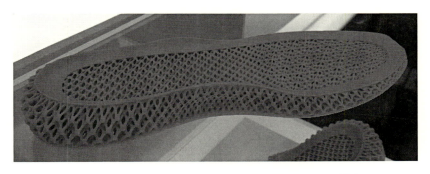

図4　Carbon 社が Adidas 社専用の造形装置で製造した靴底

として苦労をしてきたことを思い出してしまう。光造形物を120℃や220℃の高温で熱処理することで精度を保持することの難しさは想像に難くない。この造形物を靴底に用いた場合には反発弾性が良好であり，Adidas 社と組んで一つの新しい製造方法を確立したとしている。造形装置は Adidas 社専用の造形装置で約30センチメートルの左右一組を平置きで25分で造形し，洗浄後特殊な金枠の上で120℃，8時間熱処理することにより図4のような靴の底が得られる。この靴底を利用したスニーカーは300ドルが想定され，試販で数千足が売られ，近いうちに数万足の販売が可能となると伝えられている[10]。このミッドソールは反発弾性が優れていると言われて

317

おり，一般顧客のスニーカーとしては充分な快適性能を有しているとのことであるが，少々重く，アスリートから受け入れられるかどうか不明とのことである[11]。

3. 2. 2　反応性 3D プリンティングによる靴底の作製

神戸大学の貝原らのグループは，内閣府／NEDO の管轄する SIP プロジェクトでインクジェット方式を採用して，イソシアネート基を有するウレタンプレポリマーとポリオールを吐出時に反応させてポリウレタンを生成させる反応性 3D プリンティングを提案している。この方法を用いて靴底を作製する方法の開発が進められている[12]。詳細は明らかにされていないがバンドー化学の特許 5939987，特許 6220476 や SIP の成果報告会[13]の資料によると，ミッドソールに使用可能な所望の性能が得られ，既にこの方法で得られた造形物をミッドソールとしてアシックス社がランニングシューズを試作した。このランニングシューズを履いて 4 人の走者がフルマラソンを完走できたと伝えている[14]。

4　TPU を用いた材料押し出し法による 3D プリンティング

米国のストラタシス社を設立した Scott Crump 氏により 1988 年頃発明された材料押出し（FDM）方式は ABS 樹脂などの細く線状（通常 1.75 mm 径）にした熱可塑性樹脂をヒーターで熱したヘッド部で溶融させ，極小のノズルから吐出させながら，一筆書きの要領でプロッタ方式により 1 層ずつデータに沿って積層させて三次元モデルを作成する。その材料は基本的には非晶性の熱可塑性樹脂であり，今日では，ABS 樹脂の他，ポリカーボネート樹脂（PC），PC/ABS アロイ，ポリフェニルスルホン樹脂，ポリエーテルイミド樹脂，ポリエーテルケトンケトン，結晶性を制御した PA12 など，熱可塑性のエンジニアリングプラスチックからスーパーエンジニアリングプラスチックまでの広範囲な材料が利用されている。このような熱可塑性樹脂の他に，柔軟性の材料として TPU が注目されつつある。

廉価版の材料押し出し方式の 3D プリンターで TPU の造形は比較的容易であり，フィラメントとしては 1 巻（凡そ 1 Kg）4000 円〜6000 円で Amazon 等から容易に入手可能である。これらの低価格 3D プリンターで TPU フィラメントを使用する場合，PLA や ABS に比べて，出力速度を落として造形することが推奨されている。

Web には，大型の 3D プリンターを使用して，エアレスタイヤを造形して走行した例が記載されている[15]。このように，エラストマーの特徴をうまく捉えることにより産業用の筐体をはじめとして各種造形品が得られ，TPU の利用が益々拡大すると考えられる。

5　まとめ

最近，3D プリンティングが「IoT，Industrie 4.0，つながる工場など」の新しい「ものづくり」との関わりから大きな期待が寄せられている。しかし，そのプリント物（造形物）材料の完

第 22 章　ポリウレタンと 3D プリンティング

成度は必ずしも高いものではなく、「3D プリンターによるものづくり」が将来大きく発展するためには、ユーザが求める性能を有する材料の開発にかかっていると言っても過言ではない。その中でポリウレタン材料は柔軟性と反発性、及び耐久性を有するものとして期待は大きい。しかし、まだ利用は開始されたばかりであり、更なる材料の開発と応用開発が必要で、その結果、大きな役割を果たすものと思われる。

文　　献

1) 丸谷洋二、早野誠治；"3D プリンター、AM 技術の持続的発展のために"（オプトロニクス社、2014）

2) T. Wohlers; "Wohlers Report 2018"、（Wohlers Associates, Fort Collins, Colorado, USA.

3) 酒井仁史；"素形材"、Vol. 54, No. 2 , 47 （2013）

4) M. Schmid; 第 6 回 AM シンポジウム講演資料、2016 年 1 月 21 日-22 日東大生産技術研究所、*J. Mater. Res.* Vol. 29, No17, 1824 （2014）

5) 3D-Systems_DuraForm_TPU_Elastomer_SLS_Datasheet_09.23.16_USEN_WEB

6) 3D-Systems_SLS_Brochure_USEN_2016.12.22_a_WEB

7) https://www.youtube.com/watch?v=Qmdr-z0ck7A

8) https://www.materialise.com/ja/cases/3d-printed-shoes-adidas-futurecraft

9) https://www.carbon3d.com/materials/

10) http://monoist.atmarkit.co.jp/mn/articles/1802/19/news041.html
https://japan.zdnet.com/article/35101972/

11) https://www.ycutube.com/watch?v=xXZfPlHaBLk

12) http://www.sip-monozukuri.jp/theme/theme23.html

13) http://www8.cao.go.jp/cstp/gaiyo/sip/sympo1709/sekei2017.pdf

14) http://www.innov.kobe-u.ac.jp/sip/news/index.html#article1

15) https://idarts.co.jp/3dp/bigrep-3d-printed-airless-bicycle-tire/

【ポリウレタンの市場　編】

第 23 章　日本市場

シーエムシー出版

1　概要

　2017 年における日本のプラスチック総生産量は 1,107 万トンであるが，そのうちポリウレタン樹脂（ウレタンフォーム）の生産量は約 19.9 万トンであり，全体の 1.8％を占める。

　これは，ポリエチレン 265 万トン（23.9％），ポリプロピレン 251 万トン（22.7％），塩化ビニル樹脂 171 万トン（15.4％），ポリスチレン 77 万トン（7.0％），ポリエチレンテレフタレート 42 万トン（3.8％），ABS 樹脂 40 万トン（3.6％），ポリカーボネート 31 万トン（2.8％），フェノール樹脂 30 万トン（2.7％），ポリアミド系樹脂成形材料 24 万トン（2.2％），などに次ぐ生産量を占めている。

　ポリウレタン樹脂は，発泡材として特に重要で，2017 年には，軟質ウレタンフォーム 12.8 万トン，硬質ウレタンフォーム 7.1 万トンの生産量であった。この 2 つのフォームを合計すると，

表 1　ポリウレタン樹脂分野別需要動向

（単位：トン，年）

		2012 年	2013 年	2014 年	2015 年	2016 年
軟質フォーム	車　両	89,000	86,800	85,700	79,100	85,600
	寝　具	8,900	9,000	11,000	10,500	11,000
	家具・インテリア	6,900	6,800	6,700	6,300	6,700
	その他	17,100	17,000	18,800	17,100	19,000
	小　計	121,900	119,600	12,200	113,000	122,300
硬質フォーム	船舶車両	3,300	3,400	3,300	2,600	2,800
	機器用	25,400	25,500	26,400	21,300	23,000
	土木・建築	30,200	32,700	34,000	27,400	29,500
	その他	11,900	12,000	12,300	10,000	10,200
	小　計	70,800	73,600	76,000	61,300	65,500
エラストマー	注型用	4,000	4,100	4,200	4,200	4,300
	TPU 用	17,000	17,400	18,600	19,000	20,500
	混合	600	600	600	600	600
	小　計	21,600	22,100	23,400	23,800	25,400
ウレタン塗料		116,234	120,863	124,300	115,739	120,815
接着剤	ウレタン系	42,437	45,600	45,800	43,255	43,174
	水系-イソシア系	75,500	20,800	19,800	19,245	20,124
小　計		60,507	66,400	65,600	62,500	63,298
ポリウレタン製品合計		327,323	402,563	411,500	376,339	397,313

（シーエムシー出版）

第23章　日本市場

約19.9万トンになる。この数字は，エラストマーなどを含むポリウレタン樹脂全体の需要の約37％になるが，日本ではウレタンフォームの比率が低い。一般的に海外では，ウレタンフォームの比率が50％以上を占めている。

発泡プラスチックの主な原料合成樹脂は，ポリウレタン（PUR）のほか，ポリスチレン（PS），ポリオレフィン（主にポリエチレン（PE）やポリプロピレン（PP））がある。これらは「三大発泡プラスチック」と呼ばれている。

その他，非フォームのポリウレタンの需要では，溶剤を含む塗料が12万トン，接着剤6.3万トンのほか，土木建築塗布，シーリング材，繊維などが大きな需要としてある。

ポリウレタン樹脂は，ポリプロピレングリコールのようなポリオール成分とトルエンジイソシアネートのようなイソシアネート成分との重付加反応によって形成され，ウレタン結合を持つことを特色とする樹脂である。ポリオールやイソシアネートにはそれぞれ数多くの種類が知られており，組み合わせのパターンも膨大になる。多くの組み合わせの中で，物性的あるいは経済的に実用化レベルにあるものが実用化されているが，今後も新しい高性能ポリウレタン樹脂が登場してくるものと期待されている。ポリウレタン樹脂の最近の分野別需要動向を表1に示す。

2　原料

ポリウレタン樹脂の主原料は，ジ（ポリ）イソシアネートとポリオールである。ジイソシアネート，ポリオールともに種類が多く，無数の組み合わせがある。この組み合わせによって，直接製品になるという特徴を持ち，材料設計の幅が広く用途によって使い分けられる。

ジ（ポリ）イソシアネートで最も多く使用されているジフェニルメタンジイソシアネート（MDI）と，ポリオールの生産量を表2に示す。

2. 1　ポリイソシアネート

ポリウレタンは，需要家がジイソシアネートなどの原料を購入して製品化している。ジイソシ

表2　ウレタン原料の生産

（単位：トン）

年	PPG 生産	PPG 出荷	MDI 生産	MDI 出荷
2017	303,018	268,138	—	—
2016	281,676	258,968	—	—
2015	271,287	244,415	476,823	415,041
2014	264,778	240,543	474,091	385,623
2013	252,420	233,415	471,513	419,599

（注）—印は，1または2事業所の数値であるため，秘密保護のため秘匿してある。　　（シーエムシー出版）

機能性ポリウレタンの進化と展望

表3 市販ジ（ポリ）イソシアネートおよび誘導体

品　名	略　号	組　成　構　造	主な用途
トルエンジイソシアネート	TDI	（2,4 および 2,6 体）	軟質フォーム ポリウレタン全般
ジフェニルメタン ジイソシアネート	MDI		エラストマー ポリウレタン全般
ポリメリック　MDI	Cr. MDI	$n=0,\ 1,\ 2\cdots$　n=0,1,2,3	軟質フォーム ポリウレタン全般
ジアニシジン ジイソシアネート	DADL		接着剤
ジフェニルエーテル・ ジイソシアネート	PEDI	ジフェニルエーテル ジイソシアネート PEDI	耐熱フィルム
o-トリジン ジイソシアネート	TODI		エラストマー
ナフタレン ジイソシアネート	NDI		エラストマー
トリフェニルメタント リイソシアネート	R	トリフェニルメタントリイソシアナート	接着剤
トリイソシアネート フェニルチオホスフェート	RF		接着剤
ヘキサメチレン ジイソシアネート	HMDI		塗料 エラストマー
イソホロン ジイソシアネート	IPDI		塗料

（つづく）

第23章 日本市場

表3 市販ジ(ポリ)イソシアネートおよび誘導体 (つづき)

品　名	略　号	組　成　構　造	主な用途
リジンジイソシアネートメチルエステル	LDI	LDI	塗料
メタキシリレンジイソシアネート	MXDI	m-XDI	塗料
2,2,4-トリメチルヘキサメチレンジイソシアネート	TMDI	（他に 2,4,4 体）	塗料
ダイマー酸ジイソシアネート	DDI	DDI	塗料
イソプロピリデンビス（4 シクロヘキシルイソシアネート）	IPCI	イソプロピリデンビス（4 シクロヘキシルイソシアネート）	塗料
シクロヘキシルメタンジイソシアネート	水添MDI		塗料
メチルシクロヘキサンジイソシアネート	水添MDI		塗料
TDI　2量体	TT	TDI　二量体	エラストマー
TDI トリメチロールプロパンアダクト	L		塗料，接着剤

（つづく）

323

機能性ポリウレタンの進化と展望

表3 市販ジ(ポリ)イソシアネートおよび誘導体 (つづき)

品 名	略 号	組 成 構 造	主な用途
TDI イソシアヌレート体 (3量体モデル)	IL	TDI イソシアヌレート体 三量体	塗料
HMDI-ビウレット体	N	1,6-ヘキサメチレンジイソシアネートのビウレット体	塗料

（シーエムシー出版）

アネートでは，ジフェニルメタンジイソシアネート（MDI）が 2013 年以来年産 40 万トンを超える生産量がある。2015 年には，年産で 47.7 万トンと最高の生産量を記録している。しかし，2016 年以降は生産する事業所数が減少したため，生産・出荷量ともに秘匿されることになり，統計資料には掲載されない。

また，2000 年頃は，MDI に続いて多い生産量であったトルエンジイソシアネート（TDI）は，三井化学の鹿島と大牟田の 2 工場の生産に他社の生産能力を加え，全体で約 21 万〜24 万トンの生産量で 2010 年頃まで推移してきた。しかし，中国をはじめとするアジアでの大規模な工場の新増設により市況が大幅に悪化したため，三井化学は 2016 年 5 月に鹿島工場（年産 11.7 万トン）を閉鎖した。

現在は，三井化学 SKC ポリウレタンから製造を受託する形で年産 12 万トンの大牟田工場が稼働している。表 3 に主な市販のジ（ポリ）イソシアネート類の組成・構造，主な用途を示す。

2. 2 ポリオール

ポリオールは，1 つの分子内に水酸基（官能基）を 2 つ以上持つ化合物の総称である。目標として得たいポリウレタンの性能に合わせ，任意に組み合わせて使用される。

ポリオールは，化学式量または数平均分子量（Mn）が 300 以上の高分子ポリオールと，300 未満の低分子ポリオールがあるが，業界ではすべてのポリオールをポリプロピレングリコール（PPG）と呼ぶ習慣がある。

第23章　日本市場

　ポリオールのうち，化学式量または M_n が300未満の低分子ポリオールには，2価の脂肪族アルコール，3価の脂肪族アルコールおよび4価以上の脂肪族アルコールがある。

　脂肪族2価アルコールの主なものには，エチレングリコール（EG），プロピレングリコール（PG），1,4-ブタンジオール，ネオペンチルグリコールおよび1,6-ヘキサンジオールなどがあり，脂肪族3価アルコールの主なものに，トリメチロールプロパン（TMP）などがある。

　一方，化学式量または M_n が300以上の高分子ポリオールには，ポリエーテルポリオール，ポリエステルポリオール，アクリルポリオールがある。表4に主な高分子ポリオールの種類を示す。

　ポリエーテルポリオールは，塩基性触媒の存在のもと，開始剤にエチレンオキサイドやプロピレンオキサイドを重合させて製造される。この開始剤の官能基数や分子量によって，ポリウレタンの性能が変化する。

　ポリエーテルポリオールには，脂肪族ポリエーテルポリオールおよび芳香族環含有ポリエーテルポリオールがある。脂肪族ポリエーテルポリオールには，ポリオキシプロピレンポリオール／ポリプロピレングリコール（PPG），ポリオキシエチレンポリオール（PEG），ポリテトラメチレンエーテルグリコール（PTMG）などがある。一方，芳香族ポリエーテルポリオールには，ビスフェノールAのEO付加物およびビスフェノールAのPO付加物などのビスフェノール骨格を有するポリオールやレゾルシンのEOまたはPO付加物などがある。

　ポリエステルポリオールのうち，ポリマーポリオールはPPG中でアクリロニトリルやスチレンなどのビニルモノマーを2,2'-アゾビス（2-メチルプロピオニトリル：AIBN）などのラジカル重合開始剤の存在のもとで100℃～120℃で重合させ，生成したポリマーを安定に分散させたPPGの変性物であり，軟質ポリウレタンフォームに硬度，通気性向上等の機能を付与する。

　ポリエステルポリオールには，縮合型ポリエステルポリオール，ポリカプロラクトンポリオー

表4　主な高分子ポリオール

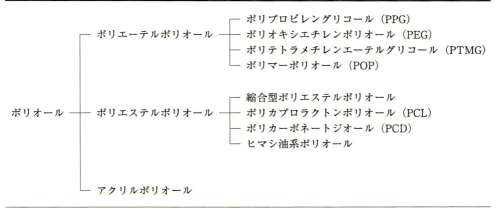

（シーエムシー出版）

ル，ポリカーボネートジオール，ヒマシ油系ポリオールなどがある。

縮合型ポリエステルポリオールは，低分子量の多価アルコールと炭素数2〜10の多価カルボン酸またはそのエステル形成性誘導体とを反応させて得られるポリエステルポリオールである。低分子量の多価アルコールには，化学式量またはMnが300未満の2〜8価またはそれ以上の脂肪族多価アルコールおよびフェノールのAO低モル付加物がある。これらのうち，エチレングリコール（EG），プロピレングリコール（PG），1,4-ブタンジオール，ネオペンチルグリコール，1,6-ヘキサンジオール，ビスフェノールAのEOまたはPO低モル付加物およびこれらの併用が多い。

ポリカプロラクトンポリオールは，多価アルコールへのラクトンの重付加物であり，ラクトンには，炭素数4〜12のγ-ブチロラクトン，γ-バレロラクトン，ε-カプロラクトンなどのラクトンが挙げられる。ポリカーボネートジオールは，多価アルコールと低分子カーボネート化合物とを，脱アルコール反応させながら縮合させることによって製造されるポリカーボネートポリオールである。

ヒマシ油系ポリオールには，ヒマシ油およびポリオールまたはAOで変性された変性ヒマシ油が含まれる。変性ヒマシ油はヒマシ油とポリオールとのエステル交換および／またはAO付加により製造できる。ヒマシ油系ポリオールには，ヒマシ油，トリメチロールプロパン変性ヒマシ油，ペンタエリスリトール変性ヒマシ油，ヒマシ油のEO付加物などがある。

アクリルポリオールは，ビニル系モノマーの（m1）〜（m16）共重合体であり，水酸基含有ビニル系モノマー（m1）を必須構成モノマーとし，構成モノマー中の（メタ）アクリル系モノマーの重量が50重量％以上のものなどがある。表5にポリオールの水酸基数の種類と主な用途を示す。

表5　ポリオールの官能基数別種類と主な用途

水酸基（官能基）数	通　称	ポリオールの種類	分子量	主な用途
2	ジオール（グリコール）	プロピレングリコール，ジプロピレングリコール，エチレングリコール，ジエチレングリコール，1,4-ブタンジオール，1,6-ヘキサングリコール	200〜5,000	エラストマー，軟質フォーム，マイクロセルラー，シーラント　他
3	トリオール	トリメチロールプロパン，トリメチロールエタン，グリセリンヘキサントリオール，リン酸	400〜10,000	エラストマー，軟質フォーム，半硬質フォーム　他
4	テトラオール	ペンタエリスリトール，エチレンジアミン，α-メチルグルコシド	400〜8,000	軟質フォーム，硬質・半硬質フォーム
6	ヘキサオール	ソルビトール	≦1,500	硬質フォーム　他
8	オクトール	シュークローズ	500〜2,000	軟質フォーム，硬質フォーム

（シーエムシー出版）

第23章　日本市場

3　ポリウレタン樹脂の製法および用途

ポリウレタン樹脂は，ポリイソシアネートとポリオールとの各種反応によって製造される。ポリウレミタン樹脂生成反応の代表的なものは，次の反応である。このうちで主に利用される反応は，①重合反応と②発泡反応である。

表6　ポリウレタン樹脂の製品種類・特徴・製法・用途

製品の種類		性質・特徴	製　法	用　途
フォーム	軟質フォーム	軽量，クッション性・耐久性，豊富な硬さバリエーション	スラブ，モールド	寝具，自動車・鉄道車両シート，シーリング材，床天井吸音材・制振材
	半硬質フォーム		スラブ，モールド	アームレスト，ヘッドレスト，インストルメントパネル，サンバイザ
	硬質フォーム	断熱性に優れる ・工場発泡 ・現場発泡	（工場発泡）スラブ，モールド，スプレー発泡，注入，ラミネート（現場発泡）スプレー，注入	船舶断熱材，浮力材，車両断熱材，プラント断熱・保温材，冷蔵庫・エアコン断熱材，住宅・オフィスビルの断熱材，断熱建材，道路床断熱材，梱包材
非フォーム	エラストマー	弾性，機械的強度，低温特性，耐摩擦性，耐候性，耐油性 ・熱可塑性 ・熱硬化性	（熱可塑性）射出成型，押出成形	フィルム，ロール，ホース，靴底
			（熱硬化性）注型法，混練法	ロール，タイヤ，ベルト，パッキング，ダストカバー
	人工皮革／合成皮革	軽量，透湿性，耐薬品性，硬さ・色調・デザインが豊富	成形，切断・加工・縫製	カバン，コート，衣類，ベルト，靴・履物，手袋，ボール
	弾性繊維	伸縮性，機械的強度，耐摩耗性，対候性，耐薬品性	紡糸，二次加工	ファンデーション，下着，肌着，水着，靴下，スキーウェア
	塗　料	付着性，塗膜の対候性，耐摩耗性，耐薬品性	主剤と硬化剤を現地で混合	自動車補修，木部・金属部塗装，建築資材塗装，プラスチック塗装
	接着剤	広範な材料に良好な接着，可撓性	一液性または二液性	接材着，木質集積材，菓子袋の接着
	土木・建築（防水／シーリング材，床材，グラウト材）	ゴム弾性を持つシームレス層を施工可能	主剤と硬化剤を現地でハンドまたはスプレー施工	屋上防水，病院床，テニスコート，窓サッシのシーリング，陸上競技場，止水，土壌安定

（シーエムシー出版）

① **重合反応** 　グリコールと反応してウレタン結合を生成する。

$$n\mathrm{OCN-R-NCO} + n\mathrm{OH-R'-OH} \rightarrow [-\mathrm{R-(NHCO-O)-R'-(O-CONH)-}]n$$

ウレタン結合

② **発泡反応** 　水と反応して尿素結合を生成するとともに炭酸ガスを発生する。

$$2\mathrm{OCH-R-NCO} + \mathrm{H_2O} \rightarrow \mathrm{OCN-R-(NHCONH)-R\text{-}NCO} + \mathrm{CO_2} \uparrow$$

尿素結合

③ **重合反応** 　アミンと反応して尿素結合を生成する。

$$\mathrm{OCN-R-NCO} + \mathrm{R'-NH_2} \rightarrow \mathrm{OCN-R-NHCONH-R'}$$

尿素結合

④ **側鎖（架橋）反応（アロファネート）** 　イソシアネートがウレタン結合と反応する。

~N-CO-O~ + OCN-R-NCO → ~N-CO-O~
|　　　　　　　　　　　　　　　　　|
H　　　　　　　　　　　　CO-NH-R-NCO

アロファネート結合

⑤ **鎖（架橋）反応（ビュレット）** 　イソシアネートが尿素結合と反応する。

~HNCONH~ + OCN-R-NCO → ~NCONH~
|
CO-NH-R-NCO

ビュレット結合

このような反応によって製造されるポリウレタン樹脂は，表6に示すように多種多様な製品形態で広い分野で利用されている。

4　ポリウレタンの需給

ウレタンフォームは軟質と硬質を合わせ，1990年に生産が約32万トン，出荷も約30万トンとピークを記録し，以後は漸減傾向にあったが，2012年，2013年と2年連続して生産・出荷とも増加して回復傾向を示した。しかし，2009年のリーマンショック以降の5年間，生産は20万トンを超えることはなかった。また2011年の東日本大震災は，特に軟質フォームに大きく影響を与えている。2012年は，特に軟質ウレタンフォームの増加が著しいが，その大きな要因は，自動車の生産台数の増加に加え，寝具，家具，インテリアなどの生産回復である。

ここ数年は，2015年を除き，硬質と軟質を合わせて20万トン弱で安定的に生産量が推移している。

硬質ウレタンフォームでは，住宅向けの断熱材が需要の半分近くを占める。省エネ住宅の需要増加によって，気密性や断熱性が高い硬質ウレタンフォームはグラスウールからの代替が進み，

第 23 章　日本市場

表7　ウレタンフォームの需給

（単位：トン）

年 前年比（％）	生産量			出荷量（その他含む）			在庫 数量
	軟質	硬質	合計	軟質	硬質	合計	
2017	128,284	71,130	199,414	123,757	61,658	185,415	3,968
前年比	104.9	108.7	106.2	105.6	115.9	104.6	88.0
2016	122,257	65,464	187,721	117,237	53,215	177,237	4,507
前年比	108.1	106.8	107.6	108.6	106.8	112.3	130.2
2015	113,147	61,319	174,466	107,961	49,822	157,783	3,461
前年比	92.6	80.7	88.0	77.7	75.3	76.9	85.1
2014	122,212	75,940	198,152	138,945	66,141	205,086	4,065
前年比	102.2	103.2	102.6	97.9	78.0	97.9	105.3
2013	119,573	73,608	193,187	141,993	67,520	209,513	3,861
前年比	98.1	103.9	100.2	99.4	105.6	101.3	101.5
2012	121,939	70,812	192,751	142,823	63,932	206,755	3,804
前年比	117.2	103.0	111.5	116.9	99.0	110.7	95.7
2011	104,076	68,741	172,817	122,182	64,654	186,836	3,976
前年比	87.7	111.9	95.9	88.5	119.1	97.2	98.5
2010	118,705	61,447	180,152	137,992	54,287	192,279	4,035
前年比	116.3	100.7	110.5	115.8	102.1	111.6	104.7
2009	102,079	61,003	163,082	119,141	53,183	172,324	3,855
前年比	72.4	75.7	73.6	71.5	76.0	72.8	93.3
2008	141,016	80,609	221,625	166,584	70,021	236,605	4,131
前年比	99.7	86.6	94.5	98.9	86.1	94.8	98.5
2007	141,443	93,126	234,569	168,380	81,308	249,688	4,195

（経済産業省　生産動態統計）

表8　ポリウレタンフォームのタイプ別生産構成比

（単位：トン，％）

年 区分	2015 年		2016 年		2017 年	
	数　量	構成比	数　量	構成比	数　量	構成比
軟質フォーム	113,147	64.9	122,257	65.1	128,284	64.3
硬質フォーム	61,319	35.1	65,464	34.9	71,130	35.7
計	174,466	100	187,721	100	199,414	100

（経済産業省　生産動態統計）

戸建住宅向けで拡大している。一方，軟質ウレタンフォームでは，自動車・車両向けが約7割を占める。表7にウレタンフォームの需給関係を示す。

　また表8にポリウレタンフォームのタイプ別生産の構成比を示す。ここ数年は，およそ，軟質フォーム65％，硬質フォーム35％の割合で推移している。

　ポリウレタンの貿易をみると，近年は増加傾向にある。輸出と輸入を比較すると，すべての形状を合わせても常に輸出が輸入を上回っている。輸出相手国では中国が圧倒的に多い。一方，輸

機能性ポリウレタンの進化と展望

入では，ドイツ，韓国，台湾，アメリカ，中国などが上位を占めている。

輸出入の推移を表9，主要貿易相手国を表10，輸入の推移を表11，主要輸入相手国を表12
に示す。

表9　ポリウレタン輸出入推移

〈塊，粉，粒，フレーク，他〉

区分　　年	輸　出			輸　入		
	数　量（トン）	金　額（千円）	単　価（円/kg）	数　量（トン）	金　額（千円）	単　価（円/kg）
2017	34,479	24,756,283	718	2,651	1,878,719	709
2016	39,965	22,128,239	736	1,974	1,325,707	671
2015	30,145	22,758,186	755	1,974	1,457,336	738
2014	29,144	21,355,453	733	2,150	1,526,608	710
2013	27,995	20,324,009	726	1,921	1,333,048	694
2012	27,074	19,145,722	707	1,858	1,250,556	673

（財務省　日本貿易統計）

表10　ポリウレタン主要貿易相手国（2017年）

〈塊，粉，粒，フレーク，他〉

輸　出				輸　入			
国　名	数　量（トン）	金　額（千円）	単　価（円/kg）	国　名	数　量（トン）	金　額（千円）	単　価（円/kg）
中国	11,718	7,965,820	680	ドイツ	903	577,835	640
マレーシア	5,564	3,149,418	566	韓国	545	237,887	436
アメリカ	3,482	2,955,009	849	台湾	490	234,672	479
台湾	2,506	1,899,126	734	アメリカ	416	638,535	1,535

（財務省　日本貿易統計）

表11　ポリウレタン輸入推移

〈液状，ペースト〉

区分　　年	輸　入		
	数　量（トン）	金　額（千円）	単　価（円/kg）
2017	8,795	4,762,263	541
2016	9,364	4,727,983	505
2015	9,042	5,000,665	553
2014	8,494	4,344,361	511
2013	7,606	3,975,935	520
2012	6,249	3,084,941	494

（財務省　日本貿易統計）

第 23 章　日本市場

表 12　ポリウレタン主要輸入相手国（2017 年）

〈液状，ペースト〉

国　名	輸　入		
	数　量 （トン）	金　額 （千円）	単　価 （円 /kg）
アメリカ	2,197	1,730,281	788
ドイツ	2,064	1,138,692	552
中国	1,838	519,121	282
韓国	1,035	448,626	433

（財務省　日本貿易統計）

第24章　海外市場

シーエムシー出版

1　概要

世界のポリウレタン製品は，2017年の販売数量は約1,770万トン，販売金額は約11兆3,400億円と推定される。そのうち，販売数量と金額ベースとも約70％をフォームが占めると推定される。

ポリウレタン製品やこれに使用される原料は，建材や衣料，家具，自動車，工業資材など幅広い分野で用いられており，アジア地域の経済成長に伴う需要増加や，先進国における省エネルギー需要などにより成長を続けてきた。しかし，今後も拡大は続くとみられるが成長率は鈍化しつつある。また，これまで中国市場の急拡大を背景に設備投資が続けられてきたが，成長率の鈍化や新規参入企業の増加により，供給過剰となる製品もあり，各メーカーは戦略を再構築中である。

表1　ポリウレタンの販売数量と販売金額

（数量：千トン　金額：億円）

		2012年	2015	2017
フォーム	数量	10,000	11,600	12,400
	金額	58,400	67,600	80,500
非フォーム	数量	3,500	4,000	5,300
	金額	24,850	28,500	32,900
計	数量	13,500	15,600	17,700
	金額	83,250	96,100	113,400

（シーエムシー出版）

1.1　ウレタンフォーム

ウレタンフォームは，中国をはじめ，東南アジア，中南米，中東などを中心に需要が拡大している。特にアジアでは，建築用断熱材や家具用途の需要の伸びが著しい。また北米では，自動車産業での需要が伸びている。ウレタンフォーム全体では，中国とアメリカの2国だけでも，世界の需要の約半分を占めている。

ウレタンフォームのうち，硬質ウレタンフォームは，数量ベースで約682万トンであり，ウレタンフォーム中の55％を占めている。

硬質ウレタンフォームは，主に断熱・保冷材料として建築内外装，車両・船舶，冷凍・冷蔵庫，パイプなどに用いられる。また，防振材，緩衝材，吸音材，浮力材としても用いられる。世

第 24 章　海外市場

界各国で省エネ化が進められていることから建築物用断熱材の需要が大きいが，最大の需要国である中国では，建築物用断熱材に対する難燃規制が厳しく，住宅向けを中心に需要が伸び悩んでいる。しかし，中国は冷蔵庫の世界最大の生産国であり，冷蔵庫用断熱材としての需要が大きい。また，アメリカでは発泡用の原液が市販されているなど，建築資材として一般の利用者も多い。

今後の需要の伸びる地域としては，中国をはじめとするアジアが挙げられる。中国は世界の硬質ウレタンフォーム需要の約 25％を占めるまでに市場が成長し，今後もさらに需要の拡大が予測される。その他，インドや東南アジアでは冷蔵庫など電気機器の生産が増加し，アジア地域全体で約 40％の需要を占めている。また，中東では建築資材としての使用が増加している。日本は，硬質ウレタンフォームの世界需要の約 2％を占めるに過ぎない。

また，硬質ウレタンフォームを用途別にみると，数量ベースでは住宅向けの断熱材が約 40％，ビルなどの非住宅向けが約 24％，冷蔵庫などの電気機器向けが約 20％である。需要の 25％を占める中国では，建築資材としての需要は約 50％，電気機器向けでの需要が 37％と，この 2 つの用途が大きなウエートを占めている。

一方，軟質ウレタンフォームは自動車用シートクッションをはじめとして自動車向けが最も主要な用途である。そのため，自動車産業の影響を受けやすい。また，寝具・家具などに使用され，欧米では寝具，中国では家具の生産増加が続いている。需要の数量ベースでは約 558 万トン，ウレタンフォームの 45％を占めている。

軟質ウレタンフォームの需要を地域別にみると，中国が最も大きなウエートを占め，数量ベースで約 30％になっている。この背景には，自動車向けの需要に加え，寝具・家具向けの需要の増加がある。また，タイなどの東南アジアでも需要が拡大している。

軟質ウレタンフォームを用途別にみると，数量ベースでは自動車・車両向けが 25％，寝具向けが 22％，家具向けが 15％となっている。日本は，軟質ウレタンフォームの世界需要の 3％を占めている。

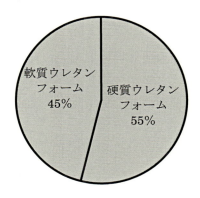

図 1　硬質・軟質ウレタンフォーム販売数量の比率
（2017 年　シーエムシー出版）

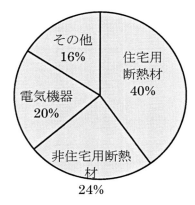

図2 硬質ウレタンフォームの主な用途
（2017年 シーエムシー出版）

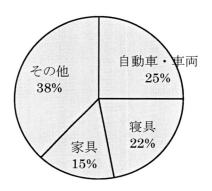

図3 軟質ウレタンフォームの主な用途
（2017年 シーエムシー出版）

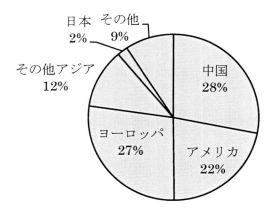

図4 地域別ウレタンフォームの需要量
（2017年シーエムシー出版）

第24章　海外市場

界各国で省エネ化が進められていることから建築物用断熱材の需要が大きいが，最大の需要国である中国では，建築物用断熱材に対する難燃規制が厳しく，住宅向けを中心に需要が伸び悩んでいる。しかし，中国は冷蔵庫の世界最大の生産国であり，冷蔵庫用断熱材としての需要が大きい。また，アメリカでは発泡用の原液が市販されているなど，建築資材として一般の利用者も多い。

今後の需要の伸びる地域としては，中国をはじめとするアジアが挙げられる。中国は世界の硬質ウレタンフォーム需要の約25％を占めるまでに市場が成長し，今後もさらに需要の拡大が予測される。その他，インドや東南アジアでは冷蔵庫など電気機器の生産が増加し，アジア地域全体で約40％の需要を占めている。また，中東では建築資材としての使用が増加している。日本は，硬質ウレタンフォームの世界需要の約2％を占めるに過ぎない。

また，硬質ウレタンフォームを用途別にみると，数量ベースでは住宅向けの断熱材が約40％，ビルなどの非住宅向けが約24％，冷蔵庫などの電気機器向けが約20％である。需要の25％を占める中国では，建築資材としての需要は約50％，電気機器向けでの需要が37％と，この2つの用途が大きなウエートを占めている。

一方，軟質ウレタンフォームは自動車用シートクッションをはじめとして自動車向けが最も主要な用途である。そのため，自動車産業の影響を受けやすい。また，寝具・家具などに使用され，欧米では寝具，中国では家具の生産増加が続いている。需要の数量ベースでは約558万トン，ウレタンフォームの45％を占めている。

軟質ウレタンフォームの需要を地域別にみると，中国が最も大きなウエートを占め，数量ベースで約30％になっている。この背景には，自動車向けの需要に加え，寝具・家具向けの需要の増加がある。また，タイなどの東南アジアでも需要が拡大している。

軟質ウレタンフォームを用途別にみると，数量ベースでは自動車・車両向けが25％，寝具向けが22％，家具向けが15％となっている。日本は，軟質ウレタンフォームの世界需要の3％を占めている。

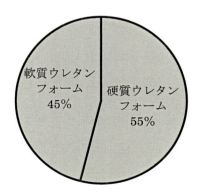

図1　硬質・軟質ウレタンフォーム販売数量の比率
（2017年　シーエムシー出版）

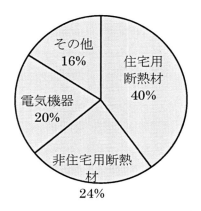

図2 硬質ウレタンフォームの主な用途
（2017年 シーエムシー出版）

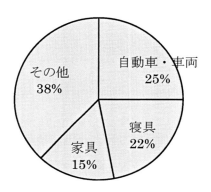

図3 軟質ウレタンフォームの主な用途
（2017年 シーエムシー出版）

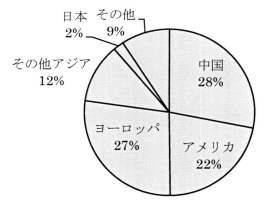

図4 地域別ウレタンフォームの需要量
（2017年シーエムシー出版）

第 24 章　海外市場

1.2　非ウレタンフォーム

　非ウレタンフォームでは，エラストマー（TPU），人工皮革，合成皮革，スパンデックス，塗料，インキなどの需要が伸びている。また，シーリング材などの建築資材や，家具・寝具などの消費財の需要も旺盛となっている。

　塗料に含まれる揮発性有機化合物（VOC）規制が強化されているため，ポリウレタン系塗料の需要の伸びが期待されるが，相変わらず中国や東南アジアなどでは低価格の製品に対するニーズが高い。

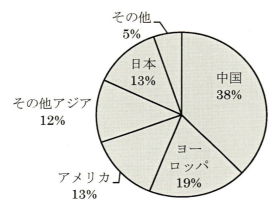

図 5　地域別非ウレタンフォームの需要量
（2017 年　シーエムシー出版）

1.3　中国市場

　中国市場は，特に注目される市場である。中国のポリウレタン産業は急速な発展を遂げている。2018 年に寧波で開催された「国際ポリウレタン展」において，あるフォーミングマシンメーカーは，現在の生産能力は 1,000 万トンを超えるとしている。

　以下の数字は参考になるが，次のようにメーカーは公表している。中国ポリウレタン産業協会の統計によると，2013 年には中国のポリウレタンの生産と販売が世界の約 40％を占める。2013 年のポリウレタン全体の生産量は，870 万トン。そのうち，ウレタンフォーム 340 万トン，スパンデックス 40 万トン，エラストマー70 万トン，合成皮革素材とソール用原液 140 万トン，接着剤とシーラント 50 万トンが含まれるとしている。

機能性ポリウレタンの進化と展望

2018 年 8 月 31 日　第 1 刷発行

監　　修	古川睦久，和田浩志	（T1088）
発 行 者	辻　賢司	
発 行 所	株式会社シーエムシー出版	
	東京都千代田区神田錦町 1−17−1	
	電話 03（3293）7066	
	大阪市中央区内平野町 1−3−12	
	電話 06（4794）8234	
	http://www.cmcbooks.co.jp/	
編集担当	深澤郁恵／山本悠之介	

〔印刷　日本ハイコム株式会社〕　　　　　© M. Furukawa, H. Wada, 2018

本書は高額につき，買切商品です。返品はお断りいたします。
落丁・乱丁本はお取替えいたします。

本書の内容の一部あるいは全部を無断で複写（コピー）することは，
法律で認められた場合を除き，著作者および出版社の権利の侵害
になります。

ISBN978-4-7813-1345-0　C3043　¥84000E